数学建模实用教程

付丽华　边家文　主编
刘智慧　杨迪威　余绍权　杨瑞琰　副主编

清华大学出版社
北 京

内 容 简 介

本书通过算法程序和实例分析介绍了常用的一些数学建模方法,包括基本的数学实验、初等数学模型、插值和拟合、微分方程、层次分析法、数学规划、模糊数学模型、图论、多元统计模型。本书注重数学建模的基本方法和实用性,将数学模型和实例进行有机结合,易于理解,便于自学,同时本书也重视数学软件在实际问题中的应用,介绍了MATLAB以及LINGO的运算和使用基础。

本书既可以作为高等院校的数学建模课程的学习教材,也可以作为本科生以及研究生数学建模的培训教材和参考书,还可以作为科研人员的参考书籍。

图书在版编目(CIP)数据

数学建模实用教程/付丽华,边家文主编.—北京:清华大学出版社,2022.9(2025.1重印)
ISBN 978-7-302-58759-0

Ⅰ.①数… Ⅱ.①付…②边… Ⅲ.①数学模型－高等学校－教材 Ⅳ.①O141.4

中国版本图书馆 CIP 数据核字(2021)第 144047 号

责任编辑:佟丽霞
封面设计:常雪影
责任校对:赵丽敏
责任印制:沈 露

出版发行:清华大学出版社
    网　　　址:https://www.tup.com.cn,https://www.wqxuetang.com
    地　　　址:北京清华大学学研大厦 A 座　　　邮　　编:100084
    社 总 机:010-83470000　　　邮　　购:010-62786544
    投稿与读者服务:010-62776969,c-service@tup.tsinghua.edu.cn
    质量反馈:010-62772015,zhiliang@tup.tsinghua.edu.cn
印 装 者:三河市龙大印装有限公司
经　　销:全国新华书店
开　　本:185mm×260mm　　　印　　张:16.75　　　字　　数:402千字
版　　次:2022 年 9 月第 1 版　　　印　　次:2025 年 1 月第 3 次印刷
定　　价:56.00 元

产品编号:081554-01

前言

随着数学建模竞赛的开展,数学建模的教学成为各大高等院校日常教学不可或缺的一部分,数学建模能培养学生利用数学知识解决实际问题的能力以及培养学生的创新能力已经成为一种共识,并越来越得到各大院校师生的重视。

数学建模竞赛最早由美国于1985年举办,之后我国也于1992年举办了第一次全国数学建模竞赛,该赛事直接由教育部高等教育司组织领导,目前已经成为面向全国高等院校的规模最大、参与院校最多、涉及面最广的一项科技竞赛活动。自首次举办以来,该项赛事参赛队数平均每年以20%左右的速度递增,到2018年已有来自全国34个省级行政区(包括港澳台)、美国、新加坡在内的1449所院校,42128个队,超过12万大学生参加此项赛事。

在实际的数学建模教学中,我们发现数学建模的方法很多,有比较基础的方法和比较高级的方法,数学建模的软件也比较丰富,有MATLAB、LINGO、SPSS、R等。在众多教材中,有比较偏重基础数学模型介绍的,也有偏重数学软件介绍的。如何在众多方法和软件中选取利于学生掌握并用于实际数学建模比赛的内容始终是一个比较棘手和值得探讨的问题。正是基于此出发点,我们编写本书,选取了数学建模竞赛中学生急需掌握的基本数学建模方法和软件,并通过模型和实例的有机结合,便于学生较快地掌握一些基本实用的数学建模方法。

本书作者一直从事数学建模相关课程的教学和数学建模的指导工作,具备丰富的数学建模的知识和教学经验,并在多年的竞赛活动中取得了较好的成绩。本书是作者多年来数学建模课程教学、建模竞赛指导的成果和经验总结,共分为12章,第1章为数学建模概论,第2章介绍了MATLAB基础,便于学生后续编程使用,第3章介绍了基本的数学实验,便于学生编程实现高等数学中常见的数学概念的运算,第4章为初等模型,第5章为插值拟合模型,第6章为微分方程模型,第7章为层次分析法,第8章为数学规划,第9章为模糊数学模型,第10章为图论,第11章为多元统计模型,最后为附录,介绍了LINGO软件基础,便于进行数学规划的编程实现。

本书的编写得到了中国地质大学(武汉)本科质量工程的资助(项目编号:ZL2018G25,ZL201801),在编写过程中得到了中国地质大学(武汉)李宏伟教授的意见和建议,中国地质大学(武汉)数理学院信息与计算科学系在编写过程中提供了帮助和便利,在此一并表示衷心的感谢!另外本书在编写过程中参阅了许多专家和学者的论文和著作,也参阅了网上的资源,在此恕不一一指明出处,并向有关作者表示诚挚的谢意!

我们编写此书的目的是想使其成为广大建模师生的一本实用的建模培训和学习参考教材,但由于作者水平有限,疏漏和不当之处难免,恳请有关专家和读者批评指正!

目 录

数学建模概论

随着科学技术的迅速发展和计算机技术的突飞猛进,数学建模在社会各领域中的应用越来越广泛。例如,在生产管理方面,如何确定供求平衡状态下利润最大化的最优价格;如何解决企业库存管理问题以及如何进行人员最优调度分配等;在城市基础设施规划方面,如何制定合理的地铁和公交线路,开放小区道路是否可以缓解交通压力等问题,都可以通过建立数学模型进行分析和求解。诸如此类的还有,社会企业的工程和商业运作过程中出现的资源优化使用安排、销售策略、定价机制、市场分类、数据分析与挖掘、交通运输、物流管理等。此外,在日常生活中如购房的贷款年限、还款方式等选择,也可以通过设计一个数学模型进行优化分析。总的来说,数学建模就是利用现有的数学工具或发展新的数学工具,将实际问题转换成数学问题并求解的过程。

本章主要给出数学模型和数学建模的基本概念和特点,并通过几个简单的建模实例说明建立数学模型的一般步骤和基本方法。1.1 节介绍数学模型的基本概念及其分类,说明什么是数学模型;1.2 节阐述数学建模的步骤及基本方法;1.3 节通过几个简单的建模实例进一步说明数学建模的一般方法和步骤;1.4 节主要介绍大学生数学建模竞赛的发展历史以及赛制。

1.1 数学模型

什么是模型?在实际生产和日常生活中,经常会遇到各种各样的模型,如风洞实验中的飞机模型、水力系统实验模型、科技馆内的火箭、铁路模型等各种实物模型,又如用文字、符号、图表、公式和框图等描述客观事物某些特征和内在联系的模型。

模型是现实客观事物的一种表示和体现,它可以是文字、图表、公式,也可以是计算机程序或其他实体模型,需要具备以下三个特点:①是现实世界一部分的模仿和抽象;②由那些与分析问题有关的因素构成;③体现了有关因素之间的关系。模型是为了一定目的,对客观事物的一部分进行简缩、抽象、提炼出来的原型的替代物,它集中反映了原型中人们需要的那一部分特征。

什么是数学模型?一般来说,数学模型是对于现实世界的一个特定对象,为了一个特定目的,根据特有的内在规律,作出一些必要的简化假设,运用适当的数学工具,得到的一个数学结构。

　　数学模型主要具有预测、判别和解释三大作用,其中预测功能是数学模型价值的最重要的体现。下面将分别举例进行说明。

　　例 1.1　谷神星的发现

　　1766 年,德国有位名叫提丢斯(Titius)的中学数学教师,整理出如下数列:

$$R_n = \frac{1}{10} \times (4 + 3 \times 2^n),$$

令提丢斯惊奇的是,当 n 分别取值为 $-10,0,1,2,4,5$ 时,数列每一项恰好对应当时已知的六大行星(水星、金星、地球、火星、木星、土星)到太阳的距离(单位为天文单位):$0.4,0.7,1,1.6,5.2,10$。提丢斯的朋友——天文学家波得(Bode)深知这一发现的重要意义,于 1772 年公布了提丢斯的这一发现,称为提丢斯-波得定则。这一串数引起了科学家们的极大重视。

　　1781 年,英籍德国人赫歇尔(Herschel)在 19.6 的位置(即 $n = 6$)发现了天王星,人们从此就对这一定则深信不疑了。根据这一定则,人们很自然地思考为什么 $n = 3$ 时没有行星对应?

　　1801 年,意大利人皮亚齐(Piazzi)从望远镜里观察到一颗非常小的星星,正好在提丢斯-波得定则中 $2.8(n = 3)$ 的位置,但是正当他想进一步观察这颗小行星时,他却病倒了。等到他恢复健康,再想寻找这颗小行星时,却毫无踪迹。德国数学家高斯(Gauss)根据皮亚齐的观测资料,创立了一种新的行星轨道计算理论,计算出这颗行星的轨道形状,并指出它将于何时出现在哪一片天空里。1801 年 12 月 31 日,德国天文爱好者奥伯斯(Olbers)根据高斯预言的结果,用望远镜再次捕捉到了这颗曾经丢失而后命名为谷神星的小行星。

　　继谷神星发现之后,数学家们应用数学模型又计算预测出了海王星、冥王星的存在和位置,接着天文工作者才在天空中找到它们。

　　"谷神星的发现"这一例子告诉我们,通过分析过去已有数据的内在趋势并由此建立的数学模型可以对未来的数据进行预测,以便指导以后的工作或对问题做进一步的研究。

　　例 1.2　方桌能否放平问题

　　方桌能否放平问题描述为:将一张四条腿的方桌放在不平的地面上,不允许将桌子移到别处,但允许其绕中心旋转,是否总能设法使四条腿同时落地。

　　"四条腿长度相同吗"?"不平"是怎样的不平? 如果不附加任何条件,答案显然是否定的。因此,我们作如下假设:

　　(1) 地面为连续曲面;

　　(2) 方桌的四条腿长度相同;

　　(3) 相对于地面的弯曲程度而言,方桌的腿是足够长的;

　　(4) 方桌的腿只要有一点接触地面就算着地。

　　那么,在作出这四条假设之后,方桌是否一定可以放平呢? 在生活中我们常常有这样的经历:将桌子稍稍挪动几次,就可以使四条腿同时着地。那么,是否可以建立数学模型进行严格的证明呢?

　　以方桌的中心为坐标原点,建立如图 1.1 所示的直角坐标系。方桌的四条腿分别在 A,B,C,D 处。A,C 的初始位置在 x 轴上,而 B,D 则在 y 轴上。当方桌绕中心 O 旋转 θ 角度时,方桌 $ABCD$ 旋转至 $A'B'C'D'$ 的位置。对角线 $A'C'$ 与 x 轴的夹角记为 θ。

容易看出,当四条腿尚未完全着地时,四条腿到地面的距离是不确定的,当旋转角度 θ 一定时,四条腿到地面的距离就被唯一确定。不妨设 $f(\theta)$ 为 A, C 离地面距离之和,$g(\theta)$ 为 B,D 离地面距离之和。由假设(1),$f(\theta)$ 和 $g(\theta)$ 均为 θ 的连续函数。由假设(3),方桌在任何位置至少有三条腿可以同时着地,所以对于任意的角度 θ,$f(\theta)g(\theta)=0$。当 $\theta=0$ 时,不妨假设 $f(0)=0$,$g(0)>0$。(若此时 $g(0)=0$,则在该时刻方桌的四条腿已经同时着地。)于是,方桌能否放平就可以转化为如下的数学命题:

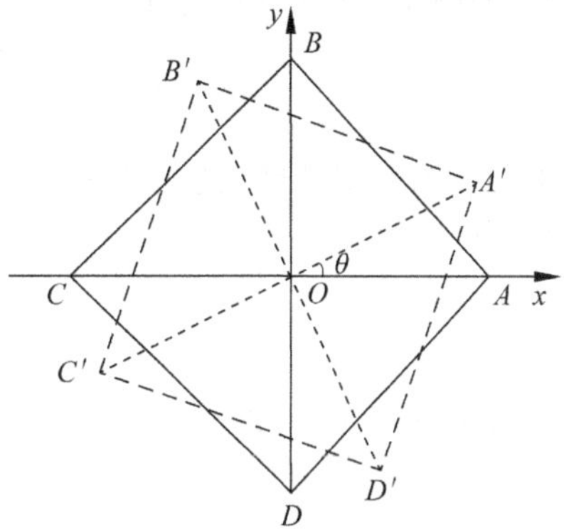

图 1.1　方桌旋转示意图

已知 $f(\theta)$ 和 $g(\theta)$ 均为 θ 的连续函数,$f(0)=0$, $g(0)>0$ 且对于任意的角度 θ,$f(\theta)g(\theta)=0$,证明存在某一角度 θ_0,使 $f(\theta_0)=g(\theta_0)=0$。

这个数学命题可以利用连续函数的性质加以证明。

证　当 $\theta=\dfrac{\pi}{2}$ 时,AC 和 BD 互换位置,即 $A'C'=BD$,$B'D'=AC$,于是 $f\left(\dfrac{\pi}{2}\right)>0$, $g\left(\dfrac{\pi}{2}\right)=0$。

令 $h(\theta)=f(\theta)-g(\theta)$,显然,$h(\theta)$ 也是 θ 的连续函数,$h(0)=f(0)-g(0)<0$,而 $h\left(\dfrac{\pi}{2}\right)=f\left(\dfrac{\pi}{2}\right)-g\left(\dfrac{\pi}{2}\right)>0$。根据连续函数的零点定理,必存在 $\theta_0\left(0<\theta_0<\dfrac{\pi}{2}\right)$,使 $h(\theta_0)=0$,即 $f(\theta_0)=g(\theta_0)$。最后,因为 $f(\theta_0)g(\theta_0)=0$,所以 $f(\theta_0)=g(\theta_0)=0$。

方桌能否放平问题这一实例告诉我们,数学模型可以对已有现象进行数学上的分析,帮助我们判断已有结论正确与否。

例 1.3　双层玻璃的功效

在寒冷的北方,许多住房的玻璃窗是双层的,即由两片镶嵌在框架内的玻璃组成,其中间留有一定空隙。据说这么做是为了保暖,即减少室内向室外的热量流失。那事实是否真的是这样呢?双层玻璃的热量流失是否真的比单层玻璃热量流失的要少呢?少多少呢?

现在我们就来建立一个简单的数学模型,研究一下双层玻璃究竟有多大的功效。我们比较两座完全相同的房屋,它们唯一的差别仅仅在于使用的是单层玻璃还是双层玻璃。因为我们的研究重点在于窗户的热传导引起的热量流失,因此需要作出如下假设:

(1)室内热量的流失是热传导引起的,不存在室内外的空气对流。

(2)室内温度 T_1 和室外温度 T_2 保持不变,均为恒定的常数。

(3)玻璃是均匀的,热传导系数是常数。

由热传导公式可知:厚度为 d 的均匀介质,两侧温差为 ΔT,则单位时间由温度高的一侧向温度低的一侧通过单位面积的热量 θ 与两侧温差 ΔT 成正比,与 d 成反比,即

$$\theta=k\frac{\Delta T}{d},$$

其中,k 为热传导系数。

设玻璃的热传导系数为 k_1，空气的热传导系数为 k_2，那么单位时间单位面积通过双层玻璃（如图 1.2 所示）的热量传导为

$$\theta_1 = k_1 \frac{T_1 - T_a}{d} = k_2 \frac{T_a - T_b}{l} = k_1 \frac{T_b - T_2}{d},$$

其中，T_a 为双层玻璃内层玻璃的外侧温度，T_b 为双层玻璃外层玻璃的内侧温度。消去 T_a 和 T_b，可以得到：

$$\theta_1 = k_1 \frac{T_1 - T_2}{d(2 + k_1 l / k_2 d)}.$$

对于厚度为 $2d$ 的单层玻璃窗（如图 1.3 所示），热量损失为：

$$\theta_2 = k_1 \frac{T_1 - T_2}{2d}.$$

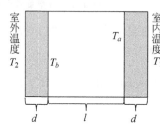

图 1.2　双层玻璃示意图

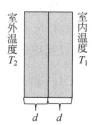

图 1.3　单层玻璃示意图

对比两种玻璃窗的热量损失：

$$\frac{\theta_1}{\theta_2} = \frac{2}{2 + (k_1 l)/(k_2 d)},$$

显然 $\theta_1 < \theta_2$，为了获取更进一步的结果，查阅相关资料，得到 $\frac{k_1}{k_2} = 16 \sim 32$，所以 $\frac{\theta_1}{\theta_2} < \frac{1}{1 + 8l/d}$。记 $h = l/d$，并令 $f(h) = \frac{1}{1 + 8h}$，此函数的图形如图 1.4 所示。

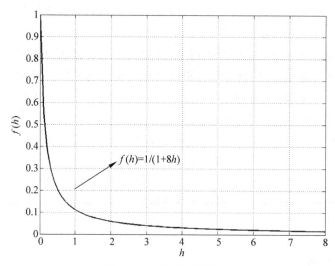

图 1.4　$f(h)$ 的函数图形

观察图 1.4 可以看出,随着 h 的增大,$f(h)$ 的值迅速减小,当 h 超过一定值后,$f(h)$ 下降速度趋于缓慢。为了美观和使用上的方便,建筑规范一般要求 $h=l/d\approx4$,即 $l\approx4d$,此时双层玻璃窗热量损失不超过单层玻璃窗时的 3%。

这个例子告诉我们,数学模型具有解释功能,能够解释实际生活中的某种现象,并给出定量分析的结果。

数学模型就是为了解决现实问题而建立起来的。现实问题多种多样,因此建立的数学模型也各不相同。数学模型的种类繁多,不同的分类标准下可以获得不同的分类结果,下面将介绍几种常见的分类:

(1) 按照模型中变量的特征,分为:

连续型模型——变量是连续的;

离散性模型——变量是离散的;

确定性模型——变量是确定的;

随机性模型——变量是随机的。

(2) 按照对某个实际问题了解的深入程度,分为:

白箱模型——对研究对象的机理了解十分清楚,能够运用数学模型建立明确反映输入信息和输出信息内在联系的模型。例如,力学模型和电学模型等。

黑箱模型——由于因素众多,关系复杂,对研究对象的内部规律知之甚少。例如,生命科学、社会科学等方面的问题。

灰箱模型——介于白箱模型与黑箱模型之间,它所针对的研究对象往往是那些知识背景不完全清晰的问题,一般难以完全提取模型暗含的规律性信息及经过训练学习的知识。例如,生态、经济、管理等领域中机理尚不十分清楚的现象。

(3) 按照模型的应用领域,分为:

人口模型、生态系统模型、交通流模型、经济模型、基因模型、战争模型、城镇规划模型等。

(4) 按照建立模型所用的数学方法,分为:

初等模型、微分方程模型、数学规划模型、统计回归模型等。

1.2　数学建模

数学建模就是从实际问题中抽象、提炼出数学模型的过程。数学建模面临的实际问题虽然来自于不同学科和门类,但是建立数学模型的基本过程大致相同,下面将从一个例子出发,详细讲解数学建模的一般步骤。

1.2.1　数学建模的一般步骤

例 1.4　悬崖高度的估算

假如你站在悬崖顶上且身上带着一只具有跑表功能的计算器,出于好奇想用扔下一块石头听回声的方法来确定悬崖的高度。假如你能准确地测定时间,你将如何估算悬崖的高度呢?

模型准备

问题要求的是悬崖高度,已知的是石块落地的时间。需要建立高度与时间的关系,这里很自然地想到自由落体运动的公式。

模型假设

(1) 石块下落并非是自由落体运动,由于本例题只是要估算悬崖的高度,因此可以假设空气阻力不计。

(2) 重力加速度值取为 $g=9.8\mathrm{m/s^2}$。

(3) 听到回声再按跑表,这时间就包括了反应时间和声音传回来的时间,由于只是要估算,所以我们假设这两部分时间可忽略不计。

模型建立

假设石块下落的时间为 t s,悬崖高度为 h m,根据之前的假设,建立自由落体运动模型:

$$h = \frac{1}{2}gt^2 。$$

模型求解

当跑表计时 4s 时,代入模型可以求得悬崖的高度: $h=78.4\mathrm{m}$。

模型分析

78.4m 的悬崖高度只是一个近似结果。如果想要得到更加精准的解,可以将空气阻力考虑进去,利用牛顿第二运动定律建立数学模型进行求解。同时,也可以去除反应时间和声音传回来的时间,就可以得到精确度更高的悬崖高度值。请同学们自行思考,建立模型进行求解。

模型检验与应用

回答原问题,悬崖高度大致为 78.4m。

从上述例子的求解过程,我们可以总结一下数学建模的一般步骤:

1. 模型准备

在这一阶段需要对实际问题的背景和内在规律有深刻的了解,明确建模的目的,即最终需要解决一个怎样的问题。同时搜集与该问题相关的各种信息,如现象、数据等,尽量弄清对象的主要特征。只有掌握充分的数据资料,对问题有充分的了解才能建立正确的模型。

2. 模型假设

实际问题往往错综复杂,应该根据对象的特征和建模目的,抓住问题的本质和主要因素,忽略次要因素,对问题进行必要的、合理的简化。合理的假设可以使得模型变得更加清晰,更加利于求解。试图建立一个面面俱到、包括所有因素的数学模型,往往会使你无法继续接下来的工作。同样,不合理的假设也会导致错误或者毫无意义的模型。通常,做出合理的假设需要对问题的准确了解、深入,还取决于建模者的直观判断力、丰富想象力以及足够的知识储备。

3. 模型建立

根据所做的假设,用适当的数学工具去刻画各变量之间的关系,建立相应的数学模型,可以是数学公式、算法或图表等。这一阶段首先要分清变量的类型,查明各种变量所处的地位、作用和相互联系,选择恰当的数学工具对其进行表征,构造出能够确实反映对象规律的数学模型。一般来说,建立的数学模型不唯一,应该尽量选择简单的、思路清晰的模型。

4.模型求解

建立模型之后,可以采用解方程、画图形、优化方法、统计分析和数值计算等方法,借助于相关的计算机软件进行求解,如 MATLAB、LINGO、SPSS 等软件。

5.模型分析

求得模型的解之后,需要对模型进行分析,如误差分析(误差是否在可允许的范围内)、稳定性分析(结果是否具有稳定性)和模型对数据的灵敏度分析(数据的微小改变是否会引起模型结果有大的变化)等。分析后不符合要求的需要修改或增减条件,重新建模直至符合要求为止。

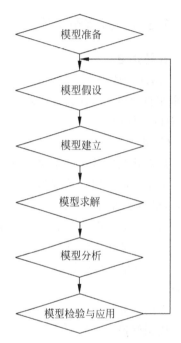

6.模型检验与应用

模型的检验是指将求解结果和分析结果放回到原问题中,并与实际现象、数据比较,检验是否与实际情况吻合。如果检验无误,说明模型可用,建模是成功的,否则需要对所建模型进行修改。一个好的模型往往需要反复修正几次才能使用。

模型的应用是指将经过分析和检验的模型投入到实际应用中,解决实际的问题。

以上就是数学建模的一般步骤,可以用图 1.5 所示的流程图清晰地说明。值得一提的是,并不是所有问题的建模都要经过这些步骤,针对具体问题需要具体分析、应对。

图 1.5 数学建模一般步骤示意图

1.2.2 数学建模的基本方法

数学建模的基本方法总结归纳如下:

1.机理分析法

根据对研究对象特性的认识,找出反映内部机理的数量规律,应用已知数据进行计算和确定模型的参数。

2.数据分析法

选用插值方法、差分方法、样条函数和回归分析等方法对已知数据进行数据拟合。

3.构造分析法

先假设一个合理的数学结构,再用已知数据确定模型的参数,或对模型进行模拟计算。

4.现成数学法

用现成的数学模型,常用的有微分方程、线性规划、概率统计、层次分析、图论、人工神经网络、模糊数学、灰色系统理论等。

5. 直观分析法

通过对图形和数据的直观分析,对参数进行估计和计算,并对结果进行模拟。

数学建模方法并不拘泥于上述几种。建立一个好的数学模型,需要熟练的数学技巧、丰富的想象力、敏锐的洞察力,也需要大量阅读、思考别人做的模型,积累经验。

1.3　简单的建模实例

1.3.1　万有引力定律的发现

背景介绍

万有引力定律是牛顿(Newton)在 1687 年于《自然哲学的数学原理》上发表的,被认为是 17 世纪自然科学最伟大的成果之一。它将地面上物体运动的规律和天体运动的规律统一起来,对以后物理学和天文学的发展具有深远的影响。牛顿在研究变速运动过程中发明了微积分,又以此为工具在开普勒三定律和牛顿第二运动定律的基础上,成功地得到万有引力定律。

丹麦著名实验天文学家第谷(Tycho)花了二十多年时间观察记录下当时已经发现的五大行星运动的资料。第谷的学生和助手德国天文学家开普勒(Kepler)在对这些资料分析计算后,得出了著名的开普勒三定律:

(1) 行星轨道是一个椭圆,太阳位于此椭圆的一个焦点上。

(2) 行星在单位时间内向径扫过的面积是常数。

(3) 行星运行周期的平方正比于椭圆长半轴的三次方,比例系数不随行星而改变(绝对常数)。

下面将介绍万有引力定律的推导过程。

模型假设

开普勒三定律和牛顿第二运动定律是导出万有引力定律的基础,所以需要将它们表述为假设条件。

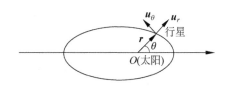

图 1.6　极坐标系下行星轨道

对任意一颗行星椭圆轨道建立极坐标系(r,θ),以太阳为极点,$\theta=0$ 为椭圆长半轴方向,向径 r 表示行星的位置,如图 1.6 所示。

(1) 椭圆轨道方程为

$$r=\frac{p}{1+e\cos\theta}, \quad p=\frac{b^2}{a}, \quad b^2=a^2(1-e^2),$$

$$\tag{1.1}$$

其中,a,b 为椭圆的长、短半轴,e 表示椭圆的离心率。

(2) 单位时间内向径 r 扫过的面积为常数 A,

$$\frac{1}{2}r^2\dot{\theta}=A。$$

$$\tag{1.2}$$

(3) 行星运行周期 T 满足:

$$T^2=\lambda a^3,$$

$$\tag{1.3}$$

其中,λ 为绝对常数,不依赖于哪颗行星。

(4) 行星运动时受力 f 等于行星质量 m 与行星加速度 $\ddot{r}$ 的乘积:

$$f = m\ddot{r}。 \tag{1.4}$$

模型建立

首先引入基向量:

$$\begin{cases} \boldsymbol{u}_r = \cos\theta \cdot \boldsymbol{i} + \sin\theta \cdot \boldsymbol{j}, \\ \boldsymbol{u}_\theta = -\sin\theta \cdot \boldsymbol{i} + \cos\theta \cdot \boldsymbol{j}, \end{cases} \tag{1.5}$$

则向径 $\boldsymbol{r}$ 可以表示为

$$\boldsymbol{r} = r\boldsymbol{u}_r。 \tag{1.6}$$

易导出

$$\begin{cases} \dot{\boldsymbol{u}}_r = -\dot{\theta}\sin\theta \cdot \boldsymbol{i} + \dot{\theta}\cos\theta \cdot \boldsymbol{j} = \dot{\theta}\boldsymbol{u}_\theta, \\ \dot{\boldsymbol{u}}_\theta = -\dot{\theta}\cos\theta \cdot \boldsymbol{i} - \dot{\theta}\sin\theta \cdot \boldsymbol{j} = -\dot{\theta}\boldsymbol{u}_r。 \end{cases} \tag{1.7}$$

由式(1.6)、式(1.7)及复合函数求导法则,不难推出行星运动速度和加速度为

$$\begin{cases} \dot{\boldsymbol{r}} = \dot{r}\boldsymbol{u}_r + r\dot{\theta}\boldsymbol{u}_\theta, \\ \ddot{\boldsymbol{r}} = (\ddot{r} - r\dot{\theta}^2)\boldsymbol{u}_r + (r\ddot{\theta} + 2\dot{r}\dot{\theta})\boldsymbol{u}_\theta。 \end{cases} \tag{1.8}$$

由式(1.2)有

$$\dot{\theta} = \frac{2A}{r^2}, \quad \ddot{\theta} = -\frac{4A\dot{r}}{r^3}。 \tag{1.9}$$

于是,$r\ddot{\theta} + 2\dot{r}\dot{\theta} = 0$,从而式(1.8)中

$$\ddot{\boldsymbol{r}} = (\ddot{r} - r\dot{\theta}^2)\boldsymbol{u}_r。 \tag{1.10}$$

对式(1.1)求导,并将式(1.9)中 $\dot{\theta}$ 的结果代入求导后的式子中,可以得到

$$\dot{r} = \frac{2Ae}{p}\sin\theta, \quad \ddot{r} = \frac{4A^2(p-r)}{pr^3}, \tag{1.11}$$

再代入到式(1.10)中,得到

$$\ddot{\boldsymbol{r}} = \frac{-4A^2}{pr^2}\boldsymbol{u}_r。 \tag{1.12}$$

将式(1.12)和式(1.6)代入到式(1.4)中,有

$$f = m\ddot{r} = -\frac{4A^2m}{pr^2}\boldsymbol{r}_0, \quad \boldsymbol{r}_0 = \frac{\boldsymbol{r}}{r}。 \tag{1.13}$$

式(1.13)表明,行星受力 f 的方向与向径 $\boldsymbol{r}_0$ 相反,即沿太阳与行星连线反向指向太阳。此外,力 f 的大小与行星质量成正比,且与太阳和行星间的距离 r^2 成反比。

为了完成万有引力定律的推导,还只需要验证 $\dfrac{A^2}{p}$ 是绝对常数,即它与行星无关即可。因为行星运行一个周期 T 时,其向径扫过的面积恰好为椭圆的面积,即 $TA = \pi ab$,由此得出

$$\frac{A^2}{p} = \frac{\pi^2 a^2 b^2}{pT^2} = \frac{\pi^2 a^2 b^2}{\lambda a^3} \cdot \frac{a}{b^2} = \frac{\pi^2}{\lambda},$$

π 和 λ 是绝对常数,将上式代入到式(1.13)中,有

$$f = -\frac{4\pi^2 m}{\lambda r^2}\boldsymbol{r}_0 = -k\frac{Mm}{r^2}\boldsymbol{r}_0,$$

其中,$\frac{4\pi^2}{\lambda}=kM$,$k$ 为万有引力常数,M 为太阳质量,这就是人们熟知的万有引力定律。

1.3.2　冷却问题

将温度为 $T_0=150℃$ 的物体放在温度为 24℃ 的空气中冷却,经 10min 后,物体温度降为 $T=100℃$。问 $t=20$min 后,物体的温度是多少?

模型准备

问题中物体较周围的温度高很多,要求一段时间后的物体温度。很容易发现这个问题可以考虑利用牛顿冷却定律进行求解。

模型假设

假设该物体表面积以及外部介质性质和温度变化忽略不计。物体的温度 T 随时间 t 的变化规律为 $T=T(t)$。

模型建立

由冷却定律及条件可以得到:

$$\begin{cases} \dfrac{\mathrm{d}T}{\mathrm{d}t}=-k(T-24), \\ T(0)=150, \end{cases}$$

其中,$k>0$ 为比例常数。

模型求解

这个模型是带有初始条件的一阶线性常微分方程,利用分离变量法容易求出特解为

$$T=126\mathrm{e}^{-kt}+24。$$

已知 $T(10)=100$,可求出 $k\approx0.05$。因此该物体温度随时间变化的函数为

$$T=126\mathrm{e}^{-0.05t}+24。$$

因此,当 $t=20$ 时,$T(20)=126\mathrm{e}^{-0.05\times20}+24\approx70℃$。

1.4　数学建模竞赛

1.4.1　数学建模竞赛的发展历程

从 1983 年起,美国就有一些有识之士开始探讨组织一项数学应用方面竞赛的可能性。1985 年,在美国科学基金会的资助下,举办了第一届大学生数学建模竞赛(Mathematical Competition in Modeling,后改名为 Mathematical Contest in Modeling,MCM)。竞赛由美国工业与应用数学学会和美国运筹学会联合主办,从 1985 年起,每年举行一届。第一届 MCM 大赛,吸引了美国 70 所大学的 90 个队参赛。1989 年,北京的三所大学组队参加了美国的 MCM 竞赛。此后,我国参与此项赛事的大学越来越多。经过多方筹备,1992—1993 年中国工业与应用数学学会开始举办我国的全国大学生数学建模竞赛(China Undergraduate

Mathematical Contest in Modeling，CUMCM）。这项赛事得到了国家教委充分的肯定，决定从 1994 年开始，由国家教委高教司和中国工业与应用数学学会共同举办，每年 9 月举办一次竞赛。从 1999 年开始设置大专组的竞赛。2006 年起，教育部高教司每年举办一次全国研究生数学建模竞赛。

全国大学生数学建模竞赛已经成为全国高校规模最大的基础性学科竞赛，也是世界上规模最大的数学建模竞赛。规模从 1992 年的 79 所院校、314 个参赛队伍发展到 2017 年来自 34 个省市以及新加坡和澳大利亚的 1418 所院校、36376 个参赛队伍（本科 33062 队，专科 3313 队）、近 11 万名大学生报名参赛。1992—2017 年每年的参赛院校数和队数见图 1.7。CUMCM 之所以受到广大同学的欢迎，在于建模竞赛把他们从书本引向解决实际问题的道路上，不仅可以提高学生用数学思想思考问题的能力、应用数学理论分析问题的能力、应用数学方法解决问题的能力以及用数学语言表达问题的能力，而且也极大地促进了学生应用计算机计算的能力、互联网资源查找的能力和论文写作的能力，更培养了不怕困难、奋力攻关的顽强意志。

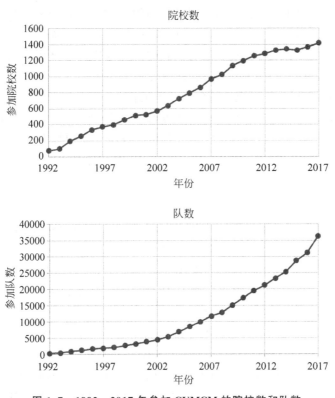

图 1.7 1992—2017 年参加 CUMCM 的院校数和队数

除了 MCM 和 CUMCM 以外，还有一些由大学或省部级单位主办的数学建模竞赛，如："深圳杯"数学建模挑战赛（2011—2015 年，该竞赛称为"深圳杯"（全国大学生）数学建模夏令营，2016 年开始改称"深圳杯"数学建模挑战赛）、华中地区大学生数学建模邀请赛（2008年举办第一届赛事）、五一数学建模联赛（2004 年首次举办）以及 Mathorcup 大学生数学建模挑战赛（2011 年举办首届赛事）等。

1.4.2　全国大学生数学建模竞赛的赛制介绍

全国大学生数学建模竞赛每年举办一次,一般在每年 9 月中旬的某个周末(时间从周四20:00 至周日 20:00,连续 72 小时)举行。竞赛不分专业,但分本科组和专科组。本科组竞赛所有大学生均可参加,专科组竞赛只有专科生(高职、高专生)可以参加,大学生 3 人一组(必须来自同一所学校)参加比赛。

竞赛试题分为 A、B、C、D 题,其中 A、B 题为本科组题,C、D 题为专科组题。赛题于周四晚 20:00 在指定的网址供参赛队下载,参赛队员以相对集中的方式完成赛题,并准时提交论文。竞赛期间参赛队员可以使用各种图书资料、计算机和软件,在国际互联网上浏览,但不得与队外任何人(包括在网上)讨论。

各赛区评阅委员会和全国评阅委员会将根据论文情况分别评出:全国一等奖、全国二等奖、赛区一等奖、赛区二等奖(可以增设赛区三等奖)。获奖比例一般不超过三分之一,所有完成合格答卷者均可获得成功参赛证书。

竞赛试题一般来源于工程技术和管理科学等领域中经过适当简化加工,但并未解决的实际问题,不要求参赛者预先掌握深入的专门知识,只需要学过高等学校的数学课程。题目有较大的灵活性供参赛者发挥其创造能力。有的试题还需要参赛者自己查找或补充数据,试题没有标准答案,也没有专业倾向,适合所有专业的学生。

参赛者应根据题目要求,完成一篇包括模型的假设、建立和求解,计算方法的设计和计算机实现,结果的分析和检验,模型的改进等方面的论文(即答卷)。竞赛评奖以假设的合理性、建模的创造性、结果的正确性和文字表述的清晰程度为主要标准。

习题 1

1. 37 支球队进行冠军争夺赛,每轮比赛中出场的每两支球队中的胜者及轮空者进入下一轮,直至比赛结束。请问共需进行多少场比赛?

2. 在气象台 A 的正西方向 300km 处有一台风中心,它以 40km/h 的速度向东北方向移动。根据台风的强度,在距其中心 250km 以内的地方将受到影响,问多长时间后气象台所在地区将遭受台风的影响? 持续时间多长?

3. 观察鱼在水中的运动,发现它不是进行水平运动,而是突发性地、锯齿形地向上游动,然后向下滑行。可以认为这是在长期进化过程中鱼类选择的消耗能量最小的运动方式。

(1) 设鱼总是以常速 V 运动,鱼在水中净重为 W,向下滑行的阻力是 W 在运动方向上的分力,向上游动时所需的力是 W 在运动方向的分力与运动所有阻力之和,而游动的阻力是滑行阻力的 K 倍。水平方向游动时的阻力也是滑行阻力的 K 倍。试写出这些力的表达式。

(2) 证明当鱼要从 A 点到达处于同一水平线上的 B 点时(见图 1.8),沿折线 ACB 运动消耗的能量与沿水平线 AB 运动消耗的能量之比(向下滑行不消

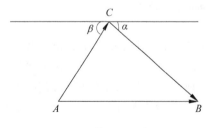

图 1.8　第 3 题示意图

耗能量）为

$$\frac{K\sin\alpha + \sin\beta}{K\sin\alpha + \beta}。$$

（3）据实际观察，$\tan\alpha \approx 0.2$，试对不同的值 $K = 1.5, 2, 3$，根据消耗能量最小的准则估计最佳的 β 值。

4. 两个加油站坐落在同一条公路旁，彼此竞争激烈，当然附近的一些加油站也对它们构成一定压力。市场是极大的，尽管两个加油站都有自己的老顾客，但销量大部分还是由偶然到来的顾客所决定。利润受销售量的影响和控制。甲加油站有一天贴出"降价销售"的广告以吸引更多的顾客，造成乙加油站的顾客被拉走，导致乙加油站盈利急剧减少。请问乙加油站应该采取怎样的降价策略，既可以同甲加油站竞争，又可以获得尽可能高的利润？

5. 如何解决下面的实际问题，包括需要哪些资料，需要做怎样的观察和实验以及建立何种类型的模型？

（1）估计一个人体内血液的总量；

（2）决定十字路口黄灯亮的时间长度；

（3）为保险公司制定人寿保险金计划。

MATLAB 基础

　　MATLAB 是 Matrix Laboratory(矩阵实验室)的缩写,是由美国 MathWorks 软件公司于 1984 年发行的一套高性能数值计算的可视化软件。该软件的主要功能有:数值计算功能、符号计算功能、数据分析和可视化功能、文字处理功能、可扩展功能等。

　　本章由四部分组成,2.1 节介绍 MATLAB 软件的操作基础;2.2 节介绍 MATLAB 中向量和矩阵的基本表示方法及其运算;2.3 节介绍有关 MATLAB 程序控制结构;2.4 节介绍 MATLAB 中二维和三维图形的绘制方法。

2.1　软件介绍

2.1.1　MATLAB 用户界面

　　以 MATLAB R2012a 为例,MATLAB 软件在计算机上安装成功后,就会在桌面上出现 MATLAB 图标,双击该图标即可进入该软件的用户操作界面,如图 2.1 所示。MATLAB 的用户操作界面主要由以下 6 部分组成:

　　(1) 菜单栏:一系列操作命令,如 File、Edit 和 Debug 等。

　　(2) 工具栏:一系列操作命令快捷图标。

　　(3) 命令窗口(Command Window):输入和运行 MATLAB 中各种命令和函数。

　　(4) 命令历史(Command History):显示所有机器执行过的命令。

　　(5) 工作空间(Work Space):显示当前 MATLAB 内存中所使用的变量信息。

　　(6) 当前目录窗口(Current folder):显示当前工作目录下所有文件的文件名、文件类型等。

2.1.2　MATLAB 操作

　　启动 MATLAB,在 MATLAB 命令窗口中,会出现提示符"≫",此时就可以开始工作了。

　　1) 命令窗口中的操作

　　在命令窗口中的提示符"≫"下,直接输入 MATLAB 命令集,可实现各

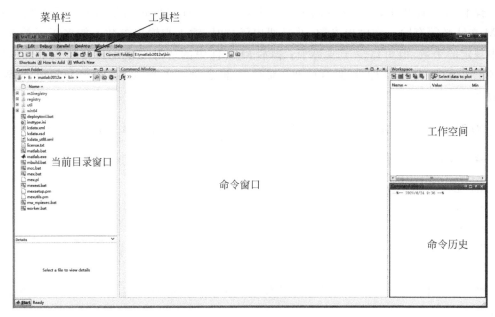

图 2.1 MATLAB 的用户界面

种计算或绘图功能。在命令窗口操作,由于不便于程序的调试和修改,所以 MATLAB 提供了程序编辑窗口(M 文件)。

2) M 文件操作

M 文件是一种以扩展名". m"为后缀的 MATLAB 专用文件,它相当于程序设计语言中的源程序,建立好的 M 文件可随时打开、编辑、修改和运行。MATLAB 有两种类型的 M 文件,分别为脚本 M 文件和函数 M 文件。

(1) 脚本 M 文件的建立

在 MATLAB 窗口中单击 File 菜单,然后依次选择 New,M-File,则打开 M 文件编辑窗口。在该窗口中输入需要的命令和数据,以扩展名". m"存储。若要运行 M 文件,只需要在 M 文件编辑窗口的 Debug 菜单中选择 Run 即可。

(2) 函数 M 文件的建立

在 MATLAB 窗口中单击 File 菜单,然后依次选择 New,M-File,则打开函数 M 文件编辑窗口,在该窗口中输入函数内容,以扩展名". m"存储。若要调用函数 M 文件,只需在 MATLAB 命令窗口键入形式参数实际值,即可调用 M 函数。建立 M 函数的一般格式为:

```
function[输出参数表]=函数名(形式参数)
        %此处显示函数体
   end
```

其中,输出参数表可以是多个变量,它们之间使用逗号隔开,表示要计算的项;形式参数是一组变量,它们之间使用逗号隔开,其本身没有任何意义,只有函数调用时才赋予它们实际值。

脚本 M 文件和函数 M 文件的主要区别是:脚本 M 文件没有输入和输出参数,而函数 M 文件必须有输入和输出参数,并且调用函数时,输入与输出参数不能多于函数 M 文件中规定的个数,但可以少于或等于;脚本 M 文件中的所有变量均为全局变量,而函数 M 文件中的所有变量除特别声明外,都是局部变量;函数 M 文件名必须和函数名一致。

例 2.1　试建立函数 M 文件计算矩阵 $A = \begin{bmatrix} 1 & 2 \\ 3 & 4 \end{bmatrix}$ 的行列式 $|A|$,A^2 和 A^{-1}。

解　首先建立函数 M 文件并保存为 fun. m

```
function [da,a2,inva] = fun(x)
da=det(x)
a2=x^2
inva=inv(x)
end
```

然后,调用建立好的 fun 函数进行矩阵的相关运算,此时只需在 MATLAB 命令窗口输入命令:

```
A=[1 2;3 4];
fun(A)
```

则执行结果为

```
da = -2
a2 =
      7    10
     15    22
inva =
  -2.0000    1.0000
   1.5000   -0.5000
```

3) 变量的存储与调用

MATLAB 存储变量的基本命令是 save,其格式为

save 文件名 变量1 变量2　…

此命令表示将变量1,变量2,……保存在文件名.mat 的文件中,如果变量1,变量2,……缺省,则保存所有变量。例如:将工作空间的所有变量存储到名为 filename1.mat 文件中,则其格式为 save filename1;将变量 x,y,z 存储到名为 filename2.mat 文件中,则其格式为 save filename2 x y z。

如果要调用保存的变量,则使用 load 命令,其格式为:

load 文件名

此命令表示将"文件名.mat"的文件中所保存的变量调入内存供其使用。例如:将 filename2.mat 文件中的所有变量调入内存供其使用,则其格式为:load filename2。

2.2 向量与矩阵

向量和矩阵是 MATLAB 最基本的两种数据类型,在实际中被广泛应用,这两类数据的运算既有相似之处,又有不同之处,下面介绍这两类数据在 MATLAB 中的基本表示方法及其相关运算。

2.2.1 向量及其运算

1. 向量的创建

向量可以通过直接法、冒号法及函数法三种方式进行创建。

1) 直接法

最简单的向量创建方法,就是直接从键盘输入,元素间用空格隔开或用","隔开,调用格式为

x=[a₁ a₂ a₃ ⋯ aₙ]

表示创建以 $a_1,a_2,a_3,\cdots,a_n$ 为元素的一个行向量。

2) 冒号法

冒号法的调用格式为

x=初值: 步长: 终值

表示创建从初值开始,增量为步长,以终值结束的行向量。若步长缺省,则默认增量为1。

3) 函数法

创建一个向量,还可以利用函数 linspace,调用格式为

x=linspace(初值,终值,n)

表示创建以初值开始,到终值结束,有 n 个元素的行向量。

例如,用以上三种方式创建同一个行向量。

1) 直接法

直接从键盘输入:

x=[1 2 3 4 5]

输出结果为

```
x =
     1     2     3     4     5
```

或者

x=[1,2,3,4,5]

输出结果为

```
x =
     1     2     3     4     5
```

2）冒号法

直接从键盘输入

b＝1：5

输出结果为

b ＝

　　　1　　2　　3　　4　　5

3）函数法

直接从键盘输入

linspace(1，5，5)

输出结果为

1　　2　　3　　4　　5

2. 向量的访问

向量的访问包括一个元素的访问和多个元素的访问。

（1）一个元素的访问

x(i)表示访问向量 x 的第 i 个元素。

（2）多个元素的访问

x(a:b:c)表示访问向量 x 的以步长为 b 从第 a 个元素到第 c 个元素间的元素。

例 2.2　已知行向量 $a＝[2\ 1\ 4\ 5]$，试访问向量 a 的第 3 个元素和 a 的以步长为 2 从第 2 个元素到第 4 个元素间的元素。

解　在 MATLAB 命令窗口输入下面的命令：

x＝[2 1 4 5]；
x(3)
x(2:2:4)

输出结果为

ans ＝

　　　4
ans ＝

　　　1　　5

3. 向量的运算

向量的运算包括向量和标量的加、减、乘、除和幂运算，以及向量和向量的加、减、乘、除和幂运算。

1）向量和标量的运算

向量和标量的加、减、乘、除、幂是向量的每个元素对该标量进行加、减、乘、除和幂运算。

设 $a＝[a_1,a_2,\cdots,a_n]$，b 为标量，则

$$a＋b＝[a_1＋b,a_2＋b,\cdots,a_n＋b],$$
$$a－b＝[a_1－b,a_2－b,\cdots,a_n－b],$$

$$\boldsymbol{a}.*b=[a_1*b,a_2*b,\cdots,a_n*b],$$

$$\boldsymbol{a}./b=[a_1/b,a_2/b,\cdots,a_n/b](右除),$$

$$\boldsymbol{a}.\backslash b=[b/a_1,b/a_2,\cdots,b/a_n](左除),$$

$$\boldsymbol{a}.\hat{\ }b=[a_1\hat{\ }b,a_2\hat{\ }b,\cdots,a_n\hat{\ }b]。$$

例如,在 MATLAB 命令窗口输入下面的命令:

```
a＝[2 －1 3];
b＝a－1
```

输出结果为

```
b ＝
    1    －2    2
```

2) 向量和向量的运算

当两个向量同型时,向量和向量的加、减、乘、除、幂运算按向量间对应元素进行加、减、乘、除和幂运算。

设 $\boldsymbol{a}=[a_1,a_2,\cdots,a_n]$, $\boldsymbol{b}=[b_1,b_2,\cdots,b_n]$,则

$$\boldsymbol{a}+\boldsymbol{b}=[a_1+b_1,a_2+b_2,\cdots,a_n+b_n],$$

$$\boldsymbol{a}-\boldsymbol{b}=[a_1-b_1,a_2-b_2,\cdots,a_n-b_n],$$

$$\boldsymbol{a}.*\boldsymbol{b}=[a_1*b_1,a_2*b_2,\cdots,a_n*b_n],$$

$$\boldsymbol{a}./\boldsymbol{b}=[a_1/b_1,a_2/b_2,\cdots,a_n/b_n](右除),$$

$$\boldsymbol{a}.\backslash\boldsymbol{b}=[b_1/a_1,b_2/a_2,\cdots,b_n/a_n](左除),$$

$$\boldsymbol{a}.\hat{\ }\boldsymbol{b}=[a_1\hat{\ }b_1,a_2\hat{\ }b_2,\cdots,a_n\hat{\ }b_n]。$$

例如,在 MATLAB 命令窗口输入下面的命令:

```
a＝[1 2 3];
b＝[4 5 6];
c＝a.*b
```

输出结果为

```
c ＝
    4    10    18
```

2.2.2　矩阵及其运算

1. 矩阵的创建

在 MATLAB 中,可以直接从键盘输入元素创建矩阵,也可以利用 MATLAB 中提供的一些函数创建一些特殊的矩阵。

1) 直接法

直接法的调用格式为

A＝[a$_{11}$ a$_{12}$ ⋯ a$_{1n}$; a$_{21}$ a$_{22}$ ⋯ a$_{2n}$; ⋯; a$_{m1}$ a$_{m2}$ ⋯ a$_{mn}$]

表示创建一个 m 行 n 列的矩阵 $\boldsymbol{A}$，其中元素之间用空格隔开，也可以用"，"隔开。当 $m=1$ 时，表示创建一个行向量，当 $n=1$ 时，表示创建一个列向量。

例如，在 MATLAB 命令窗口输入下面的命令：

A＝[1 2 3;4 5 6;7 8 9]

输出结果为

A ＝

1	2	3
4	5	6
7	8	9

2）函数法

在 MATLAB 中常用的创建特殊矩阵的函数有：

（1）zeros 函数，调用格式为

zeros(m, n)，

表示产生一个 m 行 n 列的零矩阵；

（2）ones 函数，调用格式为

ones(m, n)，

表示产生一个 m 行 n 列的元素全为 1 的矩阵；

（3）eye 函数，调用格式为

eye(m, n)，

表示产生一个 m 行 n 列的单位矩阵；

（4）diag 函数，调用格式为

diag([a$_1$ a$_2$ ⋯ a$_n$])，

表示产生一个对角线元素为 $a_1, a_2, \cdots, a_n$ 的对角矩阵；

（5）magic 函数，调用格式为

magic(n)，

表示产生一个 n 阶魔方矩阵；

（6）rand 函数，调用格式为

rand(m, n)，

表示产生一个 $0\sim1$ 间均匀分布的 m 行 n 列的随机矩阵；

（7）normrnd 函数，调用格式为

normrnd(mu, sigma, m, n)

表示产生均值为 mu，标准差为 sigma 的一个 m 行 n 列的正态分布的随机矩阵。

例如，在 MATLAB 命令窗口输入下面的命令：

```
A1＝eye(3,3)
A2＝diag([1 2 3])
A3＝magic(2)
```

输出结果为

```
A1 =
    1    0    0
    0    1    0
    0    0    1
A2 =
    1    0    0
    0    2    0
    0    0    3
A3 =
    1    3
    4    2
```

2. 矩阵元素的访问

(1) A(i,:)——访问矩阵 A 的第 i 行元素;

(2) A(:,j)——访问矩阵 A 的第 j 列元素;

(3) A(:)——矩阵 A 按列拉长为一个列向量;

(4) A(i1:i2,j1:j2)——访问矩阵 A 的 $i_1 \sim i_2$ 行, $j_1 \sim j_2$ 列所构成的新矩阵;

(5) A(i1:i2,:)＝[ ]——删除矩阵 A 的 $i_1 \sim i_2$ 行后构成的新矩阵;

(6) A(:,j1:j2)＝[ ]——删除矩阵 A 的 $j_1 \sim j_2$ 列后构成的新矩阵;

(7) [A B]或[A;B]——将矩阵 A 和 B 拼接成新矩阵。

例如,在 MATLAB 命令窗口输入下面的命令:

```
A＝[1 2;3 4]
B＝[5 6;7 8]
A1＝A(:)
B1＝[A B]
B2＝[A;B]
```

输出结果为

```
A =
    1    2
    3    4
B =
    5    6
    7    8
A1 =
    1
    3
    2
    4
B1 =
    1    2    5    6
    3    4    7    8
```

```
B2 =
    1    2
    3    4
    5    6
    7    8
```

3. 矩阵的基本运算

在 MATLAB 中,矩阵的基本运算包括加、减、乘和除等运算。

1) 矩阵和标量的运算

矩阵和标量的加、减、乘和除是矩阵的每个元素对该标量进行的加、减、乘和除运算。例如,在 MATLAB 命令窗口输入下面的命令:

```
A=[1 2;3 4];
b=1;
A+b
```

输出结果为

```
ans =
    2    3
    4    5
```

2) 矩阵和矩阵的运算

(1) 矩阵加减法运算,调用格式为

A+B 或 A−B,

此时需满足 A 和 B 为同型矩阵。

(2) 矩阵乘法运算,调用格式为

A * B,

表示矩阵 A 乘以矩阵 B,此时需满足矩阵 A 的列数等于矩阵 B 的行数。

(3) 矩阵点乘运算,调用格式为

A. * B,

表示矩阵 A 的元素与矩阵 B 的对应元素相乘,此时需满足 A 和 B 为同型矩阵。

(4) 矩阵除法运算,调用格式有

A\B 或 A/B,

其中,A\B 表示 $A^{-1} * B$,A/B 表示 $A * B^{-1}$。

例 2.3 已知矩阵 $A = \begin{bmatrix} 1 & 2 \\ 3 & 4 \end{bmatrix}$ 和 $B = \begin{bmatrix} 1 & 4 \\ 2 & 3 \end{bmatrix}$,求 $A+B, A*B, A.*B, A./B, A.\backslash B$。

解 在 MATLAB 命令窗口输入下面的命令:

```
A=[1 2;3 4]
B=[1 4;2 3]
A1=A+B
A2=A*B
```

```
A3＝A. ＊ B
A4＝A. /B
A5＝A. \B
```

输出结果为

```
A =
    1    2
    3    4
B =
    1    4
    2    3
A1 =
    2    6
    5    7
A2 =
    5    10
   11    24
A3 =
    1    8
    6    12
A4 =
   0.2000    0.4000
  −0.2000    1.6000
A5 =
        0   −5.0000
   0.5000    4.5000
```

2.3　MATLAB 程序结构

在程序设计中,有三种控制程序执行流程的结构:顺序结构、选择结构和循环结构。顺序结构就是命令语句按顺序执行,是最为简单的一种程序结构,本节不具体介绍。本节重点介绍选择结构和循环结构。

2.3.1　选择结构

选择结构根据给定的条件是否成立,分别执行不同的语句。MATLAB 用于实现选择结构的语句主要有 if 语句和 switch 语句。

1. if 语句

在 MATLAB 中,if 语句有 3 种格式。

(1) 单分支 if 语句,其语句格式为:

```
if 条件表达式
    执行语句体
end
```

（2）双分支 if 语句，其语句格式为：

if 条件表达式
　　执行语句体 1
else
　　执行语句体 2
end

（3）多分支 if 语句，其语句格式为：

if 条件表达式 1
　　执行语句体 1
elseif 条件表达式 2
　　执行语句体 2
　　…
elseif 条件表达式 $n-1$
　　执行语句体 $n-1$
else
　　执行语句体 n
end

当有多个条件时，如果满足条件表达式 1，则执行语句体 1，然后跳出 if…else…end 结构；如果条件表达式 1 不满足，再判断表达式 2，若表达式 2 成立，则执行语句体 2，然后跳出 if…else…end 结构；依此类推。

2. switch 语句

switch 语句根据表达式的值来执行相应的语句，其语句格式为

switch 开关表达式
case {表达式 1}
　　执行语句体 1
case{表达式 2}
　　执行语句体 2
　　…
case {表达式 $n-1$}
　　执行语句体 $n-1$
otherwise
　　执行语句体 n
end

如果开关表达式满足表达式 1，则执行语句体 1，然后跳出 switch…case 结构；如果开关表达式不满足表达式 1，但满足表达式 2，则执行语句体 2，然后跳出 switch…case 结构；依此类推。

例 2.4　已知分段函数 $y=\begin{cases}\dfrac{\sin x}{x}, & x\neq 0, \\ 1, & x=0,\end{cases}$ 求 $y|_{x=3}$。

解　输入如下命令：

x=input('x=')　　%屏幕提示 x=，由键盘输入值赋给 x
if x==0

```
        y=1
    else
        y=sin(x)/x
    end
```

然后，在 MATLAB 命令窗口中输入：

```
x=3
```

则输出结果为

```
y =
    0.0470
```

例 2.5　将一年 12 个月作如下季节划分：3 月份、4 月份和 5 月份记为"春季"；6 月份、7 月份和 8 月份记为"夏季"；9 月份、10 月份和 11 月份记为"秋季"；1 月份、2 月份和 12 月份记为"冬季"。若现在为 12 月份，请编程判断该月份为什么季节？

解　输入如下命令：

```
month=input('month=')
switch month
    case {3,4,5}
        disp('春季')
    case {6,7,8}
        disp('夏季')
    case {9,10,11}
        disp('秋季')
    otherwise
        disp('冬季')
end
```

然后，在 MATLAB 命令窗口中输入：

```
month=12
```

则输出结果为

```
冬季
```

2.3.2　循环结构

当需要有规律的重复计算时可以使用循环结构。MATLAB 中有两个循环语句，分别是 for 语句和 while 语句。

1. for 语句

for 语句用于循环次数已知的循环结构，其语句结构为

```
for 循环变量=初值：步长：终值
循环语句体
end
```

2. while 语句

while 语句用于通过循环条件来控制循环次数的循环结构，其语句结构为

while 条件表达式
循环语句体
end

例 2.6　生成数列 $x_n = 2n$ 的前五项。

解　输入如下命令：

```
for n=1:5
    x(n)=2 * n;
end
x
```

输出结果为

```
x =
    2    4    6    8    10
```

例 2.7　用 while 命令计算 $1+3+5+\cdots+9$ 的值。

解　输入如下命令：

```
n=9;
s=0;
i=1;
while i<=n
    s=s+i;
    i=i+2;
end
s
```

则执行结果为

```
s =
    25
```

2.4　MATLAB 作图

2.4.1　二维图形

1. 二维基本绘图

1) plot 函数

MATLAB 最基本的二维绘图函数为 plot，作图时可以直接调用。plot 函数的主要调用格式有以下几种形式：

```
plot(x,y)
```

表示绘制一条以 x 为横坐标，y 为纵坐标的曲线，其中 x 和 y 为长度相同的向量。

```
plot(x1,y1,x2,y2,…)
```

表示在同一个坐标下绘制多条曲线。

plot(x,y,'s')

表示绘制一条以 x 为横坐标,y 为纵坐标的曲线,其中 s 表示此曲线的类型(颜色、线型和点标记等)见表 2.1。

表 2.1 s 取值的含义

颜色	含 义	线型	含 义	点标记	含 义
b	蓝色(默认)	—	实线(默认)		无标记(默认)
c	蓝绿色	— —	虚线	o	圆圈
g	绿色	—.	点虚线	*	星号
r	红色	:	虚线	.	点
m	紫红色			s	正方形
y	黄色			p	五角星
w	白色			h	六角形
k	黑色			<	向左三角形

例 2.8 在区间$[0,2\pi]$上用红色和线型为"+"绘制 $y=\sin x$ 的图形。

解 编写程序如下:

x=linspace(0,2*pi,40);
y=sin(x);
plot(x,y,'r+')

运行结果如图 2.2 所示。

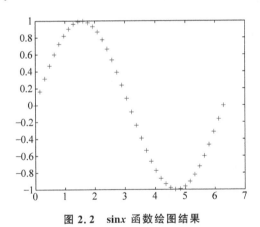

图 2.2 sin$x$ 函数绘图结果

2) fplot 函数

plot 命令通过先设置自变量向量,然后根据表达式计算函数向量进行作图。但在实际应用中,有可能因为自变量的取值间隔不合理而使曲线图形不能反映出自变量在某些区域内函数值的变化情况。fplot 函数可以很好地解决这个问题,fplot 函数可自适应地对函数进行采样,更好地反映函数的变化规律。fplot 函数的主要调用格式有以下两种:

fplot('fun',[a,b])表示绘制自定义函数 fun 在区间$[a,b]$上的图形。

fplot('[f1,f2,…]',[a,b])表示绘制自定义函数组[f1,f2,…]在区间[a,b]上的图形。

例 2.9　在区间[$-0.1,0.2$]上绘制 $f(x)=\sin\dfrac{1}{x}$ 的图形。

解　输入命令如下：

fplot('sin(1/x)',[$-0.1,0.2$])

运行结果如图 2.3 所示。

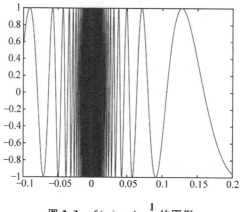

图 2.3　$f(x)=\sin\dfrac{1}{x}$ 的图形

从图 2.3 可以看出，在 $x=0$ 附近(函数剧烈变化的区段)采样点十分密集，所用利用 fplot 绘图可以更好地反映函数的变化规律。

3) ezplot 函数

对隐函数和参数方程，MATLAB 提供了一个 ezplot 函数绘制其图像。ezplot 函数的主要调用格式有以下几种：

(1) 对函数 $f=f(x)$，ezplot 函数的调用格式为

ezplot('f(x)'),

表示在区间$(-2\pi,2\pi)$绘制 $f=f(x)$ 的函数图；

ezplot('f(x)',[a,b]),

表示在区间 $a<x<b$ 绘制 $f=f(x)$ 的函数图；

(2) 对隐函数 $f=f(x,y)$，ezplot 函数的调用格式为

ezplot('f(x,y)'),

表示在区间$-2\pi<x<2\pi$ 和$-2\pi<y<2\pi$ 绘制 $f(x,y)=0$ 的函数图；

ezplot('f(x,y)',[x1,x2,y1,y2])

表示在区间 $x_1<x<x_2$ 和 $y_1<y<y_2$ 绘制 $f(x,y)=0$ 的函数图；

(3) 对参数方程 $x=x(t)$ 和 $y=y(t)$，ezplot 函数的调用格式为

ezplot('x(t)','y(t)'),

表示在区间 $0<t<2\pi$ 绘制参数方程 $x=x(t)$ 和 $y=y(t)$ 的函数图。

ezplot('x(t)','y(t)',[t1,t2])

表示在区间 $t_1<t<t_2$ 绘制参数方程 $x=x(t)$ 和 $y=y(t)$ 的函数图。

例 2.10 在 $-3<x<0$ 和 $0<y<2$ 区间绘制隐函数 $\mathrm{e}^x+\sin xy=0$ 的图形。

解 输入命令：

ezplot('exp(x)+sin(x*y)',[-3,0,0,2])

运行结果如图 2.4 所示。

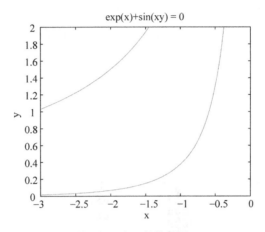

图 2.4 隐函数的绘图

例 2.11 在区间 $[0,2\pi]$ 上绘制 $x=2\cos t$，$y=3\sin t$ 的图形。

解 输入命令如下：

ezplot('2*cos(t)','3*sin(t)',[0,2*pi])

运行结果如图 2.5 所示。

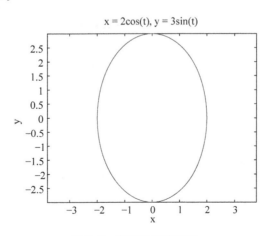

图 2.5 参数函数的绘图

4）特殊的二维绘图函数

为适合不同的应用，MATLAB 还提供了特殊的二维绘图函数，详见表 2.2 所示。

表 2.2　特殊的二维绘图函数

函数名	图形	函数名	图形	函数名	图形
bar	条形图	hist	累计图	fill	实心图
errorbar	误差棒图	stairs	阶梯图	feather	羽毛图
polar	极坐标图	stem	针状图	compass	罗盘图
rose	极坐标累计图	scatter	散点图	pie	饼图

例 2.12　在区间 $[0, 2\pi]$ 上分别绘制 $y = \cos x$ 的条形图和针状图。

解　输入命令如下：

```
x＝0:pi/10:2 * pi;
y＝cos(x);
bar(x,y)
stem(x,y)
```

运行结果如图 2.6 所示。

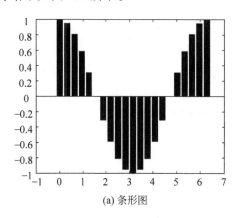

(a) 条形图

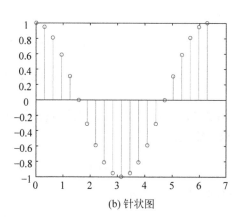

(b) 针状图

图 2.6　$y = \cos x$ 的条形图和针状图

例 2.13　已知向量 $x = [10\ 20\ 30\ 40]$，分别绘制 x 的不分离饼图和带分离切块的饼图。

解　输入命令如下：

```
x＝[10 20 30 40];
pie(x)                %不分离饼图
pie(x,[0 0 1 0])      %带分离切块的饼图，[0 0 1 0]表示 x 对应的元素从饼图中分离出来，
```

运行结果如图 2.7 所示。

2. 图形处理

为了使图像意义更加明确，可读性更强，图形绘制完成后，可以使用 MATLAB 函数对图形进行一些辅助操作。

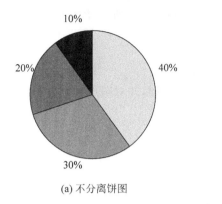 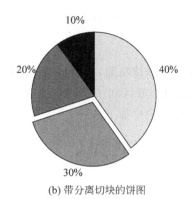

(a) 不分离饼图   (b) 带分离切块的饼图

图 2.7 两种不同形式的饼图

1）文字标注和图例注解

文字标注和图例注解相关函数的调用格式为

xlabel('s')——在 x 轴加标注 s
ylabel('s')——在 y 轴加标注 s
title('s')——图形标题为 s
text(x, y, 's')——在坐标(x, y)处标注 s
gtext('s')——在光标指定处标注 s
legend('s1','s2',…)——在当前图形中加入图例标注 s1,s2,……

2）坐标调整

在绘制图形时，MATLAB 可以自动根据要绘制曲线的范围选择坐标轴的刻度范围。如果用户对坐标系不满意，可以利用 axis 函数对其重新定义，其函数的调用格式为

axis([x1,x2,y1,y2]

表示 x 轴和 y 轴坐标刻度分别为 $x_1 < x < x_2$ 和 $y_1 < y < y_2$。

3）图形窗口

（1）图形窗口的创建

figure 函数用于为当前绘图创建图形窗口，调用格式为

figure(n),

表示在第 n 个新建窗口的绘图函数。

（2）在同一图形窗口绘制多个子图

MATLAB 可以利用 subplot 函数一次绘制多个子图，调用格式为

subplot(r,c,n),

表示将图形窗口分割成 $r \times c$ 个图形区域块，n 表示当前的第 n 个子图。

（3）在已有的图形上绘图

hold 函数用于在已有的图形上进行操作，调用格式为

hold on,

表示当前图形保持在屏幕上不变,同时在这个坐标系内绘制另外一个图形。

hold off,

表示关闭图形保持功能,新绘制的图形将覆盖原图形。

例 2.14　在区间 $[0, 2\pi]$ 上绘制 $\sin x$ 和 $\cos x$ 的图形,并对图形加上各种注解与处理。

解　输入命令如下:

```
x=linspace(0,2 * pi,30);
y=sin(x);
z=cos(x);
plot(x,y,':')
hold on
plot(x,z)
xlabel('横坐标')
ylabel('纵坐标')
text(pi/4,sqrt(2)/2,'交点')
title('函数图')
legend('sin(x)','cos(x)')
```

运行结果如图 2.8 所示。

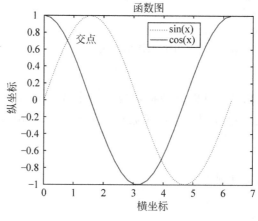

图 2.8　绘图结果

例 2.15　将图 2.4、图 2.5 和图 2.6 在同一个图形窗口绘制出来。

解　输入命令如下:

```
x=0:pi/10:2 * pi;
y=cos(x);
subplot(2,2,1);
bar(x,y)
subplot(2,2,2);
stem(x,y)
subplot(2,2,3);
ezplot('exp(x)+sin(x * y)',[-3,0,0,2])
subplot(2,2,4);
ezplot('2 * cos(t)','3 * sin(t)',[0,2 * pi])
```

运行结果如图 2.9 所示。

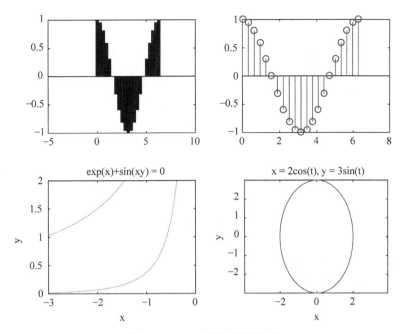

图 2.9 subplot 函数绘图结果

2.4.2 三维图形

1. 空间曲线

绘制空间曲线图形的函数为 plot3,使用格式与绘制二维图形的 plot 函数相似,只是增加了一个变量,其调用格式为

plot3(x,y,z,'s'),

若 x,y,z 为同维数的向量,则表示绘制一条横坐标为 x,纵坐标为 y,函数值为 z 的一条空间曲线,若 x,y,z 为 $m \times n$ 矩阵,则绘制出 n 条空间曲线,s 指定曲线的类型(颜色、线型和点标记等)。

例 2.16 在区间 $[0,8\pi]$ 上用红色绘制三维曲线 $x=\mathrm{e}^{-t/20}\sin t$,$y=\mathrm{e}^{-t/20}\cos t$,$z=t$ 的图形。

解 输入命令如下:

```
t=0:pi/10:8 * pi;
x=exp(-t/20). * sin(t);
y=exp(-t/20). * cos(t);
z=t;
plot3(x, y, z, 'b')
```

运行结果如图 2.10 所示。

2. 空间曲面

MATLAB 提供了一些函数绘制空间曲面,常用的绘制空间曲面的函数有以下几种。

(1) mesh 函数,调用格式为

mesh(x,y,z),

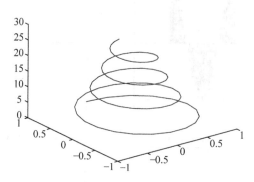

图 2.10　三维曲线图

表示画出数据点 (x, y, z) 所表示的三维网格曲面。

（2）meshc 函数,调用格式为

meshc(x, y, z),

表示画出数据点 (x, y, z) 所表示的带等高线的三维网格曲面。

（3）surf 函数,调用格式为

surf(x, y, z),

表示画出数据点 (x, y, z) 所表示的带填充颜色的三维网格曲面。

例 2.17　绘制椭球面 $z = \sqrt{1 - \dfrac{x^2}{9} - \dfrac{y^2}{4}}$ 的表面图。

解　输入命令如下:

```
x=−2:0.1:2;
y=−1:0.1:1;
[X,Y]=meshgrid(x,y);   %分别产生以 x 为行和 y 为列的两个大小相同的矩阵 X 和 Y
Z=sqrt(1−X.^2/9−Y.^2/4);
surf(X,Y,Z)
```

运行结果如图 2.11 所示。

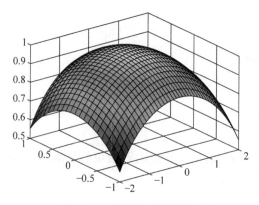

图 2.11　椭球面的表面图

3. 特殊的三维作图

MATLAB 还提供了特殊的三维作图函数,详见表 2.3 所示。

表 2.3 特殊的二维绘图函数

函数名	图形	函数名	图形	函数名	图形
bar3	条形图	fill3	实心图	contour3	等高线图
stem3	杆图	pie3	饼图	waterfall	瀑布图
scatter3	散点图				

例 **2.18** 分别绘制以下三维图形:

(1) 绘制 $z = xy\mathrm{e}^{-x^2-y^2}$ 的等高线图;

(2) 绘制三阶魔方阵的三维条形图;

(3) 已知 $x = [10, 20, 30, 40]$,绘制 x 的饼图;

(4) 用随机的顶点坐标值画出三个红色的三角形。

解 输入命令如下:

```
subplot(2,2,1)
[x,y]=meshgrid(-2:0.2:2);
z=x. * y. * exp(-x.^2-y.^2);
contour3(x,y,z,20);              %绘制等高线图,其中有20条等值线
subplot(2,2,2)
bar3(magic(3))                   %绘制条形图
subplot(2,2,3)
pie3([10 20 30 40])              %绘制饼图
subplot(2,2,4)
fill3(rand(3,3),rand(3,3),rand(3,3),'r')   %绘制三角形
```

运行结果如图 2.12 所示。

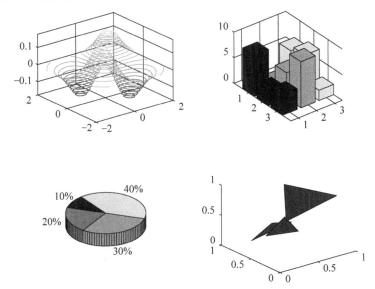

图 **2.12** 例 **2.18** 的三维图形

习题 2

1. 设函数 $f(x) = \begin{cases} x^2, & 0 \leqslant x \leqslant 1, \\ 2-x, & 1 < x \leqslant 2, \end{cases}$ 用 MATLAB 编程计算 $f(1.5)$ 和 $f(2)$。

2. 使用 ezplot 函数绘制摆线 $\begin{cases} x = t - \sin t, \\ y = 1 - \cos t \end{cases}$ 的图形，其中 $t \in [0, 2\pi]$。

3. 使用 polar 函数绘制阿基米德螺线 $\rho = a\theta$ 和四叶玫瑰线 $\rho = \sin 2\theta$ 的图形，其中 $\theta \in [0, 2\pi]$。

4. 分别以条形图、阶梯图、杆图和填充图绘制曲线 $y = 2\sin x$。

5. 使用 plot3 函数绘制参数曲线 $x = t\sin t, y = t\cos t, z = t$ 的图形，其中 $t \in [0, 10\pi]$。

6. 在同一平面中的两个窗口分别画出曲面 $\dfrac{x^2}{2} - \dfrac{y^2}{5} = z$ 和 $z = \dfrac{\sin\sqrt{x^2+y^2}}{\sqrt{x^2+y^2}}$ 的图形，并在图像上加图例和标注。

数 学 实 验

大学所学的数学知识是数学建模的基础,MATLAB 提供了强大的符号计算功能,可得到所求量的理论解。本章主要介绍如何使用 MATLAB 的符号计算实现微积分学的相关运算。具体内容安排如下:3.1 节简单介绍符号计算以及计算结果的数值解的转化;3.2 节介绍函数的导数运算;3.3 节求函数的极值和最值;3.4 节求函数的条件极值;3.5 节求函数的定积分;3.6 节求函数的重积分;3.7 节求函数的曲线积分和曲面积分。

3.1 符号计算

科学计算包括数值和符号两种计算。数值计算就是将数值以数组或矩阵的形式存储起来所进行的一系列数值运算。在数值计算中,数值需预先给定,计算机处理的对象和得到的结果都是数值。而符号计算是计算机对含未知量的式子直接进行推导、演算,处理的数据和得到的结果都是像字母、公式一样的符号。一般而言,数值计算是近似计算,得到所求量的近似解;而符号计算则是绝对精确的计算,它不允许有舍入误差,得到所求量的理论解。

对于一般的程序设计软件:如 C,PYTHON 等语言主要实现数值计算,对于符号计算的实现并不是一件容易的事。而 MATLAB 自带有符号数学工具箱 SYMBOLIC MATH TOOLBOX,而且可以借助数学软件 MAPLE,所以 MATLAB 具有强大的符号运算功能。

1. 创建符号表达式

在进行符号计算时,首先要定义基本的符号变量,然后利用这些基本符号变量去构建新的符号表达式,从而进行所需的符号计算。

1) 创建符号变量

函数 sym 创建符号变量的常用形式为

x=sym('字符串')

表示创建变量名为 x,值为单引号内的字符串(也可以是数值符号)的符号变量。

另一个可创建符号变量的函数为 syms,它可以用来同时创建多个符号变量,这些符号变量的值就是变量本身,最常用的形式为

syms x y z;

其作用等价于 x＝sym('x')；y＝sym('y')；z＝sym('z')。注意使用函数 syms 创建多个符号变量时,变量之间必须有空格。

在高等数学中介绍函数具有加减乘除四则运算以及复合运算等,MATLAB 对符号表达式也具有相对应的运算。符号表达式的四则运算符见表 3.1。

表 3.1　符号表达式的四则运算符

加	减	乘	除	幂
＋	－	*	/	^

例如,创建函数 $f(x)=4x^2+3x-2+\dfrac{1}{x}$ 的符号表达式可用语句

f＝sym('4 * x^2＋3 * x－2＋1/x')

例 3.1　构造函数 $f(x)=\mathrm{e}^x+1, \ln\dfrac{1}{\sqrt{y}}$ 的符号表达式,并分别求两个表达式相乘和相除的结果。

解　MATLAB 程序实现如下:

```
syms x y;%创建符号变量
f＝exp(x)＋1;%新的符号表达式
g＝log(1/sqrt(y));%新的符号表达式
f * g%两个符号表达式相乘的运算结果
f/g%两个符号表达式相除的运算结果
```

运行结果为

log(1/y^(1/2)) * (exp(x) ＋ 1)和(exp(x) ＋ 1)/log(1/y^(1/2))

2) 创建符号矩阵

MATLAB 也有符号矩阵,即以符号表达式为元素所组成的矩阵,符号矩阵的创建方法与符号变量类似,例如下面的命令:

```
syms x y z;
A＝[x,y;2 * x＋z,y^2];
```

运算结果为

```
A =
[     x,  y]
[2 * x ＋ z, y^2]
```

符号矩阵也可直接创建:

A＝sym('[x,y;2 * x＋z,y^2]');

运行后得到与前面相同的结果。

例 3.2　定义符号矩阵 $\boldsymbol{A}=\begin{pmatrix} a & b \\ c & d \end{pmatrix}$ 和 $\boldsymbol{B}=\begin{pmatrix} e & f \\ g & h \end{pmatrix}$，并求两矩阵相乘的结果。

解　MATLAB 程序实现如下：

```
A=sym('[a,b;c,d]');%符号矩阵
B=sym('[e,f;g,h]');%符号矩阵
A*B%符号矩阵相乘
```

运行结果为

```
ans =
[a*e+b*g, a*f+b*h]
[c*e+d*g, c*f+d*h]
```

本节介绍了符号表达式的创建方法。最后需要强调的是，符号表达式和字符串是不同的，比如将例 3.1 改写如下：

```
arg1='exp(x)+1';%字符串
arg2='log(1/sqrt(y))';%字符串
arg1*arg2
```

两个字符串相乘的运行结果为：错误使用 * 内部矩阵维度必须一致。

2. 符号表达式的数值转换

MATLAB 提供函数 eval 将符号运算的结果转化为数值，比如运行 MATLAB 语句

```
ph=sym('(1+sqrt(4))/2')
```

得到一个符号表达式：ph $=3/2$，然后使用 eval 函数

```
eval(ph)
```

可将符号表达式转化为数值 ans $=1.5000$。

例 3.3　求范德蒙德行列式 $\begin{vmatrix} 1 & 1 & 1 \\ a & b & c \\ a^2 & b^2 & c^2 \end{vmatrix}$，并求当 $a=1,b=2,c=3$ 时该行列式的值。

解　首先使用 MATLAB 求出该行列式的解析解：

```
syms a b c;
A=[1,1,1;a,b,c;a^2,b^2,c^2];
s=det(A)%计算范德蒙德行列式的解析解
```

运行结果为

```
s=-a^2*b+a^2*c+a*b^2-a*c^2-b^2*c+b*c^2
```

然后，求当 $a=1,b=2,c=3$ 时该行列式的值：

```
a=1;b=2;c=3;
eval(s)%将解析解转化为数值解
```

运行结果为

```
ans=2
```

如果只需求解例 3.3 中范德蒙德行列式在 $a=1, b=2, c=3$ 的值, 也可直接使用数值计算:

```
a=1;b=2;c=3;
A=[1,1,1;a,b,c;a^2,b^2,c^2];
det(A)
```

运行结果为

```
ans =2.0000
```

3. 符号表达式的变量代换

MATLAB 提供函数 subs 将符号变量替换为指定的新的变量, 常用调用方式为

```
subs(s,old,new)
```

其中, s 为符号表达式, old 为符号表达式中的变量, new 为替换变量。例如, MATLAB 程序:

```
syms x y z
s=x^2+y^2+z^2
s1=subs(s,z,1)%将 s 中 z 换成 1
s2=subs(s1,y,1)
s3=subs(s2,x,1.2)
```

运行结果为

```
s =
x^2 + y^2 + z^2
s1 =
x^2 + y^2 + 1
s2 =
x^2 + 2
s3 =
86/25
```

例 3.4　将函数 $z=x^2+y^2$ 换成极坐标表达式。

解　编写 MATLAB 程序如下:

```
syms x y;
z=x^2+y^2;
syms r th
u= r * cos(th);
v= r * sin(th);
zz=subs(z,[x,y],[u,v])%变量 x,y 用 u,v 代换
simple(zz)%求符号表达式的最简单形式
```

运行结果为

```
ans =
r^2
```

3.2 导数

函数的求导可以用 MATLAB 提供的命令 diff 进行运算,调用格式见表 3.2。

表 3.2 **diff 调用格式**

MATLAB 命令	功 能
diff(f)	求以系统默认变量为自变量 f 的导数
diff(f,var)	求以 var 为自变量 f 的导数
diff(f,n)	求以系统默认变量为自变量 f 的 n 阶导数
diff(f,var,n)	求以 var 为自变量 f 的 n 阶导数

例 3.5 某工厂生产 x 件产品的成本为

$$C(x) = 2000 + 100x - 0.1x^2,$$

函数 $C(x)$ 称为成本函数,成本函数 $C(x)$ 的导数 $C'(x)$ 在经济学中称为边际成本。试求:

(1) 生产 100 件和 200 件产品的边际成本。

(2) 生产第 101 件和 201 件产品的成本,并与(1)中求得的边际成本作比较,说明边际成本的实际意义。

解 MATLAB 程序如下:

```
syms x
c=2000+100 * x−0.1 * x^2          %成本函数
Dc=diff(c);                        %求边际成本
x=100;
Dc_100=eval(Dc)                    %x=100 的边际成本
x=100;c_100=eval(c);
x=101;c_101=eval(c);
c_101−c_100                        %生产 101 件产品与生产 100 件产品的成本之差
%%%%%%%%%%%%%%%%%%%%%%
x=200;
Dc_200=eval(Dc)
x=200;c_200=eval(c);
x=201;c_201=eval(c);
c_201−c_200                        %生产 201 件产品与生产 200 件产品的成本之差
```

运行结果

```
Dc_100 =
     80
ans =
   79.9000
Dc_200 =
     60
ans =
   59.9000
```

从运算结果可以看出 $C'(100)=80$(元/件),$C(101)-C(100)=79.9 \approx 80$,这说明边际

成本 $C'(x)$ 近似于产量达到 x 单位时再增加 1 个单位产品所需的成本,并且在 $x=100$ 与 $x=200$ 的比较中不难发现,产量越大,生产成本越低,这是因为规模经济带来的效益。

例 3.6　汽车连同载重共 5t,在抛物线拱桥上行驶,速度为 21.6km/h,桥的跨度为 10m,拱的矢高为 0.25m,求汽车越过桥顶时对桥的压力。

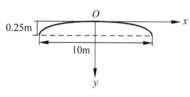

图 3.1　例 3.6 示意图

解　如图 3.1 取直角坐标系,抛物线拱桥方程设为 $y=ax^2$,抛物线过点 $(5,0.25)$,先求出拱桥的方程,再求出桥顶处的弯曲程度,最后利用向心力公式 $F=\dfrac{mV^2}{\rho}$ 求汽车越过桥顶时对桥的压力。编写 MATLAB 程序如下:

```
%先求抛物线方程
syms a x y;
s1=solve('y=a*x^2','a')
x=5;
y=0.25;
a=eval(s1)
%再求桥顶处的曲率
clear x
clear y;
syms x y;
y=a*x^2;
D1y=diff(y);%求 y 的一阶导
D2y=diff(y,2);%求 y 的二阶导
r=((1+D1y^2)^(3/2))/(abs(D2y));%求曲率
x=0;
r0=eval(r)%求原点处曲率值
%最后求汽车过桥顶时对桥的压力
m=5000;%质量:千克
V=21.6*1000/3600;%速度:米/秒
F=m*V^2/r0
```

运算结果为

```
a =0.0100
r0 =50
F =3600
```

即汽车越过桥顶时对桥的压力为 3600N。

例 3.7　当正在高度 H 水平飞行的飞机开始向机场跑道下降时,如图 3.2 所示,从飞机到机场的水平地面距离为 L。假设飞机下降的路径为三次函数 $y=ax^3+bx^2+cx+d$ 的图形,其中 $y|_{x=-L}=H$,$y|_{x=0}=0$。试确定飞机的降落路径。

解　因为飞机的水平位置 x 和垂直位置 y 具有函数关系 $y=ax^3+bx^2+cx+d$,于是 $\dfrac{dy}{dx}=3ax^2+2bx+$

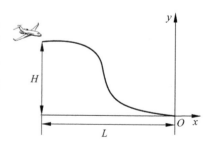

图 3.2　例 3.7 示意图

c；又因为在开始下降时和落地时飞机水平运动，因此当 $x=-L$ 和 $x=0$ 时，$\dfrac{\mathrm{d}y}{\mathrm{d}x}=0$，故飞机的降落路径满足以下方程组：

$$\begin{cases} a \cdot (-L)^3 + b \cdot (-L)^2 + c \cdot (-L) + d = H, \\ a \cdot (0)^3 + b \cdot (0)^2 + c \cdot (0) + d = 0, \\ 3a \cdot (-L)^2 + 2b \cdot (-L) + c = 0, \\ 3a \cdot (0)^2 + 2b \cdot (0) + c = 0, \end{cases}$$

编写 MATLAB 程序如下：

```
syms a b c d L H;
s=solve('−a*L^3+b*L^2−c*L+d=H','d=0','3*a*L^2−2*b*L+c=0','c=0',a,b,c,d)%s 为结构体
a=s.a%查看结构体 s 中元素 a
b=s.b
c=s.c
d=s.d
```

运行结果为

```
a =(2*H)/L^3
b =(3*H)/L^2
c =0
d =0
```

即飞机的降落路径为 $y = H\left[2\left(\dfrac{x}{L}\right)^3 + 3\left(\dfrac{x}{L}\right)^2\right]$。

3.3 极值和最值

MATLAB 提供如下相关命令求函数的极值和最值，调用格式见表 3.3。

表 3.3 求函数的极值和最值的 MATLAB 相关命令

MATLAB 命令	功　能
fminbnd(fun,x1,x2)	求 MATLAB 函数 fun 在区间 $[x1,x2]$ 上的最小值
fminunc(fun,x0)	以 x0 为初始值求 MATLAB 函数 fun 的最小值
fminsearch(fun,x0)	以 x0 为初始值使用搜索算法求 MATLAB 函数 fun 的最小值
solve(eqn)	求方程（组）（符号表达式）eqn 的解

例 3.8 求函数 $y = x^3 + 2x^2 - 5x + 1$ 的驻点。

解 函数 $y=f(x)$ 的驻点，就是方程 $f'(x)=0$ 的解，故编写 MATLAB 程序如下：

```
syms x;
y=x^3+2*x^2−5*x+1;
dy=diff(y);%求导函数
xs=solve(dy);%解导函数对应的方程(当方程等式右边为零可省略)
```

```
ys＝subs(y,xs);%求相应的函数值
xs＝double(xs);
ys＝double(ys);
%绘图
y＝'x^3＋2＊x^2－5＊x＋1';
fplot(y,[－4,2])
hold on
plot(xs,ys,'o')
```

运行结果为

```
dy＝3＊x^2＋4＊x－5
xs＝
    0.7863
   －2.1196
ys＝
   －1.2088
   11.0607
```

结果见图 3.3。

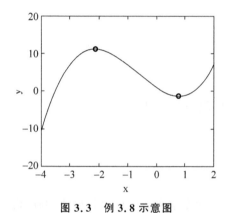

图 3.3　例 3.8 示意图

例 3.9　求函数 $f(x,y)＝x^3－y^3＋3x^2＋3y^2－9x$ 的驻点。

解　函数 $z＝f(x,y)$ 的驻点,即为方程组

$$\begin{cases} f_x(x,y)＝0 \\ f_y(x,y)＝0 \end{cases}$$

的解,故编写 MATLAB 如下:

```
syms x y;
f＝x^3－y^3＋3＊x^2＋3＊y^2－9＊x;
fx＝diff(f,x);%对 x 的偏导数
fy＝diff(f,y);%对 y 的偏导数
%对 x 和 y 的偏导数同时为零的点
[sx,sy]＝solve(fx,fy);%(当方程等式右边为零可省略)
ezmesh(f);%绘制图形
```

运行结果为

```
sx =
    1
   −3
    1
   −3
sy =
    0
    0
    2
    2
```

也就是该函数的驻点为$(1,0),(-3,0),(1,2),(-3,2)$。该函数的图像见图3.4。

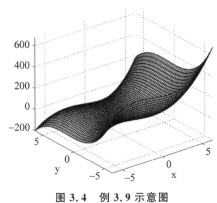

图 3.4 例 3.9 示意图

例 3.10 求函数 $z=\sin(x)\sin(y)\sin(x+y)$ 在 $-\pi<x<\pi$，$-\pi<y<\pi$ 内的极大值和极小值。

解 编写 MATLAB 程序如下：

```
%绘图
syms x y;
f=sin(x) * sin(y) * sin(x+y);
ezsurf(x,y,f,[−pi,pi,−pi,pi]);%在[−pi,pi] * [−pi,pi]绘制三维图
%求驻点
fx=diff(f,x);
fy=diff(f,y);
[xx,yy]=solve(fx,fy);
```

运行结果为

```
xx =
            0
           pi
        −pi/3
   −(2 * pi)/3
         pi/3
    (2 * pi)/3
yy =
```

$$pi$$
$$0$$
$$(2*pi)/3$$
$$pi/3$$
$$-(2*pi)/3$$
$$-pi/3$$

经分析该函数在 $-\pi<x<\pi$，$-\pi<y<\pi$ 内有 8 个驻点：$\left(-\dfrac{\pi}{3},\dfrac{2\pi}{3}\right)$，$\left(-\dfrac{\pi}{3},-\dfrac{\pi}{3}\right)$，$\left(-\dfrac{2\pi}{3},\dfrac{\pi}{3}\right)$，$\left(-\dfrac{2\pi}{3},-\dfrac{2\pi}{3}\right)$，$\left(\dfrac{\pi}{3},\dfrac{\pi}{3}\right)$，$\left(\dfrac{\pi}{3},-\dfrac{2\pi}{3}\right)$，$\left(\dfrac{2\pi}{3},\dfrac{2\pi}{3}\right)$，$\left(\dfrac{2\pi}{3},-\dfrac{\pi}{3}\right)$。

进一步判断 8 个驻点是否为极值点：

```
x1=[-pi/3,-pi/3,-2*pi/3,-2*pi/3,pi/3,pi/3,2*pi/3,2*pi/3];
y1=[2*pi/3,-pi/3,pi/3,-2*pi/3,pi/3,-2*pi/3,2*pi/3,-pi/3];
A=diff(f,x,2);
B=diff(diff(f,x),y);
C=diff(f,y,2);
D=A*C-B^2;
%对于定义域内的驻点求解二阶偏导函数
DD=[];AA=[];
for i=1:size(x1,2)
Dtemp=subs(subs(D,'x',x1(i)),'y',y1(i));
Atemp=subs(subs(A,'x',x1(i)),'y',y1(i));
DD=[DD,Dtemp];
AA=[AA,Atemp];
end
```

运行结果为

```
DD=[9/4, 9/4, 9/4, 9/4, 9/4, 9/4, 9/4, 9/4]
AA = [3^(1/2), 3^(1/2), -3^(1/2), -3^(1/2), -3^(1/2), -3^(1/2), 3^(1/2), 3^(1/2)]
```

从中可以判断出 $\left(-\dfrac{\pi}{3},\dfrac{2\pi}{3}\right)$，$\left(-\dfrac{\pi}{3},-\dfrac{\pi}{3}\right)$，$\left(\dfrac{2\pi}{3},\dfrac{2\pi}{3}\right)$，$\left(\dfrac{2\pi}{3},-\dfrac{\pi}{3}\right)$ 为极小值点；$\left(-\dfrac{2\pi}{3},\dfrac{\pi}{3}\right)$，$\left(-\dfrac{2\pi}{3},-\dfrac{2\pi}{3}\right)$，$\left(\dfrac{\pi}{3},\dfrac{\pi}{3}\right)$，$\left(\dfrac{\pi}{3},-\dfrac{2\pi}{3}\right)$ 为极大值点。该函数的图像见图 3.5。

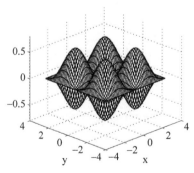

图 3.5　例 3.10 示意图

例 3.11 求函数 $f(x)=\dfrac{x^3+x^2-1}{\mathrm{e}^x+\mathrm{e}^{-x}}$ 在 $[-5,5]$ 上的最小值点、最大值点、最小值和最大值。

解 编写 MATLAB 程序如下：

```
%先求最小值
syms x;
f='(x^3+x^2-1)/(exp(x)+exp(-x))'; %MATLAB 函数形式
[x_min,f_min,flag]=fminbnd(f,-5,5) %求该函数在[-5,5]的最小值点
%再求函数的最大值
f2='-(x^3+x^2-1)/(exp(x)+exp(-x))';
[x_max,f2_min,flag]=fminbnd(f2,-5,5) %再求该函数在[-5,5]的最大值点
f_max=-f2_min
fplot(f,[-5,5]) %绘图
```

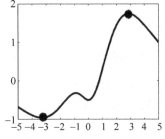

运行结果为

```
x_min = -3.3112
f_min = -0.9594
x_max = 2.8498
f_max = 1.7452
```

函数图像见图 3.6。

图 3.6 例 3.11 示意图

3.4 条件极值

对于条件极值问题，可对构造的拉格朗日函数求导，并求解相应的方程组，可求出可能的条件极值点。

例 3.12 求函数 $u=xyz$ 在附加条件

$$\frac{1}{x}+\frac{1}{y}+\frac{1}{z}=\frac{1}{a} \quad (x>0,y>0,z>0)$$

下的极值。

解 作拉格朗日函数

$$L(x,y,z,\lambda)=xyz+\lambda\left(\frac{1}{x}+\frac{1}{y}+\frac{1}{z}-\frac{1}{a}\right).$$

编写 MATLAB 程序如下：

```
syms x y z u a;
L=x*y*z+u*(1/x+1/y+1/z-1/a);
Lx=diff(L,x)
Ly=diff(L,y)
Lz=diff(L,z)
Lu=diff(L,u)
```

运行结果为

```
Lx = y*z - u/x^2
Ly = x*z - u/y^2
Lz = x*y - u/z^2
Lu =1/x - 1/a + 1/y + 1/z
```

接下来,求解方程组

$$\begin{cases} Lx = 0, \\ Ly = 0, \\ Lz = 0, \\ Lu = 0, \end{cases}$$

[x,y,z,u]=solve(Lx==0,Ly==0,Lz==0,Lu==0,x,y,z,u)

运行结果为

```
x = 3 * a
y = 3 * a
z = 3 * a
```

由此得到点 $(3a,3a,3a)$ 是函数 $u=xyz$ 在附加条件 $\dfrac{1}{x}+\dfrac{1}{y}+\dfrac{1}{z}=\dfrac{1}{a}$ 下的唯一可能极值点。

例 3.13　抛物面 $z=x^2+y^2$ 被平面 $x+y+z=1$ 截成一个椭圆,求这个椭圆到原点的最长与最短距离。

解　该问题就是求函数

$$f(x,y,z)=x^2+y^2+z^2$$

在条件 $z=x^2+y^2$ 及 $x+y+z=1$ 下的最大值和最小值问题,构造拉格朗日函数

$$L(x,y,z,\lambda)=x^2+y^2+z^2+\lambda(x^2+y^2-z)+\mu(x+y+z-1),$$

编写 MATLAB 程序如下:

```
syms x y z u v;
L=x^2+y^2+z^2+u*(x^2+y^2-z)+v*(x+y+z-1);
Lx=diff(L,x);
Ly=diff(L,y);
Lz=diff(L,z);
Lu=diff(L,u);
Lv=diff(L,v);
s=solve(Lx,Ly,Lz,Lu,Lv)%解 s 为结构体
```

查看结果

```
s.x
3^(1/2)/2 − 1/2
− 3^(1/2)/2 − 1/2
(13^(1/2) * i)/4 + 3/4
3/4 − (13^(1/2) * i)/4
s.y
3^(1/2)/2 − 1/2
− 3^(1/2)/2 − 1/2
3/4 − (13^(1/2) * i)/4
(13^(1/2) * i)/4 + 3/4
s.z
2 − 3^(1/2)
3^(1/2) + 2
−1/2
−1/2
```

从而得到驻点 $x=y=\dfrac{-1\pm\sqrt{3}}{2}$，$z=2\mp\sqrt{3}$，所求的条件极值点必在其中。由于所求问题存在最大值与最小值：

```
f=x^2+y^2+z^2;
value1=subs(subs(subs(f,'x',s.x(1)),'y',s.y(1)),'z',s.z(1));
simple(value1)
value2=subs(subs(subs(f,'x',s.x(2)),'y',s.y(2)),'z',s.z(2));
simple(value2)
```

运行结果为

```
value1=9 - 5 * 3^(1/2)
value2=5 * 3^(1/2) + 9
```

即椭圆到原点的最长距离为 $\sqrt{9+5\sqrt{3}}$，最短距离为 $\sqrt{9-5\sqrt{3}}$。

例 3.14 求目标函数 $z=x^2+y^2+10$ 在条件 $(x-1)^2-y^2-4=0$ 下的极值点。

解 构造拉格朗日函数

$$L(x,y,\lambda)=x^2+y^2+10-\lambda((x-1)^2-y^2-4),$$

编写 MATLAB 程序如下：

```
syms x y u;
L=x^2+y^2+10+u*((x-1)^2-y^2-4);
Lx=diff(L,x)
Ly=diff(L,y)
Lu=diff(L,u)
s=solve(Lx,Ly,Lu)
```

查看结果

```
s.x
3
-1
1/2
1/2
s.y
0
0
(15^(1/2) * i)/2
-(15^(1/2) * i)/2
```

由此得到两个可能的极值点 $(3,0)$ 和 $(-1,0)$。

为了判断这两点是否为所求极值点，在 MATLAB 环境下绘制图形，代码如下：

```
%画出目标函数 z = x^2+y^2+10 的图形
x=linspace(-4, 4, 100);
y=linspace(-4, 4, 100);
[xx,yy]=meshgrid(x, y);
zz=xx.^2+yy.^2+10;
surf(xx, yy, zz);
text(0,4,40,'z=x^2+y^2+10','FontSize',12,'color','r');
```

```
text(−4,2,0,'(x−1)^2−y^2−4=0','FontSize',12,'color','r');
%画出 z=11，14，19 对应的目标函数等值线
hold on
contour(xx,yy,zz,[11,14,19]);
text(0,−0.5,'c=11','FontSize',10);
text(0,−1.5,'c=14','FontSize',10);
text(0,−2.5,'c=19','FontSize',10);
xlabel('x'),ylabel('y'),zlabel('z'); colormap jet ;
%画出条件( x−1)^2 −y^2−4=0 的曲线
yleft=−4:0.1:4;
yright=−2:0.1:2;
x1left=1−(yleft.^2+4).^(1/2);
x1right=1+(yright.^2+4).^(1/2);
z2left=zeros(size(yleft));
z2right=zeros(size(yright));
hold on
plot3(x1left,yleft,z2left,'r','LineWidth',2);
hold on
plot3(x1right,yright,z2right,'r','LineWidth',2);
%画出曲线上点对应的目标函数值
z1left=x1left.^2+yleft.^2+10;
z1right=x1right.^2+yright.^2+10;
hold on
plot3(x1left,yleft,z1left,'*r','LineWidth',0.8);
hold on
plot3(x1right,yright,z1right,'*r','LineWidth',0.8);
%定位两个可能极值点
text(−1,0,'(−1,0)','FontSize',12,'color','r');
text(3,0,'(3,0)','FontSize',12,'color','r');
```

运行程序后的结果如图 3.7 所示，从图 3.7 中可以观察到 $(−1,0)$ 和 $(3,0)$ 均为条件极小值点，对应的目标函数值分别为 11 和 19。

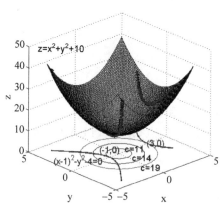

图 3.7 目标函数 $z=x^2+y^2+10$ 在条件 $(x−1)^2−y^2−4=0$ 下的极值点

3.5 定积分

函数的不定积分和定积分可通过 MATLAB 提供的命令 int 实现,调用格式见表3.4。

表 3.4 int 调用格式

MATLAB 命令	功　　能
int(f)	求符号表达式 f 对系统默认变量的不定积分
int(f,var)	求符号表达式 f 对指定的自变量 var 的不定积分
int(f,var,a,b)	求符号表达式 f 对变量 var 在区间[a,b]上的定积分
int(f,a,b)	求符号表达式 f 对系统默认变量在区间[a,b]上的定积分
int(f,var,−inf,inf)	求符号表达式 f 对变量 var 在区间(−∞,+∞)上的广义积分

注 这里 a,b 可以是标量或符号变量。

例 3.15　求由圆 $r=3\cos\theta$ 和心形线 $r=1+\cos\theta$ 所围图形的面积。

解　首先在极坐标系下画出两曲线的图形(见图3.8),

```
th=0:0.05:2 * pi;
r1=3 * cos(th);r2=1+cos(th);
polar(th,r1)
hold on;
polar(th,r2)
hold off;
```

其次,求出两条曲线的交点:

```
syms th;
r1=3 * cos(th);r2=1+cos(th);
s_th=solve(r1==r2)
r=subs('3 * cos(th)',s_th)
```

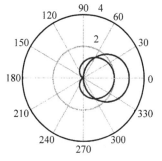

图 3.8　例 3.15 示意图

运行结果为

```
s_th =
pi/3
−pi/3
```

由对称性,所求面积为第一象限面积 S 的 2 倍 $2S$,而 S 可用定积分表示为

$$S=s_1+s_2=\int_0^{\frac{\pi}{3}}\frac{1}{2}r_2^2\,\mathrm{d}\theta+\int_{\frac{\pi}{3}}^{\frac{\pi}{2}}\frac{1}{2}r_1^2\,\mathrm{d}\theta$$

编写 MATLAB 程序如下:

```
s1=int(1/2 * r2^2,th,0,pi/3);
s2=int(1/2 * r1^2,th,pi/3,pi/2);
S=2 * (s1+s2)
```

运行结果为

```
S =
(5 * pi)/4
```

例 3.16　将星形线 $x^{2/3}+y^{2/3}=a^{2/3}$ 所围成的图形绕 x 轴旋转一周,计算所得旋转体的体积。

解　星形线的参数方程为

$$\begin{cases} x=a\cos^3 t, \\ y=a\sin^3 t, \end{cases} \quad 0\leqslant t\leqslant 2\pi。$$

首先,画出星形线的图形(假设 $a=1$),编写如下 MATLAB 程序:

```
t=0:0.05:2*pi;
x=cos(t).^3;
y=sin(t).^3;
plot(x,y)
```

图形见图 3.9。

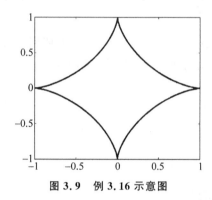

图 3.9　例 3.16 示意图

星形线所围成的图形绕 x 轴旋转一周所得旋转体的体积可表示为

$$V=2\int_0^a \pi y^2 \,\mathrm{d}x=2\int_{\frac{\pi}{2}}^0 \pi y^2(t)\,\mathrm{d}x(t)$$

编写 MATLAB 程序如下:

```
syms a t;
x=a*cos(t)^3;
y=a*sin(t)^3;
dx=diff(x,t);
V=2*int(pi*y^2*dx, pi/2,0)
```

运行结果为

```
V =
(32*pi*a^3)/105
```

3.6　重积分

重积分可转化为多次定积分进行计算,因此多次调用命令 int 可以在 MATLAB 中实现重积分的运算。

例 3.17 求 $\int_{-1}^{2}\mathrm{d}y\int_{y^2}^{y+2}xy\,\mathrm{d}x$。

解 编写程序如下：

```
syms x y;
f=x*y;
int(int(f,x,y^2,y+2),y,-1,2)
```

运行结果为

```
ans =45/8。
```

例 3.18 求球体 $x^2+y^2+z^2\leqslant4$ 被圆柱面 $x^2+y^2=2x$ 所截得的立体的体积。

解 由对称性得

$$V=4\iint\limits_{D}\sqrt{4-x^2-y^2}\,\mathrm{d}x\,\mathrm{d}y,$$

其中 D 为半圆周 $y=\sqrt{2x-x^2}$ 及 x 轴所围成的闭区域,在极坐标系中,闭区域 D 可表示为不等式

$$0\leqslant\rho\leqslant2\cos\theta,\quad 0\leqslant\theta\leqslant\frac{\pi}{2},$$

于是

$$V=4\iint\limits_{D}\sqrt{4-\rho^2}\,\rho\,\mathrm{d}\rho\,\mathrm{d}\theta=4\int_0^{\frac{\pi}{2}}\mathrm{d}\theta\int_0^{2\cos\theta}\sqrt{4-\rho^2}\,\rho\,\mathrm{d}\rho。$$

编写程序如下：

```
syms th r;
f=(4-r^2)^(1/2)*r;
4*int(int(f,r,0,2*cos(th)),th,0,pi/2)
```

运行结果为

```
ans =
(16*pi)/3 - 64/9
```

例 3.19 计算三重积分 $\iiint\limits_{\Omega}x\,\mathrm{d}x\,\mathrm{d}y\,\mathrm{d}z$,其中 Ω 为三个坐标面及平面 $x+2y+z=1$ 所围成的闭区域。

解 闭区域 Ω 可表示为

$$\begin{cases}0\leqslant z\leqslant1-x-2y,\\0\leqslant y\leqslant\dfrac{1-x}{2},\\0\leqslant x\leqslant1,\end{cases}$$

因此 $\iiint\limits_{\Omega}x\,\mathrm{d}x\,\mathrm{d}y\,\mathrm{d}z=\int_0^1\mathrm{d}x\int_0^{\frac{1-x}{2}}\mathrm{d}y\int_0^{1-x-2y}x\,\mathrm{d}z。$

编写 MATLAB 程序如下：

```
syms x y z;
f=x;
int(int(int(f,z,0,1-x-2*y),y,0,(1-x)/2),x,0,1)
```

运行结果为

```
ans =
1/48
```

例 3.20　计算三重积分 $\iiint\limits_{\Omega}(x^2+y^2+z^2)\mathrm{d}x\mathrm{d}y\mathrm{d}z$，其中 Ω 为锥面 $z=\sqrt{x^2+y^2}$ 与球面 $x^2+y^2+z^2=R^2$ 所围的立体。

解　Ω 用球面坐标描述为

$$\begin{cases} 0 \leqslant r \leqslant R, \\ 0 \leqslant \varphi \leqslant \dfrac{\pi}{4}, \\ 0 \leqslant \theta \leqslant 2\pi, \end{cases}$$

所求三重积分在球面坐标下表示为

$$\iiint\limits_{\Omega}(x^2+y^2+z^2)\mathrm{d}x\mathrm{d}y\mathrm{d}z = \int_0^{2\pi}\mathrm{d}\theta\int_0^{\frac{\pi}{4}}\mathrm{d}\varphi\int_0^{R}r^4\sin\varphi\mathrm{d}r.$$

编写 MATLAB 程序如下：

```
syms r phi th R;
f=r^4*sin(phi);
int(int(int(f,r,0,R),phi,0,pi/4),th,0,2*pi)
```

运行结果为

```
ans =
-(pi*R^5*(2^(1/2) - 2))/5
```

3.7　曲线积分和曲面积分

曲线积分和曲面积分可以通过换元法转化为定积分或重积分，因此命令 int 也可实现曲线积分和曲面积分的运算。

例 3.21　计算半径为 R、中心角为 2α 的圆弧 L 对于它的对称轴的转动惯量 I（设线密度 $\mu=1$）。

解　取坐标系如图 3.10 所示，则

$$I = \int_L y^2\mathrm{d}s.$$

利用 L 的参数方程

$$x=R\cos\theta, \quad y=R\sin\theta \quad (-\alpha\leqslant\theta\leqslant\alpha),$$

$$I = \int_L y^2\mathrm{d}s = \int_{-\alpha}^{\alpha}R^2\sin^2\theta\sqrt{(-R\sin\theta)^2+(R\cos\theta)^2}\mathrm{d}\theta.$$

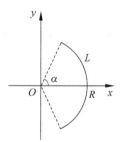

图 3.10　例 3.21 示意图

编写 MATLAB 程序如下：

```
syms R th a
x＝R * cos(th);
y＝R * sin(th);
dx＝diff(x);
dy＝diff(y);
u＝(dx^2＋dy^2)^(1/2);
int(y^2 * u,th,－a,a)
```

运行结果为

```
ans ＝
((R^2)^(3/2) * (2 * a － sin(2 * a)))/2
```

例 3.22 计算曲线积分 $I = \int_L (xy^2 - 4y^3)\mathrm{d}x + (x^2y + \sin y)\mathrm{d}y$，其中 L 为圆周 $x^2 + y^2 = a^2$ 且取为正向（逆时针）。

解法 1 直接计算，积分曲线 L 上的点 (x,y) 满足

$$\begin{cases} x = a\cos t, \\ y = a\sin t, \end{cases}$$

将其代入曲线积分，转化为定积分：

$$I = \int_0^{2\pi} \left[(x(t)y^2(t) - 4y^3(t))x'(t) + (x^2(t)y(t) + \sin y(t))y'(t) \right] \mathrm{d}t$$

编写 MATLAB 程序如下：

```
syms t a;
x＝a * cos(t);y＝a * sin(t);
dx＝diff(x);dy＝diff(y);
int((x * y^2－4 * y^3) * dx＋(x^2 * y＋sin(y)) * dy,t,0,2 * pi)
```

运行结果为

```
ans ＝
3 * pi * a^4
```

解法 2 利用格林公式

$$I = \iint\limits_{x^2+y^2 \leqslant a^2} \frac{\partial(xy^2 + \sin y)}{\partial x} - \frac{\partial(x^2y - 4y^3)}{\partial y}\mathrm{d}x\,\mathrm{d}y,$$

积分区域在极坐标下表示为

$$\begin{cases} 0 \leqslant \rho \leqslant a, \\ 0 \leqslant \theta \leqslant 2\pi。 \end{cases}$$

编写 MATLAB 程序如下：

```
syms x y a;
p＝x * y^2－4 * y^3;
q＝x^2 * y＋sin(y);
d＝diff(q,x)－diff(p,y);
syms r th;%极坐标
```

```
u=r*cos(th);
v=r*sin(th);
g=subs(d,[x y],[u v]);%直角坐标转化为极坐标
int(int(g*r,r,0,a),th,0,2*pi)
```

运行结果为

```
ans =
3*pi*a^4
```

例 3.23　计算曲面积分 $I = \iint\limits_{S} yz \, \mathrm{d}S$，其中 S 为平面 $z = y + 3$ 被圆柱面 $x^2 + y^2 = 1$ 截得的部分。

解　曲面 $S : z = y + 3$ 的面元 $\mathrm{d}S = \sqrt{1 + (z'_x)^2 + (z'_y)^2}$，所求曲面积分转化为二重积分：

$$I = \iint\limits_{x^2+y^2 \leqslant 1} y(y+3)\sqrt{1+(z'_x)^2+(z'_y)^2}\,\mathrm{d}x\,\mathrm{d}y,$$

再利用极坐标求该二重积分。

编写 MATLAB 程序如下：

```
syms x y z;
z=y+3;
dzx=diff(z,x);dzy=diff(z,y);
dS=(1+dzx^2+dzy^2)^(1/2);
f=y*z*dS;%被积函数
%利用极坐标计算二重积分
syms th r;
u=r*cos(th);v=r*sin(th);
ff=subs(f,[x,y],[u,v]);
int(int(ff*r,r,0,1),th,0,2*pi)
```

运行结果为

```
ans =
(pi*2^(1/2))/4
```

例 3.24　利用高斯公式计算曲面积分

$$\oiint\limits_{\Sigma} (x-y)\,\mathrm{d}x\,\mathrm{d}y + (y-z)x\,\mathrm{d}y\,\mathrm{d}z,$$

其中 Σ 为柱面 $x^2 + y^2 = 1$ 及平面 $z = 0, z = 3$ 所围成的空间闭区域 Ω 的整个边界曲面的外侧。

解　利用高斯公式将所求曲面积分可转化为三重积分

$$\iiint\limits_{\Omega} \left(\frac{\partial(y-z)x}{\partial x} + \frac{\partial(x-y)}{\partial z} \right) \mathrm{d}x\,\mathrm{d}y\,\mathrm{d}z$$

由于所围成的空间闭区域 Ω 在柱面坐标系表示为

$$\begin{cases} 0 \leqslant z \leqslant 3, \\ 0 \leqslant \rho \leqslant 1, \\ 0 \leqslant \theta \leqslant 2\pi, \end{cases}$$

可在柱面坐标下求解该三重积分。

编写 MATLAB 程序如下:

```
syms x y z;
P=(y-z) * x;
Q=0;
R=x-y;
dPx=diff(P,x);
dQy=diff(Q,y);
dRz=diff(R,z);
u=dPx+dQy+dRz;%三重积分被积函数
%在柱面坐标下求三重积分
syms th r;
uu=subs(u,[x,y],[r * cos(th),r * sin(th)]);
int(int(int(uu * r,z,0,3),r,0,1),th,0,2 * pi)
```

运行结果为

```
ans =
-(9 * pi)/2
```

习题 3

1. $z=x^3+y^3-3xy^2$,求$\dfrac{\partial z}{\partial x}$;$\dfrac{\partial z}{\partial y}$;$\dfrac{\partial^2 z}{\partial x^2}$;$\dfrac{\partial^2 z}{\partial y^2}$;$\dfrac{\partial^2 z}{\partial x \partial y}$;$\dfrac{\partial^2 z}{\partial y \partial x}$。

2. $z=\ln(\sqrt{x}+\sqrt{y})$,求$x\dfrac{\partial z}{\partial x}+y\dfrac{\partial z}{\partial y}$。

3. 计算累次积分$\displaystyle\int_0^{\frac{\pi}{2}}\mathrm{d}\theta\int_0^{\cos\theta}4\sqrt{1-r^2}\,\mathrm{d}r$。

4. 计算二重积分$\displaystyle\iint_D(x^2+y^2)\mathrm{d}x\,\mathrm{d}y$,$D:1\leqslant x\leqslant 2,x\leqslant y\leqslant 2x$。

5. 利用极坐标计算$\displaystyle\iint_D\ln(1+x^2+y^2)\mathrm{d}x\,\mathrm{d}y$,其中 D 为 $x^2+y^2=1$ 所围成的第一象限内的区域。

6. 设平面薄片所占据的区域 D 由螺线 $\rho=2\theta$ 上的一段弧$\left(0\leqslant\theta\leqslant\dfrac{\pi}{2}\right)$与直线 $\theta=\dfrac{\pi}{2}$ 所围成,其面密度为 $\mu(x,y)=x^2+y^2$,求平面薄片的质量。

7. 求积分$\displaystyle\int_0^1\mathrm{d}x\int_0^{1-x}\mathrm{d}y\int_0^{1-x-y}\dfrac{1}{(1+x+y+z)^3}\mathrm{d}z$。

8. 求$\displaystyle\int_L x\sin y\,\mathrm{d}s$,其中 L 为原点到点 $A(3,1)$ 的直线段。

9. 一力场由方向为 y 轴的负方向,大小等于作用点的横坐标平方的力构成,求质量为 m 的质点沿抛物线 $1-x=y^2$ 从点$(1,0)$移动到$(0,1)$,力场所做的功。

10. 计算$\displaystyle\iint_\Sigma\dfrac{x\,\mathrm{d}y\,\mathrm{d}z+(z+1)^2\,\mathrm{d}x\,\mathrm{d}y}{\sqrt{x^2+y^2+z^2}}$,其中 Σ 是下半球面 $z=-\sqrt{1-x^2-y^2}$ 的上侧。

初 等 模 型

现实世界中有很多问题,它们研究对象的机理比较简单,可以用静态、线性、确定性的方法进行建模,并可以采用初等的数学知识和方法进行求解,这样的模型称为初等数学模型。

本章介绍几个用初等数学知识和方法建立的数学模型。4.1节介绍贷款购房的还款方案选择模型;4.2节介绍雨中行走的淋雨量模型;4.3节介绍公平分配席位模型。

4.1 贷款购房的还款方案选择模型

买房是当前社会人们关注的热点话题。大多数买房人由于资金有限,难以全款购房,向银行等金融机构贷款购房成为当前大多数买房人的重要购房方式,但当前贷款利率较高,尤其是纯商业贷款需要支付高额的利息,因此,贷款数额、贷款时间以及采用何种还款方式(等额本息、等额本金)等,都是买房人需要认真考虑的问题。下面通过数学模型来研究这些问题。

1. 问题的提出

某家庭购买住房一套,需要向银行贷款 A_0 万元,贷款时间为 N 个月(即还款期限为 N 期),还款方式有等额本息(每月还款总额相同)和等额本金(每月还款本金相同)两种方式,分别对每种还款方式计算:(1)月还款额;(2)总的还款利息。对两种还款方式进行比较,给出自己的还款方案。

2. 问题的分析

等额本息还款方式的特点是每月还款额保持不变,还款初期还款总额中本金的比重相对较小,利息的比重相对较大,随着还款的进行,每月所还本金的比重逐渐增大,利息的比重则逐渐减小。等额本息的还款方式适合每月收入较为稳定的购房者。等额本金还款方式的特点则是每月所还本金的数额保持不变,每月所还利息随剩余本金逐期递减,还款初期,每月的还款数额较大,还款压力相对也较大,随着还款时间的推移,每月的还款总额不断减少,越到后期还款压力越小,因此等额本金的还款方式较适合收入较高的购房者。

3. 问题的假设

(1) 假设该购房家庭能够承担等额本息和等额本金任意一种还款方式;

（2）假设贷款年利率按首套房利率执行，且直至贷款结清保持不变，从而月利率也保持不变，设为 r；

（3）假设每个月还款时间均为每个月的同一天（比如每月 20 日）；

（4）假设不缩短还款期限；

（5）假设不进行提前还款；

（6）假设还款期限在 1 年以上。

4. 模型的建立及求解

1）等额本息还款方式建模及求解

按照这种还款方式，每期还款额度（含本金和利息），即月供是相同的，设为 x 元，并设还款 $n(n=1,2,\cdots,N)$ 期后欠款本金为 A_n 元，则有

$$A_1 = A_0(1+r) - x,$$
$$A_2 = A_1(1+r) - x = A_0(1+r)^2 - x(1+r) - x,$$
$$\vdots$$
$$A_n = A_{n-1}(1+r) - x$$
$$= A_0(1+r)^n - x(1+r)^{n-1} - x(1+r)^{n-2} - \cdots - x(1+r) - x$$
$$= A_0(1+r)^n - \frac{(1+r)^n - 1}{r}x, \quad n=1,2,\cdots,N,$$

即

$$A_n = A_0(1+r)^n - \frac{(1+r)^n - 1}{r}x, \quad n=1,2,\cdots,N。 \tag{4.1}$$

若第 N 期结清所有贷款（含本金和利息），则有 $A_N=0$，即

$$A_0(1+r)^N - \frac{(1+r)^N - 1}{r}x = 0, \tag{4.2}$$

解得：$x = A_0 \dfrac{r(1+r)^N}{(1+r)^N - 1}$，这就是等额本息还款方式下每期还款额（即月还款额）。

因而，该家庭的累计还款总额为

$$P = Nx = A_0 N \frac{r(1+r)^N}{(1+r)^N - 1}, \tag{4.3}$$

总的还款利息为

$$I = P - A_0 = A_0 N \frac{r(1+r)^N}{(1+r)^N - 1} - A_0。 \tag{4.4}$$

2）等额本金还款方式建模及求解

按照这种还款方式，每期还给银行的本金保持不变，即为 $B = A_0/N$，而每期所还利息则随本金逐期递减，设第 n 期还款总额为 $x_n(n=1,2,\cdots,N)$，则

$$x_1 = B + (A_0 - B)r,$$
$$x_2 = B + (A_0 - 2B)r,$$
$$\vdots$$
$$x_n = B + (A_0 - nB)r, \quad n=1,2,\cdots,N。$$

因此,至贷款结清,累计还款总额为

$$Q = \sum_{n=1}^{N} x_n = \frac{2 + Nr - r}{2} A_0 。 \tag{4.5}$$

总的还款利息为

$$J = Q - A_0 = \frac{2 + Nr - r}{2} A_0 - A_0 = \frac{1}{2} r A_0 (N - 1) 。$$

5. 模型的评价及改进

该模型根据初等数学方法所建立,比较简单。求解过程主要利用等比数列求和公式来得到。

模型中假设每期还款利率保持不变,但在还款期限内,银行贷款利率通常会发生一定变动,模型中可以进一步考虑当银行贷款利率发生变动后,重新计算两种还款方式下每期还款额度,以及每种还款方式下累计还款总额或利息,这样考虑的建模方法类似,也更切合实际情况,但会加大模型的复杂程度。

此外,实际生活中还存在部分或者提前还款的情形,此时需要按照文中的方法重新计算每期的还款额度及相应的利息。

6. 模型的应用

文中所建立的模型可以方便地应用到汽车贷款等其他贷款模型中,并且贷款家庭(或个人)可以借助文中的模型,并结合自身家庭条件,对不同还款方式进行对比优选。

4.2 雨中行走的淋雨量模型

生活中人们时常会遇到雨天忘带雨具而面临淋雨的情形,那么,淋雨量与雨速和人们行走的速度之间存在什么数量关系呢?

1. 问题的提出

人在雨中沿直线从一处行走到另一处,如果雨速为常数且方向不变,试建立数学模型讨论淋雨量与雨速和人行走的速度之间的函数关系。

2. 问题的分析

淋雨量可以定义为某段时间内流向人体的雨水量,结合流体通量公式可知:淋雨量的大小与淋雨的面积和淋雨的时间相关,其中淋雨的时间与人行走速度和雨速的相对速度有关。

3. 问题的假设

(1) 假设人行走的路线为直线,且行进的方向为 x 轴正方向,速度向量为常向量 $(v, 0, 0)$(即匀速行走),行走距离为 d;

(2) 假设将人体看作三面:前面、侧面、头顶,人体总面积为 A,且前面、侧面、头顶的面积之比为 $1 : a : b$;

(3) 不考虑风的方向,即雨速向量 (u_x, u_y, u_z) 为常向量。

4. 模型的建立及求解

根据假设(1)~(3),以及流体通量公式,可以计算出淋雨量为

$$Q(v) = \left[|u_x - v| + |u_y|a + |u_z|b \right] \frac{A}{1+a+b} \frac{d}{v}。 \tag{4.6}$$

若记 $C = |u_y|a + |u_z|b, \mu = \dfrac{Ad}{1+a+b}$，则淋雨量可以表示为

$$Q(v) = \mu \frac{1}{v}\left[|u_x - v| + C \right]。 \tag{4.7}$$

进一步地，可以将淋雨量改写为

$$Q(v) = \begin{cases} \mu\left(\dfrac{u_x + C}{v} - 1\right), & v \leqslant u_x, \\ \mu\left(\dfrac{C - u_x}{v} + 1\right), & v > u_x。 \end{cases} \tag{4.8}$$

其示意图分别如图 4.1 所示。

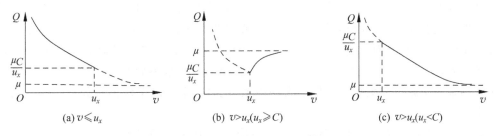

图 4.1　淋雨量 $Q(v)$ 的示意图

从上述示意图可以得到淋雨量 $Q(v)$ 和人行走的速度存在如下关系：

(1) 当 $v \leqslant u_x$ 时(图 4.1(a)实线)，降雨量 $Q(v) = \mu((u_x + C)/v - 1)$，当 v 逐渐增大时，$Q(v)$ 逐渐减少，即人行走的速度越快则淋雨量越小，且当 $v \to u_x$ 时，$Q(v) \to \mu C/u_x$；

(2) 当 $v > u_x$ 时，降雨量 $Q(v) = \mu((C - u_x)/v + 1)$，进一步地，若 $u_x \geqslant C$(图 4.1(b)实线)，则当 v 逐渐减小时，$Q(v)$ 逐渐减少，即人行走的速度越慢则淋雨量越小，且当 $v \to u_x$ 时，$Q(v) \to \mu C/u_x$；

(3) 若 $u_x < C$(图 4.1(c)实线)，则当 v 逐渐增大时，$Q(v)$ 逐渐减少，即人行走的速度越快则淋雨量越小，且当 $v \to u_x$ 时，$Q(v) \to \dfrac{\mu C}{u_x}$。

5. 模型的评价及改进

该模型考虑了人行走的速度为匀速，且雨速与风向无关的假设条件，这些条件作了相对理想化的处理，使得问题的处理相对更为方便，在这些条件下得到了淋雨量 $Q(v)$ 关于人行走速度 v 的函数表达式，并得到两者之间关系的示意图，结合图形可以方便地分析 $Q(v)$ 关于 v 的变化情况，并研究最小淋雨量与雨速及人行走速度之间的关系。

为了与现实情形更为吻合，该模型可以进一步研究人的行走速度为非匀速，或者考虑雨速与风速和风向相关时，淋雨量 $Q(v)$ 与人行走速度 v 之间的变化关系，得到更加精细的模型。

6. 模型的应用

该模型也可以应用于研究汽车等交通工具在雨雪天气前挡风玻璃接收到的雨水量或者降雪量，以便控制行车速度，安全行驶。另外，该模型也可以用于研究高速运转的机器(比如

飞机)所受到的气流压强,以便控制运行速度,防止气流压强过大对机器造成损坏;或者为了提高机器运行速度,应该如何改进制造机器材料,或是改进机器外形减少气流压强的影响。

4.3　公平分配席位模型

席位分配问题在实际生活中经常遇到,比如:出席会议或参加活动的代表名额分配、参与评选评优的人员名额分配等,或者实物资料等的分配也可以归结为席位分配问题。席位分配通常按照比例进行,分配结果是否合理或者公平则通过每个席位所代表的名额或者所分到的实物占比来衡量。

1. 问题的提出

某学校有甲、乙、丙 3 个系共 200 名学生,各系学生人数分别为 100 名、60 名和 40 名。某次学生代表会议设立 20 个席位。公平而简单的席位分配方法是按照各系学生人数的比例分配席位,三个系分别分配 10 个、6 个和 4 个席位。现有 6 名丙系学生分别转入甲系和乙系各 3 名,此时各系学生人数比例出现了小数,在将比例取整后的 19 个席位分配后,按照惯例将剩余 1 个席位分配给小数位最大的丙系,此时三个系的席位仍然分别为 10 个、6 个和 4 个。

由于总席位为偶数,使得在会议表决中可能出现 10:10 而无法达成表决结果的情形,因此学校决定自下一届代表会议开始将总席位增加至 21 个,重新按照惯例分配席位。20 个席位和 21 个席位的分配结果如表 4.1 所示。

表 4.1　席位分配表

系别	学生人数	20 个席位的分配		21 个席位的分配	
		按比例分配的席位	按惯例分配的席位	按比例分配的席位	按惯例分配的席位
甲	103	10.3	10	10.815	11
乙	63	6.3	6	6.615	7
丙	34	3.4	4	3.570	3
总和	200	20	20	21	21

分配结果表明:在总席位增加 1 个后,丙系的席位反而由 4 个减少到 3 个,这个分配结果明显不公平。这说明按照惯例分配席位的方法存在缺陷,请尝试建立更合理的席位分配方法,解决上述席位分配方法中的不公平问题。

2. 问题的分析

先讨论由 A、B 两个组公平分配席位的情况,设分配情况如表 4.2 所示。

表 4.2　两个组的席位分配情况

组　　别	人　　数	席　位　数
A	p_1	n_1
B	p_2	n_2

易知,两个组每个席位代表的人数分别为 p_1/n_1 和 p_2/n_2,则显然,只有当 $p_1/n_1 = p_2/n_2$ 时,分配结果才是公平的。

但是因为人数和席位都是整数,而通常 $p_1/n_1 \neq p_2/n_2$,所以此时席位分配是不公平的,且

(1) 当 $p_1/n_1 > p_2/n_2$ 时,分配结果对 A 组不公平;

(2) 当 $p_1/n_1 < p_2/n_2$ 时,分配结果对 B 组不公平。

也就是分配结果对 $p_i/n_i (i=1,2)$ 数值较大的一方不公平。

上述不公平的程度可以用公式 $\left| \dfrac{p_1}{n_1} - \dfrac{p_2}{n_2} \right|$ 的大小来衡量,但是以此来衡量也有不足之处,比如:

(1) 设 A、B 两个组的人数和席位数分别为 $p_1 = 120, p_2 = 100, n_1 = 10, n_2 = 10$,则 $\left| \dfrac{p_1}{n_1} - \dfrac{p_2}{n_2} \right| = 2$;

(2) 设 A、B 两个组的人数和席位数分别为 $p_1 = 1020, p_2 = 1000, n_1 = 10, n_2 = 10$,则 $\left| \dfrac{p_1}{n_1} - \dfrac{p_2}{n_2} \right| = 2$。

虽然两种情况下都有 $\left| \dfrac{p_1}{n_1} - \dfrac{p_2}{n_2} \right| = 2$,但根据常识可知,第二种情况相对第一种情况更为公平。

上面采用的方法是衡量不公平的绝对程度,通常无法区分两种明显不公平的情况,因此下面考虑采用相对标准,对上述公式进行改进,定义如下席位分配相对不公平的公式。

(1) 若 $p_1/n_1 > p_2/n_2$,定义

$$r_A(n_1, n_2) = \frac{p_1/n_1 - p_2/n_2}{p_2/n_2} \tag{4.9}$$

为对 A 组的相对不公平值;

(2) 若 $p_2/n_2 > p_1/n_1$,定义

$$r_B(n_1, n_2) = \frac{p_2/n_2 - p_1/n_1}{p_1/n_1} \tag{4.10}$$

为对 B 组的相对不公平值。

于是可以用使不公平值较小的分配方案来减少席位分配中的不公平。

3. 问题的假设

(1) 席位变动前后各个系的学生人数保持不变;

(2) 席位分配以各系人数为唯一权重;

(3) 参加会议的代表对本次会议无重要性差别;

(4) 席位分配各方均同意分配依据的标准。

4. 模型的建立及求解

假设 A、B 两个组已各分配有 n_1 和 n_2 个席位。下面利用相对不公平值 r_A 和 r_B 来讨论:当总席位新增 1 个时,应该分配给 A 组还是 B 组。

不失一般性,假设 $p_1/n_1 > p_2/n_2$,即对 A 组不公平。当总席位新增 1 个时,根据

p_1/n_1 与 p_2/n_2 的大小关系做如下讨论。

（1）若 $p_1/(n_1+1)>p_2/n_2$，说明即使新增的 1 个席位分配给 A 组，仍对 A 组不公平，所以新增的 1 个席位应该分配给 A 组；

（2）若 $p_1/(n_1+1)<p_2/n_2$，说明如果将新增的 1 个席位分配给 A 组，将变为对 B 组不公平，且由式(4.10)可算出对 B 组的相对不公平值为

$$r_B(n_1+1,n_2)=\frac{p_2/n_2-p_1/(n_1+1)}{p_1/(n_1+1)}=\frac{p_2(n_1+1)}{p_1n_2}-1。 \tag{4.11}$$

（3）若 $p_1/n_1>p_2/(n_2+1)$，说明如果将新增的 1 个席位分配给 B 组，还是对 A 组不公平，且由式(4.9)可算出对 A 组的相对不公平值为

$$r_A(n_1,n_2+1)=\frac{p_1(n_2+1)}{p_2n_1}-1。 \tag{4.12}$$

另外，根据假设 $p_1/n_1>p_2/n_2$，不可能出现 $p_1/n_1<p_2/(n_2+1)$。

由于公平分配席位的原则是使得相对不公平值尽可能小，所以，若

$$r_B(n_1+1,n_2)<r_A(n_1,n_2+1), \tag{4.13}$$

则新增的 1 个席位分配给 A 组，反之则分配给 B 组。

结合式(4.11)和式(4.12)，式(4.13)可以改写成

$$\frac{p_2^2}{n_2(n_2+1)}<\frac{p_1^2}{n_1(n_1+1)}。 \tag{4.14}$$

定义

$$Q_i=\frac{p_i^2}{n_i(n_i+1)},\quad(i=1,2) \tag{4.15}$$

于是可以将新增的 1 个席位分配给 Q_i 值较大的一方。这种用 Q_i 的最大值决定席位分配的方法称为 Q 值法。

上述 Q 值法可以推广到多方分配席位的情形：对于 i 个组$(i=1,2,\cdots,m)$，假设第 i 组人数为 p_i，已分配有 n_i 个席位，当总席位新增 1 个时，新增的席位可以按照 Q 值法进行如下公平的分配：

（1）计算每个组的 $Q_i(i=1,2,\cdots,m)$，并找出最大的 Q_i；

（2）将新增的席位分配给 Q_i 最大的组（若有多个最大值，则可以将新增的席位分配给其中的任何一组）。

对于 1 中提出的问题，可以先结合表 4.1，按照取整的方式，分别给甲、已、丙三个系各分配 10、6、3 个席位，剩余的第 20 席和第 21 席则按照 Q 值法继续进行公平的分配。

对于第 20 席，由于

$Q_1=103^2/(10\times11)=96.45,\quad Q_2=63^2/(6\times7)=94.5,\quad Q_3=34^2/(3\times4)=96.33,$

Q_1 最大，因此第 20 席分配给甲系；

对于第 21 席，由于

$Q_1=103^2/(11\times12)=80.37,\quad Q_2=63^2/(6\times7)=94.5,\quad Q_3=34^2/(3\times4)=96.33,$

Q_3 最大，因此第 21 席分配给丙系。

所以，21 个席位的分配方案为：甲系 11 席，乙系 6 席，丙系 4 席，也就是新增的 1 个席位分配给丙系更公平。

5. 模型的评价

席位分配的前提是参加席位分配的各方均同意分配依据的标准,本问题的标准包括:按比例并取整、Q 值法两个方面,而关键是建立衡量公平程度的合理化的数量指标,本问题建立的模型中采用的指标是相对不公平值 r_A 和 r_B。根据统一的标准和指标制定的分配方案无疑是公平的。

本问题中建立的模型出于相对公平的角度来解决席位的分配问题。实际中,可以结合会议的性质和内容等,并结合参加会议的代表的个人情况,比如对会议内容的了解程度和可能的参与程度等,从实际角度出发对席位的分配方案作出合理的调整,制定出既公平又合理的席位分配方案。另外,有时也可以通过适当增加或减少少量席位使席位公平分配问题得到更好的解决。

6. 模型的应用

在现实生活中,我们经常会遇到对资源的分配问题,比如助学金名额、人员升迁名额等的分配,以及参观券、优惠券等的分配,本问题建模中所采用的 Q 值法可应用到这些分配问题中,以便建立公平的分配方案。

习题 4

1. 有两家出版社正在竞争一本新书的出版权,其中

(1) A 出版社给作者的稿酬为:前 3000 册提供 6% 的版税;超过 3000 册的部分支付 8% 的版税并另加每本书 2 元的稿酬;

(2) B 出版社给作者的稿酬为:前 4000 册不支付版税,但超过 4000 册的部分支付 10% 的版税并另加每本书 3 元的稿酬。

请问作者应该选择哪家出版社?

2. 每个人都有过洗衣服的经历,为了节约用水,人们希望用一定量的水把衣服尽量洗干净。一般地,设衣服充分拧干之后残存水量是 W(单位:kg),其中污物为 m_0(单位:kg),漂洗用的清水为 A(单位:kg)。把重为 A(单位:kg)的水分成 n 次使用,每次用水量分别记为 $a_1, a_2, \cdots, a_n$(单位:kg)。

(1) 经过 n 次漂洗后,衣服上还有多少污物?

(2) 对于固定的漂洗次数 n,如何选取 $a_1, a_2, \cdots, a_n$ 才能使衣物上的污物最少?

(3) 是不是洗的次数越多越干净,有无限度?

3. 某小区共 1000 户居民,其中 235 户住在一期,333 户住在二期,432 户住在三期。小区要组织一个 10 人(选中的每户各派 1 人)的委员会,使用下列办法分配小区各期的委员数:

(1) 按比例分配取整数的名额后,剩余的名额按照惯例分给小数部分较大者;

(2) Q 值法;

(3) 你能提出其他的方法吗?用你的方法分配上面的名额;

(4) 如果委员数目为 15 人,请使用 Q 值法给出公平的分配方案。

插值拟合模型

数学建模中常常会遇到这样一类问题：给定一批离散数据点，需要对这些数据建立变量之间的函数关系，其目的就是从数据中寻找它们反映的内在规律。插值与拟合是我们常用的数据建模方法，在许多建模竞赛试题中都有应用。例如，1994 年全国大学生数学建模竞赛 A 题逢山开路中，对山体高度进行插值计算；又如，2005 年全国大学生数学建模竞赛 A 题长江水质的评价和预测中，对未来 10 年水质污染的发展趋势做出拟合计算，等等。

当要求确定的函数通过所有已知的离散数据点时，这就是插值问题。以下两种情况下经常会用到插值方法：(1)当采集到的数据过少，需要对其进行补足时；(2)当采集到的数据点不均匀，需要将其均匀处理时。当已知数据点可能受随机观测误差的影响时，不要求确定的函数通过所有已知数据点，只要求能较好反映观测数据规律时，这就是拟合问题。

本章将介绍常见的数据插值和拟合方法。5.1 节介绍三种常见的插值方法：拉格朗日插值、分段线性插值和三次样条插值的原理和方法；5.2 节结合具体案例介绍如何利用 MATLAB 软件进行插值；5.3 节主要介绍最小二乘拟合的基本原理和方法；5.4 节通过案例的分析介绍基于 MATLAB 软件的拟合方法；5.5 节介绍灰色 GM(1,1) 模型预测的方法。

5.1 常见的插值方法

在区间 $[a,b]$ 上给出一系列点的函数值 $y_i = f(x_i)$，$i = 0, 1, \cdots, n$，或者通过实验观测得到一组互异数据 $\{x_i, y_i\}_{i=0}^{n}$，如表 5.1 所示。为了研究函数的变化规律，需要求出不在表上的函数值，可以采用插值。

表 5.1　插值数据表

x	x_0	x_1	x_2	$\cdots$	x_n
y	y_0	y_1	y_2	$\cdots$	y_n

所谓插值，就是对于上述事先给定的 $n+1$ 个互异数据，寻求一个函数 $\varphi(x)$ 来近似代替 $f(x)$，并且满足

$$\varphi(x_i) = f(x_i), \quad i = 0, 1, \cdots, n_o \tag{5.1}$$

这样，就称 $\varphi(x)$ 为 $f(x)$ 的一个插值函数，点 $x_0, x_1, \cdots, x_n$ 为插值节点，

$f(x)$称为被插函数。式(5.1)称为插值条件。

插值函数$\varphi(x)$可以选用不同的函数类型,如多项式、三角多项式或有理函数等。事实上,关于插值函数的选择,我们不仅希望它能较好地逼近$f(x)$,而且还希望它计算简单。代数多项式在数值计算和理论分析方面都具有方便易处理的优势,因此常被选为插值函数的类型。本章只介绍多项式插值(也称代数插值)。

多项式插值的问题可以重述为:

设在区间$[a,b]$上给定$n+1$个互异节点$x_0,x_1,\cdots,x_n$上的函数值$y_i=f(x_i),i=0,1,\cdots,n$,求次数不超过$n$的多项式$L(x)=a_0+a_1x+\cdots+a_nx^n$,使$L(x_i)=f(x_i),i=0,1,\cdots,n$。

由此可以得到以下关于系数$a_0,a_1,\cdots,a_n$的$n+1$元线性方程组:

$$\begin{cases} a_0+a_1x_0+\cdots+a_nx_0^n=y_0, \\ a_0+a_1x_1+\cdots+a_nx_1^n=y_1, \\ \vdots \\ a_0+a_1x_n+\cdots+a_nx_n^n=y_n。 \end{cases} \tag{5.2}$$

该线性方程组的系数矩阵为

$$\begin{bmatrix} 1 & x_0 & \cdots & x_0^n \\ 1 & x_1 & \cdots & x_1^n \\ \vdots & \vdots & & \vdots \\ 1 & x_n & \cdots & x_n^n \end{bmatrix}, \tag{5.3}$$

是范德蒙德(Vandermonde)矩阵,当$x_i\neq x_j$时,该矩阵的行列式不等于0。这说明,线性方程组的解$a_0,a_1,\cdots,a_n$存在并且唯一。

定理5.1 满足插值条件(5.1)的不超过n次的多项式$L(x)$存在并且唯一。

可以看出,以上解线性方程组的方法可以用来确定插值多项式,但求解的过程过于繁琐。接下来将介绍几种常见的插值方法:拉格朗日(Lagrange)插值、分段线性插值以及三次样条插值。

5.1.1 拉格朗日插值

拉格朗日插值法的基本原理是:通过构造一组不超过n次的基函数$l_i(x),i=0,1,\cdots,n$,将插值多项式$L(x)$写成$n+1$个基函数的线性组合:

$$L(x)=y_0l_0(x)+y_1l_1(x)+\cdots+y_nl_n(x), \tag{5.4}$$

其中,$l_i(x)$满足:$l_i(x_i)=1,l_i(x_j)=0,j\neq i$。这样,当$x=x_i$时,$L(x_i)=y_i$,即满足插值条件。

如何求出$l_i(x)$的具体表达式,使其满足$l_i(x_0)=0,\cdots,l_i(x_{i-1})=0,l_i(x_i)=1,l_i(x_{i+1})=0,\cdots,l_i(x_n)=0$,即$l_i(x_j)=\begin{cases} 1, & j=i, \\ 0, & j\neq i \end{cases}$呢?

由于$x_0,x_1,\cdots,x_{i-1},x_{i+1},\cdots,x_n$都是多项式$l_i(x)$的零点,因此,$l_i(x)$可以写成如

下形式：

$$l_i(x) = A_i(x-x_0)\cdots(x-x_{i-1})(x-x_{i+1})\cdots(x-x_n), \qquad (5.5)$$

其中，A_i 为待定的常数，由于 $l_i(x_i) = 1$，据此可以求出：

$$A_i = \frac{1}{(x_i-x_0)\cdots(x_i-x_{i-1})(x_i-x_{i+1})\cdots(x_i-x_n)} = \frac{1}{\prod\limits_{\substack{j=0 \\ j\neq i}}^{n}(x_i-x_j)}。 \qquad (5.6)$$

于是，

$$l_i(x) = \frac{(x-x_0)\cdots(x-x_{i-1})(x-x_{i+1})\cdots(x-x_n)}{(x_i-x_0)\cdots(x_i-x_{i-1})(x_i-x_{i+1})\cdots(x_i-x_n)} = \prod_{\substack{j=0 \\ j\neq i}}^{n}\frac{x-x_j}{x_i-x_j}, \qquad (5.7)$$

$l_i(x), i = 0,1,\cdots,n$ 称为拉格朗日插值基函数。于是，插值多项式 $L(x)$ 写为

$$L(x) = \sum_{i=0}^{n} y_i \left(\prod_{\substack{j=0 \\ j\neq i}}^{n} \frac{x-x_j}{x_i-x_j} \right)。 \qquad (5.8)$$

例 5.1　求过四点 $(0,1), (2,3), (3,2), (5,5)$ 的三次拉格朗日插值多项式。

解　由题意取 $x_0=0, y_0=1, x_1=2, y_1=3, x_2=3, y_2=2, x_3=5, y_3=5$，则插值基函数

$$l_0(x) = \frac{(x-2)(x-3)(x-5)}{(0-2)(0-3)(0-5)} = -\frac{1}{30}(x-2)(x-3)(x-5),$$

$$l_1(x) = \frac{(x-0)(x-3)(x-5)}{(2-0)(2-3)(2-5)} = \frac{1}{6}x(x-3)(x-5),$$

$$l_2(x) = \frac{(x-0)(x-2)(x-5)}{(3-0)(3-2)(3-5)} = -\frac{1}{6}x(x-2)(x-5),$$

$$l_3(x) = \frac{(x-0)(x-2)(x-3)}{(5-0)(5-2)(5-3)} = \frac{1}{30}x(x-2)(x-3),$$

三次拉格朗日插值多项式为

$$L_3(x) = 1 \times \left(-\frac{1}{30}\right)(x-2)(x-3)(x-5) + 3 \times \frac{1}{6}x(x-3)(x-5) +$$

$$2 \times \left(-\frac{1}{6}\right)x(x-2)(x-5) + 5 \times \frac{1}{30}x(x-2)(x-3)$$

$$= \frac{3}{10}x^3 - \frac{13}{6}x^2 + \frac{62}{15}x + 1。$$

例 5.2　已知 $\sqrt{1}=1, \sqrt{4}=2, \sqrt{9}=3$，利用 MATLAB 编程求解拉格朗日插值法下 $\sqrt{7}$ 的近似值。

解　首先编写拉格朗日插值的 M 文件，存为 Lagrange.m。

```
function yi=Lagrange(x,y,xi)
% 输入：x 为全部的插值节点；y 为插值节点处的函数值；xi 为被估计函数自变量；
% 输出：yi 为 xi 处的函数估计值
n=length(x);m=length(y);   % 输入的插值点与它的函数值应有相同的个数
if n~=m
    error('The lengths of x and y must be equal!');
    return;
end
```

```
for jj=1:length(xi)
p=zeros(1,n);
for k=1:n
    t=ones(1,n);
    for j=1:n
        if j~=k          %输入的插值节点必须互异
            if abs(x(k)-x(j))<eps
                error('the DATA is error');
                return
            end
            t(j)=(xi(jj)-x(j))/(x(k)-x(j));
        end
    end
    p(k)=prod(t);
end
yi(jj)=sum(y.*p);
end
```

然后,在命令窗口中输入:

```
x=[1 4 9];y=[1 2 3];xi=7;
yi=Lagrange(x,y,xi)
```

得到

yi=2.7000

5.1.2 分段线性插值

插值节点的个数与逼近误差是否有关? 换句话说,插值多项式 $L_n(x)$ 的次数越高,是否逼近真实函数 $f(x)$ 的精度也越高呢? 1901 年,龙格(Runge)研究多项式插值时,给出了一个等距节点上当 $n \to \infty$ 时 $L_n(x)$ 不收敛于 $f(x)$ 的例子。

函数 $f(x) = \dfrac{1}{1+25x^2}$ 在 $[-1,1]$ 上取 $n+1$ 个等距节点 $x_i = -1 + 2\dfrac{i}{n}(i=0,1,\cdots,n)$,进行拉格朗日插值。图 5.1 给出了 $L_5(x)$,$L_{10}(x)$ 和 $f(x)$ 的图像。从图 5.1 可以看到,在 $x=\pm 1$ 附近,$L_{10}(x)$ 发生激烈的振荡现象,导致其与 $f(x)$ 偏离得很远,这就是所谓的龙格现象。该现象说明,用高次插值多项式近似函数的效果不一定理想。因此,在实际应用中不需要追求高次插值以提高精度。相反地,分段低次插值的方法可能达到更好的效果。将插值区间分成若干小的区间,在每个小区间进行线性插值,然后互相连接,用连接相邻节点的折线逼近被插函数,这种方法就是分段线性插值法。

分段线性插值将插值点用折线段连接起来逼近 $f(x)$。已知插值节点 $x_0 < x_1 < \cdots < x_n$ 上的函数值 $y_0, y_1, \cdots, y_n$,记 $h_k = x_{k+1} - x_k$,$h = \max_k h_k$,则 $I_h(x)$ 在每个小区间 $[x_k, x_{k+1}], k=0,1,\cdots,n-1$ 上的表达式为

$$I_h(x) = \frac{x-x_{k+1}}{x_k - x_{k+1}} y_k + \frac{x-x_k}{x_{k+1}-x_k} y_{k+1}, \quad x_k \leqslant x \leqslant x_{k+1}. \tag{5.9}$$

分段线性插值在几何上就是将相邻两个节点用直线连起来,形成一条折线段,用折线替代真实曲线。$I_h(x)$ 具有良好的收敛性能,当节点 n 越多时,分段也越多,h 越小,则误差越小。

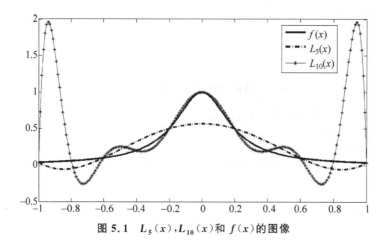

图 5.1　$L_5(x), L_{10}(x)$ 和 $f(x)$ 的图像

例 5.3　已知 $f(x)$ 在四个节点上的函数值如表 5.2 所示：

表 5.2　$f(x)$ 四个节点函数值

x_i	10	20	35	60
$f(x_i)$	1	3	2	4

求 $f(x)$ 在区间 $[10,60]$ 上的分段线性插值函数 $I(x)$。

解　将插值区间 $[10,60]$ 分成三个小区间：$[10,20]$，$[20,35]$，$[35,60]$，则 $I(x)$ 在 $[10,20]$ 上的线性插值为

$$I(x)=\frac{x-x_1}{x_0-x_1}f(x_0)+\frac{x-x_0}{x_1-x_0}f(x_1)=\frac{x-20}{10-20}\times 1+\frac{x-10}{20-10}\times 3=\frac{x}{5}-1。$$

$I(x)$ 在 $[20,35]$ 上的线性插值为

$$I(x)=\frac{x-x_2}{x_1-x_2}f(x_1)+\frac{x-x_1}{x_2-x_1}f(x_2)=\frac{x-35}{20-35}\times 3+\frac{x-20}{35-20}\times 2=\frac{65-x}{15}。$$

$I(x)$ 在 $[35,60]$ 上的线性插值为

$$I(x)=\frac{x-x_3}{x_2-x_3}f(x_2)+\frac{x-x_2}{x_3-x_2}f(x_3)=\frac{x-60}{35-60}\times 2+\frac{x-35}{60-35}\times 4=\frac{2x-20}{25}。$$

将各区间的线性插值函数连接到一起,得

$$I(x)=\begin{cases}\dfrac{x}{5}-1, & 10\leqslant x\leqslant 20,\\[2mm]\dfrac{65-x}{15}, & 20\leqslant x\leqslant 35,\\[2mm]\dfrac{2x-20}{25}, & 35\leqslant x\leqslant 60。\end{cases}$$

例 5.4　对 $f(x)=\dfrac{1}{1+25x^2}$ 在 $[-1,1]$ 上取插值节点 $x_i=-1+2\dfrac{i}{10}(i=0,1,\cdots,$ 10),用 MATLAB 编程求解分段线性插值函数 $I(x)$,并绘制 $y=f(x)$ 及 $I(x)$ 的图形。

解 在 MATLAB 软件中输入：

```
x=linspace(-1,1,11);
y=1./(1+25*x.^2);
xx=-1:0.01:1;
yy_I=interp1(x,y,xx,'linear');    %用线性插值函数进行插值
yy_f=1./(1+25*xx.^2);
figure;plot(x,y,'o')
hold on;plot(xx,yy_I,'k:')
plot(xx,yy_f,'k-')
```

得到的图形如图 5.2 所示,图中虚线折线段是分段线性插值得到的,而实线则是真实函数曲线,"o"标识的是 11 个等距插值节点。

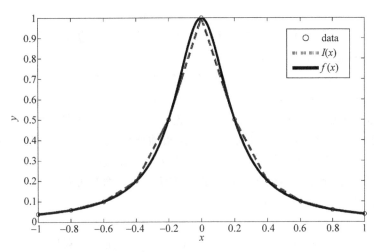

图 5.2 $f(x)=\dfrac{1}{1+25x^2}$ 的分段线性插值与实际曲线比较图

5.1.3 三次样条插值

上一节讨论的分段线性插值函数具有较好的一致收敛性,但其图形是锯齿形的折线,虽然连续,但由于处处是"尖点"从而不能保证整条曲线的光滑性。对于像飞机的机翼型线,船体型线往往需要有二阶光滑度(二阶连续导数)。样条插值是一种工业设计中常用的得到光滑曲线的一种方法。三次样条又是其中用得最为广泛的一种。三次样条插值实际上就是在整个区间上具有连续二阶导数的分段三次多项式插值。下面我们介绍三次样条插值函数。

设在区间 $[a,b]$ 上给定一组插值节点 $a=x_0<x_1<\cdots<x_n=b$ 上的函数值 $y_0,y_1,\cdots,$ $y_n,y_i=f(x_i),i=0,1,\cdots,n$,若函数 $S(x)$ 满足:

(1) 在每个节点上满足 $S(x_i)=y_i,i=0,1,\cdots,n$;

(2) $S(x)$ 在每个子区间 $[x_{i-1},x_i],i=1,2,\cdots,n$ 上都是一个三次多项式;

(3) $S(x)$ 在区间 $[a,b]$ 上有连续的二阶导数,则称 $S(x)$ 为三次样条插值函数。

三次样条插值函数是一个分段三次多项式,在每个区间 $[x_{i-1},x_i]$ 上要确定 4 个待定系数,所以要确定 $S(x)$ 需要 $4n$ 个参数。根据 $S(x)$ 在区间 $[a,b]$ 上有连续的二阶导数,因此在节点 $x_i,i=1,\cdots,n-1$ 处应该满足连接条件:

$$S(x_i - 0) = S(x_i + 0), S'(x_i - 0) = S'(x_i + 0), S''(x_i - 0) = S''(x_i + 0), \quad i = 1, \cdots, n-1,$$
$$(5.10)$$

这里一共给出了 $3n-3$ 个条件,再加上插值条件:

$$S(x_i) = y_i, \quad i = 0, 1, \cdots, n, \tag{5.11}$$

连接条件和插值条件共给出 $4n-2$ 个条件,而待定系数有 $4n$ 个,因此还需要 2 个条件才能确定 $S(x)$。通常的做法是在区间 $[a,b]$ 端点 $a = x_0, b = x_n$ 上各加一个条件,称为边界条件。常用的边界条件有三种类型:

（1）给定两个端点的一阶导数值,即

$$S'(x_0) = y_0', \quad S'(x_n) = y_n'。$$

（2）给定两个端点的二阶导数值,即

$$S''(x_0) = y_0'', \quad S''(x_n) = y_n''。$$

作为特例, $S''(x_0) = S''(x_n) = 0$ 称为自然边界条件。满足自然边界条件的三次样条插值函数称为自然样条插值函数。

（3）当 $f(x)$ 是以 $x_n - x_0$ 为周期的周期函数时,则要求 $S(x)$ 也是周期函数,这时边界条件应满足当 $f(x_0) = f(x_n)$ 时, $S'(x_0 + 0) = S'(x_n - 0), S''(x_0 + 0) = S''(x_n - 0)$。

这样,由这三种边界条件的任何一种加上连接条件和插值条件,就能得到 $4n$ 个方程,可以唯一确定 $4n$ 个系数,从而可以得到三次样条插值函数 $S(x)$ 在各个子区间 $[x_{i-1},$ $x_i], i = 1, 2, \cdots, n$ 的表达式。如果用解方程的方法求解插值函数,当 n 较大时工作量很大,不便于实际应用。接下来介绍一种简单的构造方法——三弯矩方程。

设 $S(x)$ 在节点 x_i 处的二阶导数为

$$S''(x_i) = M_i, \quad i = 0, 1, \cdots, n, \tag{5.12}$$

其中, M_i 在力学上可以解释细梁在 x_i 截面处的弯矩。下面我们利用二阶导数值 M_i 来表达 $S(x)$。

令 $S_i(x)$ 是 $S(x)$ 在区间 $[x_{i-1}, x_i]$ 上的三次多项式,所以 $S''(x)$ 在该区间上是线性函数。利用两点的函数值 $S''(x_{i-1}) = M_{i-1}, S''(x_i) = M_i$ 可以确定该线性函数,即

$$S_i''(x) = M_{i-1} \frac{x - x_i}{x_{i-1} - x_i} + M_i \frac{x - x_{i-1}}{x_i - x_{i-1}}, \quad i = 1, 2, \cdots, n \tag{5.13}$$

记 $h_i = x_i - x_{i-1}$,则有

$$S_i''(x) = M_{i-1} \frac{x_i - x}{h_i} + M_i \frac{x - x_{i-1}}{h_i},$$

连续两次积分,可以得到

$$S_i(x) = M_{i-1} \frac{(x_i - x)^3}{6h_i} + M_i \frac{(x - x_{i-1})^3}{6h_i} + A_i(x_i - x) + B_i(x - x_{i-1}),$$

其中, A_i, B_i 为积分常数,此时利用插值条件 $S(x_{i-1}) = y_{i-1}, S(x_i) = y_i$ 就可以确定积分常数,于是得到 $S_i(x)$ 的表达式:

$$S_i(x) = M_{i-1} \frac{(x_i - x)^3}{6h_i} + M_i \frac{(x - x_{i-1})^3}{6h_i} + \left(y_{i-1} - \frac{M_{i-1}}{6}h_i^2\right)\frac{(x_i - x)}{h_i} +$$
$$\left(y_i - \frac{M_i}{6}h_i^2\right)\frac{(x - x_{i-1})}{h_i}, \quad x \in [x_{i-1}, x_i]。 \tag{5.14}$$

这里 $M_i, i = 0, 1, \cdots, n$ 是未知的,只要确定这 $n+1$ 个值,就可以定出三次样条插值函数 $S(x)$。

为了确定 $M_i, i = 0, 1, \cdots, n$,对 $S_i(x)$ 求导得

$$S_i'(x) = -M_{i-1} \frac{(x_i - x)^2}{2h_i} + M_i \frac{(x - x_{i-1})^2}{2h_i} + \frac{y_i - y_{i-1}}{h_i} - \frac{h_i}{6}(M_i - M_{i-1}),$$

$$S_i'(x_i - 0) = \frac{h_i}{6}M_{i-1} + \frac{h_i}{3}M_i + \frac{y_i - y_{i-1}}{h_i},$$

$$S_{i+1}'(x_i + 0) = -\frac{h_{i+1}}{3}M_i - \frac{h_{i+1}}{6}M_{i+1} + \frac{y_{i+1} - y_i}{h_{i+1}}。$$

利用 $S_i'(x_i - 0) = S_{i+1}'(x_i + 0)$,就可以得到关于参数 M_{i-1}, M_i, M_{i+1} 的方程:

$$\mu_i M_{i-1} + 2M_i + \lambda_i M_{i+1} = g_i, \tag{5.15}$$

其中,$\mu_i = \dfrac{h_i}{h_i + h_{i+1}}, \lambda_i = \dfrac{h_{i+1}}{h_i + h_{i+1}}, g_i = \dfrac{6}{h_i + h_{i+1}}\left(\dfrac{y_{i+1} - y_i}{h_{i+1}} - \dfrac{y_i - y_{i-1}}{h_i}\right), i = 1, 2, \cdots, n-1$。

对第一种边界条件 $S'(x_0) = y_0', S'(x_n) = y_n'$,可以导出两个方程

$$\begin{cases} 2M_0 + M_1 = \dfrac{6}{h_1}\left(\dfrac{y_1 - y_0}{h_1} - y_0'\right), \\ M_{n-1} + 2M_n = \dfrac{6}{h_n}\left(y_n' - \dfrac{y_n - y_{n-1}}{h_n}\right)。 \end{cases} \tag{5.16}$$

结合式(5.16)和式(5.16),可以写成如下三对角方程组形式:

$$\begin{bmatrix} 2 & 1 & & & \\ \mu_1 & 2 & \lambda_1 & & \\ & \ddots & \ddots & \ddots & \\ & & \mu_{n-1} & 2 & \lambda_{n-1} \\ & & & 1 & 2 \end{bmatrix} \begin{bmatrix} M_0 \\ M_1 \\ \vdots \\ M_{n-1} \\ M_n \end{bmatrix} = \begin{bmatrix} g_0 \\ g_1 \\ \vdots \\ g_{n-1} \\ g_n \end{bmatrix}, \tag{5.17}$$

其中,$g_0 = \dfrac{6}{h_1}\left(\dfrac{y_1 - y_0}{h_1} - y_0'\right), g_n = \dfrac{6}{h_n}\left(y_n' - \dfrac{y_n - y_{n-1}}{h_n}\right)$。

对第二种边界条件 $S''(x_0) = y_0'', S''(x_n) = y_n''$,直接得到端点处:$M_0 = y_0'', M_n = y_n''$,此时只有 $n-1$ 个未知数,

$$\begin{bmatrix} 2 & \lambda_1 & & & \\ \mu_2 & 2 & \lambda_2 & & \\ & \ddots & \ddots & \ddots & \\ & & \mu_{n-2} & 2 & \lambda_{n-2} \\ & & & \mu_{n-1} & 2 \end{bmatrix} \begin{bmatrix} M_1 \\ M_2 \\ \vdots \\ M_{n-2} \\ M_{n-1} \end{bmatrix} = \begin{bmatrix} g_1 - \mu_1 y_0'' \\ g_2 \\ \vdots \\ g_{n-2} \\ g_{n-1} - \lambda_{n-1} y_n'' \end{bmatrix}。 \tag{5.18}$$

对第三种边界条件 $S'(x_0 + 0) = S'(x_n - 0)$ 与 $S''(x_0 + 0) = S''(x_n - 0)$,可得

$$M_0 = M_n, \quad \lambda_n M_1 + \mu_n M_{n-1} + 2M_n = g_n,$$

其中，$\mu_n = \dfrac{h_1}{h_1 + h_n}$，$\lambda_n = \dfrac{h_n}{h_1 + h_n}$，$g_n = \dfrac{6}{h_1 + h_n}\left(\dfrac{y_1 - y_0}{h_1} - \dfrac{y_n - y_{n-1}}{h_n}\right)$，

$$\begin{bmatrix} 2 & \lambda_1 & & & \mu_1 \\ \mu_2 & 2 & \lambda_2 & & \\ & \ddots & \ddots & \ddots & \\ & & \mu_{n-1} & 2 & \lambda_{n-1} \\ \lambda_n & & & \mu_n & 2 \end{bmatrix} \begin{bmatrix} M_1 \\ M_2 \\ \vdots \\ M_{n-1} \\ M_n \end{bmatrix} = \begin{bmatrix} g_1 \\ g_2 \\ \vdots \\ g_{n-1} \\ g_n \end{bmatrix}。 \tag{5.19}$$

利用线性代数知识，可以证明方程组(5.17)、(5.18)和(5.19)的系数矩阵都是非奇异的，相应的方程组(因未知数个数不同)都有唯一解，再代回到式(5.14)，就可以得到 $S(x)$ 的表达式。

三次样条插值在解决实际问题中应用十分广泛，它不仅具有较好的收敛性和稳定性，而且具有较好的光滑性。当插值节点逐渐加密时，其函数值在整体上能很好地逼近被插函数，相应的导数值也收敛于被插函数的导数，不会发生龙格现象。

例 5.5 已知函数 $y = f(x)$ 的函数值如表 5.3 所示。

表 5.3　$f(x)$插值节点上函数值

x_i	1	2	4	5
$f(x_i)$	1	3	4	2

在区间$[1,5]$上求三次样条插值函数 $S(x)$，使它满足边界条件 $S''(1) = 0$，$S''(5) = 0$。

解　这是在第二种边界条件下的三次样条插值，确定 M_0, M_1, M_2, M_3 的方程组如式(5.18)所示。由已知边界条件 $S''(1) = y_0'' = M_0 = 0$，$S''(5) = y_3'' = M_3 = 0$，则可以得到求解 M_1, M_2 的方程组：

$$\begin{bmatrix} 2 & \lambda_1 \\ \mu_2 & 2 \end{bmatrix} \begin{bmatrix} M_1 \\ M_2 \end{bmatrix} = \begin{bmatrix} g_1 \\ g_2 \end{bmatrix}。$$

根据给定数据和边界条件求出：

$$\lambda_1 = \frac{2}{3}, \quad \mu_2 = \frac{2}{3}, \quad g_1 = -3, \quad g_2 = -5,$$

则得

$$\begin{cases} 2M_1 + \dfrac{2}{3}M_2 = -3, \\ \dfrac{2}{3}M_1 + 2M_2 = -5, \end{cases}$$

求解得结果：

$$\begin{cases} M_1 = -\dfrac{3}{4}, \\ M_2 = -\dfrac{9}{4}, \end{cases}$$

将 M_0, M_1, M_2, M_3 的结果代入式(5.14),即可得到 $S(x)$ 在各子区间上的表达式:

$$S(x) = \begin{cases} -\dfrac{1}{8}x^3 + \dfrac{3}{8}x^2 + \dfrac{7}{4}x - 1, & 1 \leqslant x \leqslant 2, \\[2mm] -\dfrac{1}{8}x^3 + \dfrac{3}{8}x^2 + \dfrac{7}{4}x - 1, & 2 \leqslant x \leqslant 4, \\[2mm] \dfrac{3}{8}x^3 - \dfrac{45}{8}x^2 + \dfrac{103}{4}x - 33, & 4 \leqslant x \leqslant 5. \end{cases}$$

例 5.6 某气象观测站测得某日 6:00—18:00 之间每隔 2 小时的室内外温度(℃)如表 5.4 所示。

表 5.4 某气象站每隔 2 小时的室内外温度

时刻 t	6:00	8:00	10:00	12:00	14:00	16:00	18:00
室内温度 w_1	17.0	20.0	22.0	26.0	30.0	27.0	23.0
室外温度 w_2	14.0	19.0	25.0	28.0	33.0	32.0	29.0

试用三次样条插值法分别求室内外 6:30—17:30 之间每隔 2 小时的近似温度(℃)。(用 MATLAB 编程完成)

解 在 MATLAB 软件中输入:

```
t=6:2:18;
w1=[17.0 20.0 22.0 26.0  30.0 27.0 23.0];
w2=[14.0 19.0 25.0 28.0  33.0 32.0 29.0];
tnew=6.50:2:17.50;
y1=interp1(t,w1,tnew,'spline')   %用三次样条插值函数进行插值
y2=interp1(t,w2,tnew,'spline')
```

结果显示:

```
y1=18.0488   20.4473   22.7715   27.3105   29.8770   25.7129
y2=14.7432   20.7013   25.8266   29.2580   33.3916   31.1131
```

例 5.7 对 $f(x) = \dfrac{1}{1+25x^2}$ 在 $[-1,1]$ 上,取插值节点 $x_i = -1 + 2\dfrac{i}{10}(i=0,1,\cdots,$

10),用 MATLAB 编程求解三次样条插值函数 $S(x)$ 并绘制 $y=f(x)$ 及 $S(x)$ 的图形。

解 在 MATLAB 软件中输入:

```
x=linspace(-1,1,11);
y=1./(1+25 * x.^2);
xx=-1:0.01:1;
yy_I=interp1(x,y,xx,'linear');
yy_f=1./(1+25 * xx.^2);
figure;plot(x,y,'o')
hold on;plot(xx,yy_I,'k:')
plot(xx,yy_f,'k-')
```

得到的图形如图 5.3 所示,图中虚线是三次样条插值得到的,而实线则是真实函数曲线,"o"标识的是 11 个等距插值节点上 $f(x)$ 的值。可以看出,三次样条插值函数不仅具有良好的逼近能力,而且也具有不错的光滑性能。

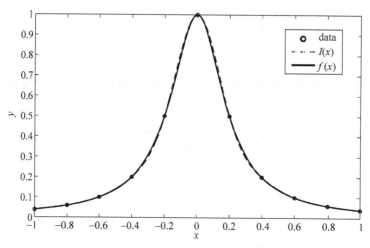

图 5.3　$f(x)=\dfrac{1}{1+25x^2}$ 的三次样条插值与实际曲线比较图

5.2　插值案例分析

5.2.1　一维插值案例分析

例 5.8　导线中电流与时间的函数关系测量如表 5.5 所示,已知测量值的精度很高。

表 5.5　电流与时间的函数值

时间 t	0	0.375	0.750	1.125	1.500	1.875	2.250	2.625
电流值 i	0	6.21	8.75	13.59	15.78	11.20	10.56	8.34

试计算时间 $t=0.2k$,$k=1,2,\cdots,13$ 时的电流值。

解　分别利用拉格朗日插值法、分段线性插值法和三次样条插值法来求解,在 MATLAB 软件中输入:

```
t=[0 0.375 0.75 1.125 1.500 1.875 2.250 2.625];
I=[6.21 8.75 13.59 15.78 11.20 10.56 8.34];
tnew=0:0.2:2.6;
I_L=Lagrange(t,I,tnew)
I_I=interp1(t,I,tnew,'linear')
I_S=interp1(t,I,tnew,'spline')
tt=linspace(0,2.625,100);
II_L=Lagrange(t,I,tt);
II_I=interp1(t,I,tt,'linear');
II_S=interp1(t,I,tt,'spline');
```

```
figure;
subplot(1,3,1)
plot(t,I,'o');hold on;plot(tt,II_L)
subplot(1,3,2)
plot(t,I,'o');hold on;plot(tt,II_I)
subplot(1,3,3)
plot(t,I,'o');hold on;plot(tt,II_S)
```

结果显示:

I_L = 0 4.0882 6.4054 7.6163 9.2514 11.8252 14.5298 15.9245 15.0399 12.3158 9.7927 9.9761 12.7922   10.0556

I_I = 0 3.3120 6.3793 7.7340 9.3953 11.9767 14.0280 15.1960 14.5587 12.1160 10.9867 10.6453 9.6720 8.4880

I_S = 0 4.2916 6.3984 7.6244 9.2669 11.8709 14.5163 15.9613 14.8487 12.0518 10.4915 10.4995 10.4700   8.7550

输出的向量 I_L, I_I, I_S 分别为拉格朗日插值、分段线性插值、三次样条插值法估计的电流值。图 5.4 则是插值函数的结果,可以看出,分段线性插值函数呈现折线弯曲,三次样条插值具有更好的光滑性。

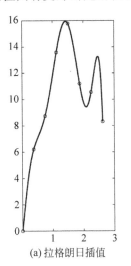 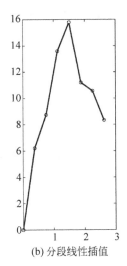 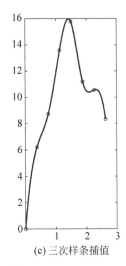

(a) 拉格朗日插值   (b) 分段线性插值   (c) 三次样条插值

图 5.4 拉格朗日插值、分段线性插值、三次样条插值结果图

例 5.9 已知飞机机翼下轮廓线上数据如表 5.6 所示,用插值法求 x 每改变 0.1 时 y 的值。

表 5.6 飞机下轮廓线数据表

x	0	3	5	7	9	11	12	13	14	15
y	0	1.2	1.7	2.0	2.1	2.0	1.8	1.2	1.0	1.6

解 题目给出的飞机机翼下轮廓线 10 个离散数据如图 5.5 所示,此时要求的是 x 每改变 0.1 时 y 的值,故而选择三次样条插值可以保证插值函数的光滑性,更符合实际情况。

于是输入：

x＝[0 3 5 7 9 11 12 13 14 15];
y＝[0 1.2 1.7 2.0 2.1 2.0 1.8 1.2 1.0 1.6];
figure;plot(x,y,'.','MarkerSize',16)
xlabel('x');ylabel('y');axis([0 18 0 4])
xx＝0:0.1:15;
yy＝interp1(x,y,xx,'spline')
figure;plot(x,y,'.','MarkerSize',20);axis([0 18 0 4])
hold on
plot(xx,yy,'k－','LineWidth',2)
xlabel('x');ylabel('y');axis([0 18 0 4])

向量 yy 的输出即为要求的插值结果。图 5.6 中曲线就是三次样条插值函数曲线。

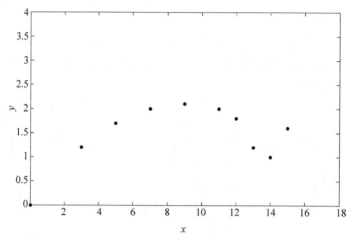

图 5.5　飞机机翼下轮廓线实际数据

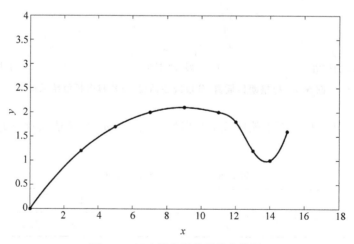

图 5.6　三次样条插值后的曲线图

5.2.2　二维插值案例分析

与一维数据插值相比,二维插值就是对二维数据进行插值,其理论与一维插值相仿,此处不再赘述。仅以案例分析说明实际情况中如何使用二维插值。

二维插值主要分为两种:

第一种是网格节点的插值问题,如图 5.7 所示。已知 $m \times n$ 个节点 (x_i, y_j, z_{ij}),$i=1$,$2,\cdots,m$;$j=1,2,\cdots,n$,其中 x_i, y_j 互不相同,不妨设 $a=x_1<x_2<\cdots<x_m=b, c=y_1<y_2<\cdots<y_n=d$,需要求插值点 (x^*, y^*) 的函数值时,可构造一个二元函数 $z=f(x,y)$ 通过全部已知节点,即 $z_{ij}=f(x_i, y_j)$,$i=1,2,\cdots,m$;$j=1,2,\cdots,n$,再利用插值函数求出 $z^*=f(x^*, y^*)$。

第二种是散乱节点的插值问题,如图 5.8 所示。已知 (x_i, y_i, z_i),$i=1,2,\cdots,n$,其中 (x_i, y_i) 互不相同,需要求插值点 (x^*, y^*) 的函数值时,可通过构造一个二元函数 $z=f(x,y)$ 通过全部已知节点,即 $z_i=f(x_i, y_i)$,$i=1,2,\cdots,n$,再利用插值函数求出 $z^*=f(x^*, y^*)$。

MATLAB 提供 interp2(x,y,z,xq,yq,'Method') 函数命令进行二维网格节点插值,提供 griddata(x,y,z,xq,yq,'Method') 函数命令进行二维散乱节点插值。x,y 为原有的数据点,z 为数据点上的(函数)值,xq,yq 为待插值的数据点。Method 是选择插值的方法,一般有近邻插值 nearest,双线性插值 linear,三次样条插值 spline 和双立方插值 cubic。其中,散乱节点插值中原有的数据点(x,y)不要求规则排列。

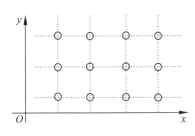 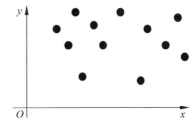

图 5.7　二维网格节点　　　　　　　图 5.8　二维散乱节点

例 5.10　测得平板表面 3×5 网格点处的温度分别为:

82 81 80 82 84
79 63 61 65 81
84 84 82 85 86

试作出平板表面的温度分布曲面图形。

解　在三维坐标下画出原始 3×5 网格数据,在 MATLAB 软件中输入:

```
x=1:5;
y=1:3;
temps=[82 81 80 82 84;79 63 61 65 81;84 84 82 85 86];
figure; mesh(x,y,temps)
```

结果如图 5.9 所示。

为了画出更加精细化的温度分布曲面,在 x,y 方向上每隔 0.2 个单位进行双三次插值。

在 MATLAB 软件中输入:

```
xi=1:0.2:5;
yi=1:0.2:3;
zi=interp2(x,y,temps,xi',yi,'cubic');
figure; mesh(xi,yi,zi)
```

结果如图 5.10 所示。

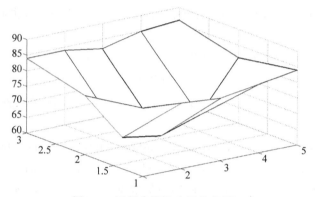

图 5.9　平板表面温度原始数据图

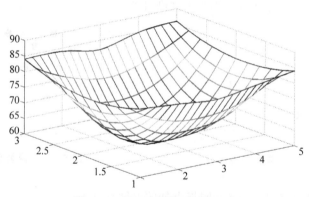

图 5.10　双三次插值后的曲面图

例 5.11　在某山区测得一些地点的高程如表 5.7 所示。平面区域为 $1200 \leqslant x \leqslant 4000, 1200 \leqslant y \leqslant 3600$,作出该山区的地貌图,并对几种插值方法进行比较。

表 5.7　某山区一些点的高程值

y ＼ x	1200	1600	2000	2400	2800	3200	3600	4000
1200	1130	1250	1280	1230	1040	900	500	700
1600	1320	1450	1420	1400	1300	700	900	850
2000	1390	1500	1500	1400	900	1100	1060	950
2400	1500	1200	1100	1350	1450	1200	1150	1010

续表

x y	1200	1600	2000	2400	2800	3200	3600	4000
2800	1500	1200	1100	1550	1600	1550	1380	1070
3200	1500	1550	1600	1550	1600	1600	1600	1550
3600	1480	1500	1550	1510	1430	1300	1200	980

解 在 MATLAB 软件中输入：

```
x=1200:400:4000;
y=1200:400:3600;
z=[1130    1250    1280    1230    1040    900    500    700
   1320    1450    1420    1400    1300    700    900    850
   1390    1500    1500    1400    900    1100    1060    950
   1500    1200    1100    1350    1450    1200    1150    1010
   1500    1200    1100    1550    1600    1550    1380    1070
   1500    1550    1600    1550    1600    1600    1600    1550
   1480    1500    1550    1510    1430    1300    1200    980];
[xx,yy]=meshgrid(x,y);
figure;mesh(xx,yy,z)
xi=linspace(1200,4000,30);
yi=linspace(1200,3600,30);
[xxi,yyi]=meshgrid(xi,yi);
zii_s=interp2(x,y,z,xxi,yyi,'spline');
figure;mesh(xxi,yyi,zii_s);title('三次样条插值')
zii_n=interp2(x,y,z,xxi,yyi,'nearest');
figure;mesh(xxi,yyi,zii_n);title('近邻插值')
zii_l=interp2(x,y,z,xxi,yyi,'linear');
figure;mesh(xxi,yyi,zii_l);title('双线性插值')
```

运行得到的图形如图 5.11,图 5.12,图 5.13 和图 5.14,分别为原始数据图、三次样条插值数据图、近邻插值数据图和双线性插值数据图。

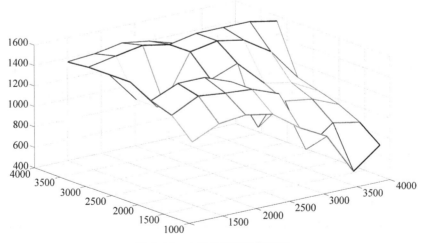

图 5.11 山区地貌原始数据图

三次样条插值

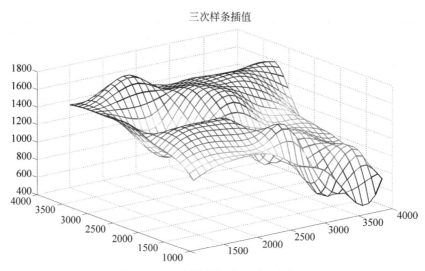

图 5.12 三次样条插值后山区地貌图

近邻插值

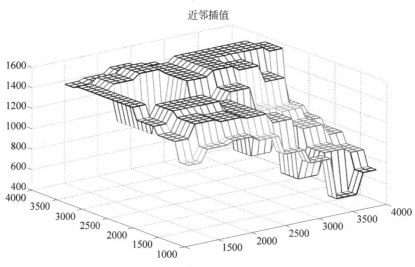

图 5.13 近邻插值后山区地貌图

例 5.12 在某海域测得一些点 x,y 处的水深如表 5.8 所示，在矩形区域 $75 \leqslant x \leqslant 200, -90 \leqslant y \leqslant 150$（单位：m）内画出海底曲面的图形。同时，已知某船只的吃水线为 5m，试画出该船在此海域的禁入区。

表 5.8 某海域一些点的水深值

x	129	140	103.5	88	185.5	195	105	157.5	107.5	77	81	162	162	117.5
y	7.5	141.5	23	147	22.5	137.5	85.5	−6.5	−81	3	56.5	−66.5	84	−33.5
z	4	8	6	8	6	8	8	9	9	8	8	9	4	9

双线性插值

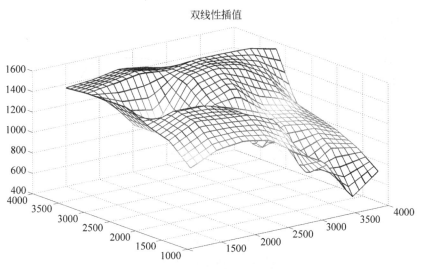

图 5.14 双线性插值后山区地貌图

解 在 MATLAB 软件中输入：

```
x=[129 140 103.5 88 185.5 195 105 157.5 107.5 77 81 162 162 117.5];
y=[7.5 141.5 23 147 22.5 137.5 85.5 −6.5 −81 3 56.5 −66.5 84 −33.5];
z=[4 8 6 8 6 8 8 9 9 8 8 9 4 9];
figure;plot3(x,y,z,'o')                    %图 5.15 中的点
xx=75:0.5:200;
yy=−70:0.5:150;
[cxx,cyy]=meshgrid(xx,yy);
zz=griddata(x,y,z,cxx,cyy,'cubic');
hold on;mesh(xx,yy,zz)                      %图 5.15 中的曲面
figure;contour(xx,yy,zz,[5,5],'k')         %图 5.16
```

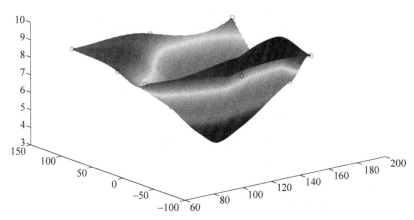

图 5.15 某海域的海底地貌图

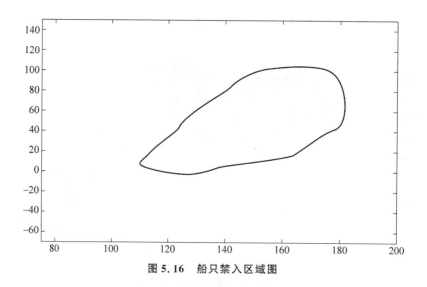

图 5.16　船只禁入区域图

5.3　最小二乘拟合

在生产实践和科学计算中经常要建立实验数据的数学模型,例如下面一个简单的例子。

表 5.9 为某大学男生的身高和体重数据,需要通过该数据,建立男生身高 h(单位:cm)和体重 w(单位:kg)的近似函数表达式,即用比较简单、合适的函数来描述这些数据之间的依赖关系,并能够做到以下两点:(1)不要求过所有的点;(2)尽可能地反映数据的变化趋势,即靠近这些点。具体来说,就是要求该函数在某种准则下与所给数据点尽量接近,以反映给定数据总的趋势,这种方法就是曲线拟合。

表 5.9　某大学男生的身高、体重数据

编号	1	2	3	4	5	6	7	8	9	10	11	12
身高 h	170	175	183	174	182	174	181	172	180	169	167	171
体重 w	51	82	77	65	85	62	58	63	80	65	60	68
编号	13	14	15	16	17	18	19	20	21	22	23	24
身高 h	190	176	178	179	172	185	176	162	163	162	178	166
体重 w	85	58	75	70	50	80	65	50	52	56.5	65	65

于是,我们可以用曲线拟合的方法确定身高 h 和体重 w 的近似函数表达式 $w=\varphi(h)$。为了使该函数尽可能地反映数据点的变化趋势,我们考虑在某种准则下使 $\varphi(h)$ 与真实的函数 $f(h)$ 最为接近。最小二乘准则是常用的准则之一: $\varphi(h)$ 与 $f(h)$ 在给定点处 (h_i,w_i), $i=1,2,\cdots,n$ 的误差平方和达到最小,即

$$F=\sum_{i=1}^{n}\left[f(h_i)-\varphi(h_i)\right]^2 \tag{5.20}$$

达到最小,该准则称为最小二乘准则。用最小二乘准则进行曲线拟合的方法称为最小二乘法,几何上又称为曲线的最小二乘拟合。这里主要介绍线性最小二乘拟合和非线性最小二乘拟合。

5.3.1 线性最小二乘拟合

线性最小二乘拟合中如果拟合函数是一元函数就称为一元线性拟合,若函数是多元的,就称为多元线性拟合。首先介绍一元线性拟合。

一元线性拟合又称为直线拟合,是根据一组大致符合线性关系 $y=ax+b$ 的测量数据,用适当的方法求出最佳的参数 a,b,从而最终确定拟合的直线表达式。

一元线性最小二乘拟合是根据最小二乘准则来确定线性参数 a,b,具体过程如下:

误差平方和为

$$F = \sum_{i=1}^{n} d_i^2 = \sum_{i=1}^{n} \left[y_i - (ax_i + b) \right]^2, \tag{5.21}$$

若要求出使式(5.21)达到最小的参数 a,b,只需令 $\dfrac{\partial F}{\partial a}=0, \dfrac{\partial F}{\partial b}=0$,然后解方程求出相应的解即可。

令 $\dfrac{\partial F}{\partial a}=0, \dfrac{\partial F}{\partial b}=0$,得到以下方程组:

$$\begin{cases} a \sum_{i=1}^{n} x_i + nb = \sum_{i=1}^{n} y_i, \\ a \sum_{i=1}^{n} x_i^2 + b \sum_{i=1}^{n} x_i = \sum_{i=1}^{n} x_i y_i, \end{cases} \tag{5.22}$$

然后求解二元线性方程组的解即可求出 a,b。

例 5.13 给出下列离散数据表(表 5.10),用直线 $y=ax+b$ 对测量数据作最小二乘拟合。

表 5.10 离散数据表

x_i	0	0.2	0.4	0.6	0.8	1.0
y_i	1.0000	0.5000	0.7000	0.4000	0.0588	0.0385

解 本例中 $n=6, \sum_{i=1}^{6} x_i = 3, \sum_{i=1}^{6} y_i = 2.6973, \sum_{i=1}^{6} x_i^2 = 2.2, \sum_{i=1}^{6} x_i y_i = 0.7055$,代入式(5.22)中,有

$$\begin{cases} 3a + 6b = 2.6973, \\ 2.2a + 3b = 0.7055, \end{cases}$$

解方程,得 $a=-0.9187, b=0.9089$,于是拟合直线方程为: $y=-0.9187x+0.9089$。将离散数据和拟合直线画在一个图中,见图 5.17。

例 5.14 表 5.9 为某大学男生的身高和体重数据,用线性最小二乘拟合求出拟合直线。

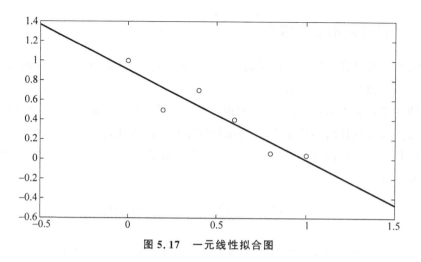

图 5.17　一元线性拟合图

解　本例可以用 MATLAB 自带函数进行求解。输入：

h=[170 175 183 174 182 174 181 172 180 169 167 171 190 176 178 179 172 185 176 162 163 162 178 166];
w=[51 82 77 65 85 62 58 63 80 65 60 68 85 58 75 70 50 80 65 50 52 56.5 65 65];
figure;plot(h,w,'o')
aa=polyfit(h,w,1);
a=aa(1)
b=aa(2)
xi=linspace(160,195,100);
yi=polyval(aa,xi);
hold on
plot(xi,yi)

运行结果为：$a=1.1145, b=-128.1924$，生成图形如图 5.18 所示。

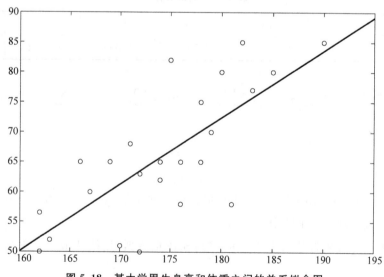

图 5.18　某大学男生身高和体重之间的关系拟合图

于是得到某大学男生身高和体重之间的关系式为：$y = 1.1145x - 128.1924$。

我们讨论了只有一个自变量情形下的线性拟合方法。当有多个自变量时,多元线性拟合可以采用类似的方法进行。

如果变量 y 与 m 个变量 x_i, $i = 1, 2, \cdots, m$ 之间存在多元线性关系

$$y = a_0 + a_1 x_1 + a_2 x_2 + \cdots + a_m x_m, \quad i = 1, 2, \cdots, m, \tag{5.23}$$

根据最小二乘准则,可得多元线性拟合的误差平方和为

$$F = \sum_{i=1}^{n} d_i^2 = \sum_{i=1}^{n} [y_i - (a_0 + a_1 x_{i1} + a_2 x_{i2} + \cdots + a_m x_{im})]^2 。 \tag{5.24}$$

令 $\dfrac{\partial F}{\partial a_0} = 0$, $\dfrac{\partial F}{\partial a_1} = 0$, $\cdots$, $\dfrac{\partial F}{\partial a_m} = 0$, 可以得到以下方程组

$$\begin{cases} \dfrac{\partial F}{\partial a_0} = 2 \sum_{i=1}^{n} (a_0 + a_1 x_{i1} + a_2 x_{i2} + \cdots + a_m x_{im} - y_i) = 0, \\[2mm] \dfrac{\partial F}{\partial a_1} = 2 \sum_{i=1}^{n} (a_0 + a_1 x_{i1} + a_2 x_{i2} + \cdots + a_m x_{im} - y_i) x_{i1} = 0, \\[2mm] \qquad\qquad\qquad\qquad \vdots \\[2mm] \dfrac{\partial F}{\partial a_m} = 2 \sum_{i=1}^{n} (a_0 + a_1 x_{i1} + a_2 x_{i2} + \cdots + a_m x_{im} - y_i) x_{im} = 0。 \end{cases} \tag{5.25}$$

进一步简化,可以得到关于 $a_0, a_1, a_2, \cdots, a_m$ 的线性方程组

$$\begin{cases} a_0 n + a_1 \sum_{i=1}^{n} x_{i1} + a_2 \sum_{i=1}^{n} x_{i2} + \cdots + a_m \sum_{i=1}^{n} x_{im} = \sum_{i=1}^{n} y_i, \\[2mm] a_0 \sum_{i=1}^{n} x_{i1} + a_1 \sum_{i=1}^{n} x_{i1} x_{i1} + a_2 \sum_{i=1}^{n} x_{i1} x_{i2} + \cdots + a_m \sum_{i=1}^{n} x_{i1} x_{im} = \sum_{i=1}^{n} x_{i1} y_i, \\[2mm] \qquad\qquad\qquad\qquad \vdots \\[2mm] a_0 \sum_{i=1}^{n} x_{im} + a_1 \sum_{i=1}^{n} x_{im} x_{i1} + a_2 \sum_{i=1}^{n} x_{im} x_{i2} + \cdots + a_m \sum_{i=1}^{n} x_{im} x_{im} = \sum_{i=1}^{n} x_{im} y_i。 \end{cases} \tag{5.26}$$

解方程组即可得到待定参数 $a_0, a_1, a_2, \cdots, a_m$。

5.3.2 非线性最小二乘拟合

在很多情况下实验数据是非线性关系,需要用非线性函数来拟合这些数据,称为非线性拟合。对于非线性拟合,最常用的方法是线性化方法,即通过变量代换将非线性关系化成线性关系,再按照线性拟合的方法求出参数值,最后通过变量反代换求出原来的参数值。

特别地,如果非线性函数是多项式函数,那么我们称之为多项式拟合。

已知 n 组非线性数据 (x_i, y_i), $i = 1, 2, \cdots, n$, 试用 m 次多项式函数

$$y = a_0 + a_1 x + a_2 x^2 + \cdots + a_m x^m, \quad m < n \tag{5.27}$$

对其进行拟合,使误差平方和达到最小:

$$F = \sum_{i=1}^{n} [y_i - (a_0 + a_1 x_i + a_2 x_i^2 + \cdots + a_m x_i^m)]^2 。 \tag{5.28}$$

利用线性化方法,将多项式拟合转换为多元线性拟合。

令 $t_j = x^j (j=0,1,\cdots,m)$，代入式(5.26)，可以得到如下矩阵形式的线性方程组：

$$
\begin{bmatrix}
n & \sum\limits_{i=1}^{n} x_i & \cdots & \sum\limits_{i=1}^{n} x_i^m \\
\sum\limits_{i=1}^{n} x_i & \sum\limits_{i=1}^{n} x_i^2 & \cdots & \sum\limits_{i=1}^{n} x_i^{m+1} \\
\vdots & \vdots & & \vdots \\
\sum\limits_{i=1}^{n} x_i^m & \sum\limits_{i=1}^{n} x_i^{m+1} & \cdots & \sum\limits_{i=1}^{n} x_i^{m+m}
\end{bmatrix}
\begin{bmatrix}
a_0 \\ a_1 \\ \vdots \\ a_m
\end{bmatrix}
=
\begin{bmatrix}
\sum\limits_{i=1}^{n} y_i \\
\sum\limits_{i=1}^{n} x_i y_i \\
\vdots \\
\sum\limits_{i=1}^{n} x_i^m y_i
\end{bmatrix}。
\tag{5.29}
$$

这是一个关于 $a_0, a_1, a_2, \cdots, a_m$ 的线性方程组，可以求解出所有参数。

例 5.15　对表 5.11 所给数据，用最小二乘法求二次多项式拟合函数。

表 5.11　离散数据表

x_i	1	2	3	4	5	6	7	8	9	10
y_i	3.8	6.3	7.9	8.6	9.2	9.5	9.7	9.9	10.1	10.2

解　设用来拟合的二次多项式为 $y = a_0 + a_1 x + a_2 x^2$，令 $t_1 = x$，$t_2 = x^2$，则原来以 x 为变量的函数变为以 t_1, t_2 为新变量的函数 $y = a_0 + a_1 t_1 + a_2 t_2$。

本例中 $\sum\limits_{i=1}^{10} t_{i1} = \sum\limits_{i=1}^{10} x_i = 55$，$\sum\limits_{i=1}^{10} t_{i2} = \sum\limits_{i=1}^{10} x_i^2 = 385$，$\sum\limits_{i=1}^{10} t_{i1} t_{i2} = \sum\limits_{i=1}^{10} x_i^3 = 3025$，$\sum\limits_{i=1}^{10} t_{i2} t_{i2} = \sum\limits_{i=1}^{10} x_i^4 = 25333$，$\sum\limits_{i=1}^{10} y_i = 85.2$，$\sum\limits_{i=1}^{10} t_{i1} y_i = \sum\limits_{i=1}^{10} x_i y_i = 517.5$，$\sum\limits_{i=1}^{10} t_{i2} y_i = \sum\limits_{i=1}^{10} x_i^2 y_i = 3756.7$，代入式(5.29)，得到

$$
\begin{cases}
10 a_0 + 55 a_1 + 385 a_2 = 85.2, \\
55 a_0 + 385 a_1 + 3025 a_2 = 517.5, \\
385 a_0 + 3025 a_1 + 25333 a_2 = 3756.7。
\end{cases}
$$

解方程组，可得 $a_0 = 2.7017$，$a_1 = 1.8719$，$a_2 = -0.1163$，于是拟合曲线方程为

$$
y = 2.7017 + 1.8719 x - 0.1163 x^2。
$$

将离散数据和拟合曲线画在一个图中，见图 5.19。

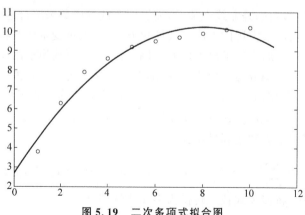

图 5.19　二次多项式拟合图

也可以直接用 MATLAB 自带函数编程进行多项式拟合。输入：

```
x=[1 2 3 4 5 6 7 8 9 10];
y=[3.8 6.3 7.9 8.6 9.2 9.5 9.7 9.9 10.1 10.2];
figure;plot(x,y,'o')
aa=polyfit(x,y,2);
a0=aa(3)
a1=aa(2)
a2=aa(1)
xi=linspace(0,11,100);
yi=polyval(aa,xi);
hold on;plot(xi,yi)
```

对于其他非多项式的非线性数据拟合情况,可以经过适当变量代换后化为多元线性拟合求解。

（1）对于函数类型 $y=\dfrac{x}{ax+b}$，可以通过如下变量代换将其转为线性形式：

令 $\bar{y}=\dfrac{1}{y}=a+\dfrac{b}{x}$，$\bar{x}=\dfrac{1}{x}$，则原函数可以变为：$\bar{y}=a+b\bar{x}$。

（2）对于函数类型 $y=ax^b$，可以通过如下变量代换将其转为线性形式：

令 $\bar{y}=\ln y$，$\bar{x}=\ln x$，则原函数可以变为：$\bar{y}=\bar{a}+b\bar{x}(\bar{a}=\ln a)$。

（3）对于函数类型 $y=ax^c+b$，可以通过如下变量代换将其转为线性形式：

令 $\bar{x}=x^c$，则原函数可以变为：$y=a\bar{x}+b$。

（4）对于函数类型 $y=\dfrac{1}{ax^2+bx+c}$，可以通过如下变量代换将其转为多项式函数形式：

令 $\bar{y}=\dfrac{1}{y}$，则原函数可以变为：$\bar{y}=ax^2+bx+c$。

（5）对于函数类型 $y=\dfrac{x}{ax^2+bx+c}$，可以通过如下变量代换将其转为多项式函数形式：

令 $\bar{y}=\dfrac{x}{y}$，则原函数可以变为：$\bar{y}=ax^2+bx+c$。

5.4 拟合案例分析

例 5.16 某体育场馆 2011—2017 年的参观人数由表 5.12 给出,试预测该场馆 2018 年和 2019 年的参观人数。

表 5.12 某体育场馆 2011—2017 年参观人数数据

年份	2011	2012	2013	2014	2015	2016	2017
人数/万人	71	120	139	151	175	199	203

解 首先,作出数据的散点图,

```
x=2011:2017;
y=[71 120 139 151 175 199 203];
figure;plot(x,y,'o');axis([2010 2019 50 250])
```

散点图的结果见图 5.20。从图中可以发现,参观者人数随着年份呈递增趋势,大致符合线性关系。因此,本例考虑用线性函数 $y=ax+b$ 来拟合并预测该场馆在 2018—2019 年的参观人数。编写程序如下:

```
aa=polyfit(x,y,1);
a=aa(1)
b=aa(2)
xi=linspace(2010,2020,50);
yi=polyval(aa,xi);
hold on;plot(xi,yi)
y2018=polyval(aa,2018)
y2019=polyval(aa,2019)
```

求得 $a=21.0714, b=-42287$,拟合线性函数方程为 $y=21.0714x-42287$。拟合的图形见图 5.21。2018 年和 2019 年的预测参观人数分别为:235.4286 万人和 256.5000 万人。

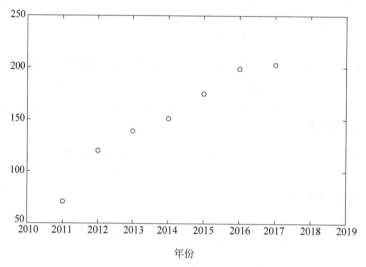

图 5.20　体育场场馆参观人数散点图

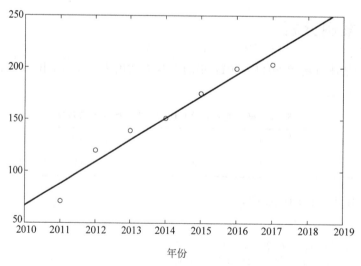

图 5.21　体育场场馆参观人数拟合图

例 5.17 人口的增长是当前世界上普遍关注的问题。我国是世界第一人口大国,有效控制人口增长的前提是要认识人口数量的变化规律,建立人口模型,作出较准确的预报。表 5.13 是我国从 2007—2015 年的人口数量,建模分析我国人口增长的规律,并预报 2016 年和 2020 年我国人口。

表 5.13　2007—2015 年我国人口数据资料

年份	2007	2008	2009	2010	2011	2012	2013	2014	2015
人口数/亿人	13.21	13.28	13.35	13.41	13.54	13.54	13.61	13.68	13.75

解　首先,画出数据的散点图,

```
x=2007:2015;
y=[13.21 13.28 13.35 13.41 13.54 13.54 13.61 13.68 13.75];
figure;plot(x,y,'o')
```

散点图的结果如图 5.22 所示。可以考虑两个模型:线性模型 $y=ax+b$ 和指数增长模型 $y=c\,e^{dx}$。

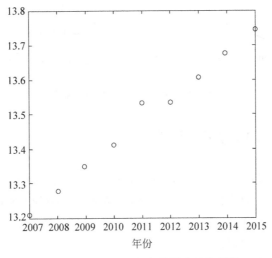

图 5.22　2007—2015 年我国人口数据图

接着编制程序:

```
aa=polyfit(x,y,1);
a=aa(1)
b=aa(2)
bb=polyfit(x,log(y),1);
d=bb(1)
c=exp(bb(2))
xi=linspace(2005,2022,100);
yi1=polyval(aa,xi);
yi2=c*exp(d*xi);
hold on;plot(xi,yi1,'k:')
hold on;plot(xi,yi2,'k-')
```

```
yi_1＝polyval(aa,[2016 2020])
yi_2＝c * exp(d * [2016 020])
```

运行程序,得到线性拟合函数为:$y=0.0668x-120.9163$,指数增长模型为:$y=6.2985×10^{-4}e^{0.0050x}$。图 5.23 画出了线性拟合模型和指数增长模型的函数结果图。可以看出,对于 2007—2015 年人口数据的拟合结果,两个函数逼近效果相仿。另外,用两种人口模型分别预测 2016 年和 2020 年我国人口数量,其中,线性模型预测的结果为:13.8197 亿和 14.0871 亿,指数增长模型预测的结果为 13.8229 亿和 14.0998 亿。而 2016 年我国实际人口数为 13.8271 亿,线性模型预测的相对误差为 0.0535%,指数增长模型预测的相对误差为 0.0304%。

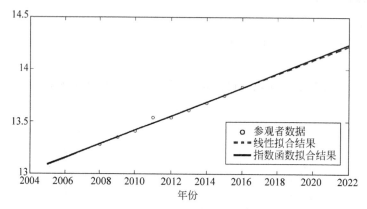

图 5.23　我国人口拟合数据结果

5.5　灰色 GM(1,1)模型预测

在实际应用中,除了最小二乘拟合,还有其他许多拟合方法,例如灰色系统的 GM(1,1)模型预测法、神经网络、支持向量机等。本节主要介绍灰色系统的 GM(1,1)模型。所谓灰色系统,是指部分信息已知,部分信息未知的系统,它介于信息未知的黑色系统与信息完全明确的白色系统之间。目前,灰色系统模型已经成功运用于预测、决策、评估和系统分析等方面。灰色预测的主要特点是它无需大量的样本,也不强求数据样本的分布类型,而是将预测系统中的随机元素作为灰色数据进行处理而找出数据的内在规律。特别地,对于时间序列短、统计数据少、信息不完全系统的建模与分析,该方法不仅具有较好的理论性,而且计算也十分方便。

灰色系统实质是将原始数据用一定的方法处理来寻求其变化规律,用微分方程拟合并利用外延进行预测。GM(1,1)模型是目前使用最为广泛的预测模型,它将随机的原始时间序列,按时间累加后形成的新时间序列呈现的规律用一阶线性微分方程的解来逼近,从而达到预测的目的。

下面主要介绍 GM(1,1)灰色预测的步骤。

1. 数据的检验与处理

为了保证 GM(1,1)模型的可行性,需要对已知数据做必要的检验处理。

设原始数列为 $X^{(0)}=\{x^{(0)}(1),x^{(0)}(2),\cdots,x^{(0)}(n)\}$,计算该序列的级比

$$\lambda(k) = \frac{x^{(0)}(k-1)}{x^{(0)}(k)}, \quad k = 2, 3, \cdots, n, \tag{5.30}$$

如果所有的级比都落在可容覆盖区间 $(e^{-\frac{2}{n+1}}, e^{\frac{2}{n+1}})$ 内,则数列 $X^{(0)}$ 可以建立 GM(1,1)预测模型。否则,需要对原始数据做适当的变换处理,如平移变换 $y^{(0)}(k) = x^{(0)}(k) + c$,其中 c 的取值应该使数列的级比都落在可容覆盖区间内为宜。

2. 作累加生成数列

对 $X^{(0)}$ 进行一次累加(1-AGO,accumulated generating operator),生成一次累加序列 $X^{(1)}$,其中

$$X^{(1)} = \{x^{(1)}(1), x^{(1)}(2), \cdots, x^{(1)}(n)\}, \quad x^{(1)}(k) = \sum_{i=1}^{k} x^{(0)}(i), \quad k = 1, 2, \cdots, n_\circ \tag{5.31}$$

3. 建立 GM(1,1)模型

对 $X^{(1)}$ 建立下述白化形式的微分方程:

$$\frac{dX^{(1)}}{dt} + aX^{(1)} = u, \tag{5.32}$$

即为 GM(1,1)模型。该一阶线性微分方程的解为

$$\hat{x}^{(1)}(t) = \left(x^{(0)}(1) - \frac{u}{a}\right) e^{-a(t-1)} + \frac{u}{a}, \tag{5.33}$$

从而得到离散值为

$$\hat{x}^{(1)}(k) = \left(x^{(0)}(1) - \frac{u}{a}\right) e^{-a(k-1)} + \frac{u}{a}, \quad k = 2, 3, \cdots, n \tag{5.34}$$

4. 求解 GM(1,1)模型中的参数

因为等间隔,$\Delta t = (t+1) - t = 1$,所以有

$$\frac{\Delta x^{(1)}(2)}{\Delta t} = \Delta x^{(1)}(2) = x^{(1)}(2) - x^{(1)}(1) = x^{(0)}(2),$$

类似的,

$$\frac{\Delta x^{(1)}(3)}{\Delta t} = x^{(0)}(3), \quad \cdots, \quad \frac{\Delta x^{(1)}(n)}{\Delta t} = x^{(0)}(n)_\circ$$

式(5.32)中用差分代替微分,并将上述结果代入,可得

$$\begin{cases} x^{(0)}(2) + ax^{(1)}(2) = u, \\ x^{(0)}(3) + ax^{(1)}(3) = u, \\ \vdots \\ x^{(0)}(n) + ax^{(1)}(n) = u, \end{cases} \tag{5.35}$$

将式(5.35)改写成如下形式,

$$\begin{cases} x^{(0)}(2) = \begin{bmatrix} -x^{(1)}(2) & 1 \end{bmatrix} \begin{bmatrix} a \\ u \end{bmatrix}, \\ x^{(0)}(3) = \begin{bmatrix} -x^{(1)}(3) & 1 \end{bmatrix} \begin{bmatrix} a \\ u \end{bmatrix}, \\ \vdots \\ x^{(0)}(n) = \begin{bmatrix} -x^{(1)}(n) & 1 \end{bmatrix} \begin{bmatrix} a \\ u \end{bmatrix}, \end{cases} \tag{5.36}$$

由于 $\dfrac{\Delta X^{(1)}}{\Delta t}$ 涉及累加列 $X^{(1)}$ 两个时刻的值,因此,$x^{(1)}(k)$ 取前后两个时刻的平均代替更为合理,即将 $x^{(1)}(k)$ 替换为 $\dfrac{1}{2}[x^{(1)}(k)+x^{(1)}(k-1)]$,$k=2,3,\cdots,n$。

这样,式(5.36)写成如下矩阵形式:

$$
\begin{bmatrix} x^{(0)}(2) \\ x^{(0)}(3) \\ \vdots \\ x^{(0)}(n) \end{bmatrix} =
\begin{bmatrix}
-\dfrac{1}{2}[x^{(1)}(2)+x^{(1)}(1)] & 1 \\
-\dfrac{1}{2}[x^{(1)}(3)+x^{(1)}(2)] & 1 \\
\vdots & \vdots \\
-\dfrac{1}{2}[x^{(1)}(n)+x^{(1)}(n-1)] & 1
\end{bmatrix}
\begin{bmatrix} a \\ u \end{bmatrix},
\tag{5.37}
$$

令

$$
\boldsymbol{y} = \begin{bmatrix} x^{(0)}(2) \\ x^{(0)}(3) \\ \vdots \\ x^{(0)}(n) \end{bmatrix},\quad
\boldsymbol{B} = \begin{bmatrix}
-\dfrac{1}{2}[x^{(1)}(2)+x^{(1)}(1)] & 1 \\
-\dfrac{1}{2}[x^{(1)}(3)+x^{(1)}(2)] & 1 \\
\vdots & \vdots \\
-\dfrac{1}{2}[x^{(1)}(n)+x^{(1)}(n-1)] & 1
\end{bmatrix},\quad
\boldsymbol{u} = \begin{bmatrix} a \\ u \end{bmatrix},
\tag{5.38}
$$

则式(5.37)简化为

$$
\boldsymbol{y} = \boldsymbol{B}\boldsymbol{u},
\tag{5.39}
$$

方程(5.39)中 $\boldsymbol{u}$ 的最小二乘估计为

$$
\hat{\boldsymbol{u}} = \begin{bmatrix} \hat{a} \\ \hat{u} \end{bmatrix} = (\boldsymbol{B}^{\mathrm{T}}\boldsymbol{B})^{-1}\boldsymbol{B}^{\mathrm{T}}\boldsymbol{y}
\tag{5.40}
$$

即可求得式(5.34)中的待定参数 a,u,从而相应地得到预测值:

$$
\hat{x}^{(0)}(k) = \hat{x}^{(1)}(k+1) - \hat{x}^{(1)}(k),\quad k=1,2,\cdots,n-1。
\tag{5.41}
$$

5. 预测值检验

1) 残差检验

残差序列:

$$
\varepsilon^{(0)} = \{\varepsilon(1),\varepsilon(2),\cdots,\varepsilon(n)\} = \{x^{(0)}(1)-\hat{x}^{(0)}(1),x^{(0)}(2)-\hat{x}^{(0)}(2),\cdots,x^{(0)}(n)-\hat{x}^{(0)}(n)\}。
$$

相对误差序列为

$$
\Delta = \left\{ \left| \frac{\varepsilon(1)}{x^{(0)}(1)} \right|, \left| \frac{\varepsilon(2)}{x^{(0)}(2)} \right|, \cdots, \left| \frac{\varepsilon(n)}{x^{(0)}(n)} \right| \right\} = \{\Delta_k\}_1^n。
$$

以残差的大小来判断模型的好坏。残差大说明模型精度低,反之说明精度高。对于 $k \leqslant n$,称 $\Delta_k = \left| \dfrac{\varepsilon(k)}{x^{(0)}(k)} \right|$ 为 k 点模拟相对误差。称 $\bar{\Delta} = \dfrac{1}{n}\sum\limits_{k=1}^{n} \Delta_k$ 为平均相对误差。给定 α,当 $\bar{\Delta}<\alpha$ 且 $\Delta_n<\alpha$ 成立时,称模型为残差合格模型。精度等级参照表见表5.14。

表 5.14　精度检验等级参照表

精度等级	相对误差 α 指标临界值
一级	0.01
二级	0.05
三级	0.10
四级	0.20

2）后验差检验

后验差检验时按照精度检验 c（后验差）和 p（小误差概率）两个指标进行检验。

记原始数列及残差数列的方差分别是 S_1^2 和 S_2^2，即

$$S_1^2 = \frac{1}{n-1}\sum_{k=1}^{n}(x^{(0)}(k)-\bar{x}^{(0)})^2, \quad S_2^2 = \frac{1}{n-1}\sum_{k=1}^{n}(\varepsilon^{(0)}(k)-\bar{\varepsilon}^{(0)})^2,$$

其中，

$$\bar{x}^{(0)} = \frac{1}{n}\sum_{k=1}^{n}x^{(0)}(k), \quad \bar{\varepsilon}^{(0)} = \frac{1}{n}\sum_{k=2}^{n}\varepsilon^{(0)}(k),$$

然后，用下式计算后验差比值 c 及小误差概率 p：

$$c = \frac{S_2}{S_1}, \quad p = P\{0.6745S_1 > |\varepsilon^{(0)}(k)-\bar{\varepsilon}^{(0)}|\}.$$

根据表 5.15 来判定模型的精度。

表 5.15　灰色模型精度等级对照表

预测精度等级	p 值	c 值
好	$0.95 \leqslant p$	$c \leqslant 0.35$
合格	$0.80 \leqslant p < 0.95$	$0.35 < c \leqslant 0.50$
勉强合格	$0.70 \leqslant p < 0.80$	$0.50 < c \leqslant 0.65$
不合格	$p < 0.70$	$0.65 < c$

如果模型满足后验差检验要求，即认为模型合格。

总结 GM(1,1)的建模步骤：

（1）由原始数据序列 $X^{(0)}$ 计算一次累加序列 $X^{(1)}$；

（2）建立矩阵 $y, \boldsymbol{B}$；

（3）根据 $(\boldsymbol{B}^{\mathrm{T}}\boldsymbol{B})^{-1}\boldsymbol{B}^{\mathrm{T}}y$ 求 $\hat{a}, \hat{u}$；

（4）根据式（5.34）计算预测值 $\hat{x}^{(1)}(k)$，然后还原，即 $\hat{x}^{(0)}(k) = \hat{x}^{(1)}(k+1) - \hat{x}^{(1)}(k)$，$k = 1, 2, \cdots, n-1$；

（5）精度检验与预测。

例 5.18　某公司 2012—2016 年逐年销售额见表 5.16，试用 GM(1,1)建立预测模型，并预测 2017 年的销售额。

表 5.16　某公司 2012—2016 年销售额

年份	2012	2013	2014	2015	2016
销售额/亿	2.874	3.278	3.337	3.390	3.679

解　(1) 由原始数据序列 $X^{(0)} = \{2.874, 3.278, 3.337, 3.390, 3.679\}$ 计算一次累加序列：

$$X^{(1)} = \{2.874, 6.152, 9.489, 12.879, 16.558\}$$

(2) 建立矩阵 y，B：

$$B = \begin{bmatrix} -\dfrac{1}{2}\left[x^{(1)}(2) + x^{(1)}(1)\right] & 1 \\ -\dfrac{1}{2}\left[x^{(1)}(3) + x^{(1)}(2)\right] & 1 \\ \vdots & \vdots \\ -\dfrac{1}{2}\left[x^{(1)}(n) + x^{(1)}(n)\right] & 1 \end{bmatrix} = \begin{bmatrix} -4.513 & 1 \\ -7.8205 & 1 \\ -11.184 & 1 \\ -14.7185 & 1 \end{bmatrix},$$

$$y = \begin{bmatrix} x^{(0)}(2) \\ x^{(0)}(3) \\ \vdots \\ x^{(0)}(n) \end{bmatrix} = \begin{bmatrix} 3.278 \\ 3.337 \\ 3.390 \\ 3.679 \end{bmatrix}.$$

(3) 根据 $(B^{\mathrm{T}}B)^{-1}B^{\mathrm{T}}y$，估计 $\hat{a}$，$\hat{u}$：

$$\hat{u} = \begin{bmatrix} \hat{a} \\ \hat{u} \end{bmatrix} = (B^{\mathrm{T}}B)^{-1}B^{\mathrm{T}}y = \begin{bmatrix} -0.0372 \\ 3.0654 \end{bmatrix}.$$

(4) 预测方程为

$$\hat{x}^{(1)}(k) = \left(x^{(0)}(1) - \frac{u}{a}\right)e^{-a(k-1)} + \frac{u}{a} = 85.2665 e^{0.0372(k-1)} - 82.3925, \quad k = 2, 3, 4, 5.$$

得到值 $\{\hat{x}^{(1)}(2), \hat{x}^{(1)}(3), \hat{x}^{(1)}(4), \hat{x}^{(1)}(5)\} = \{6.1056, 9.4598, 12.9410, 16.5542\}$。

再进行减运算 $\hat{x}^{(0)}(k) = \hat{x}^{(1)}(k+1) - \hat{x}^{(1)}(k)$，$k = 2, 3, 4, 5$，得到模型计算值及相应残差值见表 5.17。

表 5.17　计算结果

实际值 $x^{(0)}(k)$	模型计算值 $\hat{x}^{(0)}(k)$	残差 $\varepsilon(k)$	相对残差 Δ_k
$x^{(0)}(2) = 3.2780$	$\hat{x}^{(0)}(2) = 3.2320$	0.0460	1.42%
$x^{(0)}(3) = 3.3370$	$\hat{x}^{(0)}(3) = 3.3545$	−0.0175	−0.53%
$x^{(0)}(4) = 3.3900$	$\hat{x}^{(0)}(4) = 3.4817$	−0.0917	−2.71%
$x^{(0)}(5) = 3.6790$	$\hat{x}^{(0)}(5) = 3.6137$	0.0653	1.78%

(5) 精度检验与预测

本例用后验差检验。

计算原始数列及残差数列的标方差 S_1 和 S_2，分别为

$$S_1 = 0.2586, \quad S_2 = 0.06143.$$

后验差比值 $c = \dfrac{S_2}{S_1} = 0.2380 < 0.35$，$0.6745 S_1 = 0.6745 \times 0.2586 = 0.1744$，而所有的 $|\varepsilon^{(0)}(k) - \bar{\varepsilon}^{(0)}|$ 都小于 0.1744，故认为是小概率，$p > 0.95$。根据表 5.15，该预测等级为好，可以用来预测。

预测方程 $\hat{x}^{(1)}(k)=85.2665e^{0.0372(k-1)}-82.3925$ 中,令 $k=5,6$,得到
$$\hat{x}^{(1)}(5)=16.5542,\quad \hat{x}^{(1)}(6)=20.3044,$$
因此,该公司 2017 年的预测销售额为
$$\hat{x}^{(0)}(6)=3.7502。$$

用 MATLAB 编制灰色 GM(1,1)模型预测的函数,存为 gm11.m。

```
function y=gm11(x,n)
%x 为行向量数据,做一次累加
x1=zeros(size(x));
for i=1:size(x1,2)
x1(i)=sum(x(1:i));
end
%x1 的均值数列
z1=zeros(size(x));
for i=1:size(x1,2)-1
z1(i+1)=0.5*x1(i+1)+0.5*x1(i);
end
Yn=x(2:size(x,2))';
B=-z1(2:size(z1,2))';
B(:,2)=1;
u=inv((B'*B))*B'*Yn;
a=u(1);
b=u(2);
%% 写出预测方程
constant1 = x(1)-b./a;
afor1 = -a;
x1t1 = 'x1(t+1)';
estr = 'exp';
tstr = 't';
leftbra = '(';
rightbra = ')';
%constant1,afor1,x1t1,estr,tstr,leftbra,rightbra
strcat(x1t1,'=',num2str(constant1),estr,leftbra,num2str(afor1),tstr,rightbra,'+',leftbra,
num2str(b./a),rightbra)
%输出时间响应方程,也就是最终要求的灰色模型
%预测
x2=zeros(1,n);
x2(1)=x(1);
for i=1:n-1
x2(1+i)=(x(1)-b/a)*exp(-a*i)+b/a;
end
x2=[0 x2];
y=diff(x2);
```

使用时再调用即可。例如,输入 gm11([2.874 3.278 3.337 3.390 3.679],6),就可以输出灰色预测方程:

x1(t+1)=85.2665exp(0.037204t)+(-82.3925)

同时,输出 6 天的预测结果为:

2.8740　　3.2320　　3.3545　　3.4817　　3.6137　　3.7502

习题 5

1. 在 1:00—12:00 每隔一小时测量一次温度,测得的温度依次为:5,8,9,15,25,29,31,30,22,25,27,24(单位:℃)。试估计每隔 0.5 小时的温度值。

2. 在一丘陵地带测量高度,x 和 y 方向每隔 100m 测一个点,其高度数据见表 5.18,试作出该丘陵地带的地形图,并求出该地带的最高点和该点的高度值。

表 5.18　某丘陵地带的高度值

x/m ＼ y/m	100	200	300	400
100	632	698	616	483
200	657	752	642	472
300	702	663	604	415
400	681	637	576	359

3. 表 5.19 是某一地区 2008—2017 年间 1—12 月的平均日照时间数据(单位:小时/月),试分析日照时间数据随月份的变化规律。

表 5.19　某一地区 1—12 月份平均日照时间数据(2008—2017)

月份	1	2	3	4	5	6
日照时间	78.3	65.4	66.2	53.8	31.1	35.9
月份	7	8	9	10	11	12
日照时间	38.5	49.6	58.1	60.3	66.8	71.6

4. 已知一组实验数据如表 5.20 所示,试用最小二乘法求它的二次多项式拟合曲线。

表 5.20　实验数据

i	1	2	3	4	5	6	7	8	9
x_i	1	3	4	5	6	7	8	9	10
y_i	9	5	4	3	2	1	1	3	4

5. 北方某城市 2012—2016 年道路交通噪声平均声级见表 5.21。试用灰色 GM(1,1) 模型预测该市 2017—2020 年的交通噪声。

表 5.21　某市 2012—2016 年道路交通噪声平均声级

年份	2012	2013	2014	2015	2016
噪声/dB(A)	73.6	73.9	74.1	72.8	72.1

微分方程模型

6.1 模型使用背景及建立方法

自然科学以及生产活动中研究的问题必然包括诸多变量,一般而言,直接获得这些变量之间的关系较为困难,而找到这些变量与它们之间微小变化量之间的关系通常较为方便,由此建立的方程称为微分方程。

对于自变量的个数,如果方程中只有一个自变量,则得到的微分方程称为常微分方程,如果方程中有多于一个自变量,则得到的微分方程称为偏微分方程。本章主要介绍数学建模中常见的常微分方程。微分方程在物理、化学、航空航天、生物医学、工程力学、金融分析等领域有广泛的应用,其求解方法主要包括三种:①求解析解;②求数值解;③定性理论方法。

常微分方程是指含有自变量、因变量以及因变量对自变量若干阶导数的方程,一般形式如下:

$$f(x,y,y',y'',\cdots,y^{(n)})=0。 \tag{6.1}$$

任何能使得方程成立的函数称为方程的解。如果解中含有任意常数则称为通解,如果解中不含有任意常数,则称该解为特解。要得到方程的特解,往往需要和方程阶数相同个数的初始条件。

微分方程模型的建立方法主要可以分为以下三类:

(1)根据规律建立微分方程。根据数学、物理、化学等学科中的定理或经过实验检验的规律建立微分方程模型。

(2)微元分析法。利用已知的定理或规律建立变量与其改变量之间的关系式。与第一种方法不同的是,第一种方法直接建立变量与其导数之间的关系,而第二种方法是建立变量与其改变量之间的关系。

(3)模拟近似法。在生物、经济等领域中存在众多难以直接刻画的模型,需要在不同假设下根据数据特征或经验近似建立反映该问题的微分方程模型,并对方程进行求解或分析解的性质,最后与实际情况进行比较以检验模型的有效性。

6.2　人口增长模型

地球上的人口随着时代的变迁不断地增长,从 1000 年前的 2.75 亿到 20 世纪 80 年代末的 50 亿,人口增加的规律是什么? 如何描述人口增长的特征和规律以及预测人口的增长是社会学和经济学领域的基本问题。人口增长的模型按照由简单到复杂可以归为以下几种。

6.2.1　马尔萨斯模型

1789 年,马尔萨斯(Malthus)在分析人类 100 多年人口的统计资料后,提出了以其名字命名的马尔萨斯模型。

模型假设

(1) $y(t)$ 为 t 时刻的人口数,且为连续可导函数。

(2) 人口的增长率 r 为常数,即单位时间内人口的增长量与当地的人口成正比。

(3) 人口在空间分布均匀,没有迁入和迁出或者迁入和迁出相等。

(4) 不考虑资源和环境对于人口的约束。

模型的建立与求解

由以上假设,$t \sim t + \Delta t$ 时间段内人口的增量为

$$y(t + \Delta t) - y(t) = ry(t)\Delta t,$$

在上述等式两边同时除以 Δt 并令 $\Delta t \to 0$ 得

$$\begin{cases} \dfrac{\mathrm{d}y}{\mathrm{d}t} = ry, \\ y(0) = y_0, \end{cases} \tag{6.2}$$

求解该可分离变量微分方程得到特解: $y(t) = y_0 \mathrm{e}^{rt}$。

通过马尔萨斯模型的解可见,当 $t \to +\infty$ 时,$y(t) \to +\infty$,这显然是不现实的,受到地球上的食物、土地等资源的限制,地球上的人口不可能趋于无穷大,随着时间的增长和人口数量的增加,人口的增长速度会有所减少,因此人口增长率 r 应该为时间的递减函数。

6.2.2　logistic 模型(阻滞增长模型)

现列出与 6.2.1 节中不同假设如下:

模型假设

(1) 人口的增长率 r 为现有人口 y 的线性递减函数,即 $r(y) = r - py$,其中 p 为人口的递减速率。

(2) 自然资源和环境能够容忍的最大人口数为 $y_{\max}$,且 $r(y_{\max}) = r - py_{\max} = 0$。

(3) $y(t_0) = y_0$。

模型的建立与求解

由假设(2)可得 $r(y_{max}) = r - py_{max} = 0$，即 $p = \dfrac{r}{y_{max}}$，代入假设(1)可得

$$r(y) = r\left(1 - \frac{y}{y_{max}}\right),$$

则

$$\begin{cases} \dfrac{dy}{dt} = ry\left(1 - \dfrac{y}{y_{max}}\right), \\ y(t_0) = y_0 \, . \end{cases} \tag{6.3}$$

式(6.3)为一个可分离变量的微分方程，求解得到：

$$y(t) = \frac{y_{max}}{1 + \left(\dfrac{y_{max}}{y_0} - 1\right) e^{-r(t-t_0)}} \, . \tag{6.4}$$

模型结果分析以及编程实现

(1) 当 $t \to +\infty$ 时，$y(t) \to y_{max}$，与实际情形较为吻合。

(2) 当 $0 < y(t) < y_{max}$ 时，$\dfrac{dy}{dt} > 0$，说明在没达到最大人口限制时，人口数量一直是增长的。

(3) 由式(6.3)有：$\dfrac{d^2 y}{dt^2} = r^2 y\left(1 - \dfrac{y}{y_{max}}\right)\left(1 - \dfrac{2y}{y_{max}}\right)$，因此当 $y = \dfrac{y_{max}}{2}$ 时，增长率 $r(t)$ 达到其最大值，即具有最大的增长率，同时可以得到：当 $y \in \left(0, \dfrac{y_{max}}{2}\right)$ 时，$y(t)$ 单调递增且为凹函数，当 $y \in \left(\dfrac{y_{max}}{2}, y_{max}\right)$ 时，$y(t)$ 单调递减且为凸函数。

取一组特殊数值：$y_{max} = 30$ 亿，$y_0 = 0.5$ 亿，$r = 0.3$，$t_0 = 0$，绘制式(6.4)的图形，在 MATLAB 中输入如下代码：

```
f=inline('30/(1+(60-1)*exp(-0.3*t))'); %定义式(6.4)对应的模型函数
ezplot(f,[0,60]);  %图 6.1
xlabel('t');
ylabel('y');
```

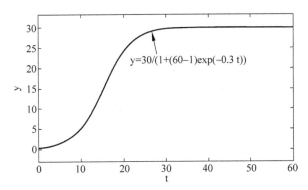

图 6.1 logistic 模型式(6.4)对应的人口曲线

注 以上 logistic 模型中的关于增长率的假设为线性的,也可以假定为关于人口数的非线性的函数,比如 $r(y)=r(1-\log_{y_{\max}} y)$,此时所对应的 logistic 模型称为对数型 logistic 模型。

6.3 传染病模型

随着人类卫生水平的不断提升,诸如天花、霍乱等曾经肆虐全球的疾病已经得到了有效的控制。但是一些新的、不断变异的疾病影响着人类,比如艾滋病、SARS 等传染病给人类带来了极大的健康危害。关于疾病的传染控制以及其传播规律了解一直是人类疾病预防与控制的焦点与难点,本节从数学的角度描述疾病的发展规律模型。

6.3.1 一般模型

模型假设:

(1) 时刻 t 的病人人数 $y(t)$ 是时间 t 的连续函数且可导。

(2) 每个病人单位时间的有效接触(接触后即传染接触者)人数为 p。

(3) 初始时刻的病人数为 y_0。

则 $(t,t+\Delta t)$ 时间段内的病人增加量为

$$y(t+\Delta t)-y(t)=py(t)\Delta t 。 \tag{6.5}$$

在式(6.5)两边同时除以 Δt 并令 $\Delta t \to 0$,得到

$$\begin{cases} \dfrac{\mathrm{d}y}{\mathrm{d}t}=py, \\ y(0)=y_0 。 \end{cases} \tag{6.6}$$

求解可分离变量方程(6.6)得:$y(t)=y_0 \mathrm{e}^{pt}$。

由以上解可见,当 $t \to +\infty$ 时,$y(t) \to +\infty$,这显然与实际情况不符。因为人群的总量有一定的限度,病人的总人数不会超过最大人口数,因此有必要对模型进行改进。

6.3.2 人口总数约束模型

在上述模型基础上,增加对于总人口的约束假设。

模型假设:

(1) 在疾病传播期间,假设某地区的总人口 N 保持不变,即没有迁入和迁出或迁入和迁出相等。

(2) 假设人群分为两类,即健康人群和已感染人群(病人),假设在 t 时刻这两类人群的比例分别为 $u(t)$ 和 $v(t)$,且假设这两类人在人群中均匀分布。

(3) 每个病人单位时间内有效的接触健康人数比例为 p。

(4) 初始时刻的病人比例为 v_0。

根据上述假设,在 $t \sim t+\Delta t$ 时间段内病人的增量为

$$N(v(t+\Delta t)-v(t))=Npu(t)v(t)\Delta t$$

在上述等式两边同时除以 $N\Delta t$ 并取 $\Delta t \to 0$ 得

$$\begin{cases} \dfrac{\mathrm{d}v}{\mathrm{d}t} = pv(1-v), \\ v(0) = v_0 \, 。 \end{cases} \tag{6.7}$$

求解式(6.7)对应的 logistic 模型得

$$v(t) = \dfrac{1}{1 + \left(\dfrac{1}{v_0} - 1\right)\mathrm{e}^{-pt}} \, 。 \tag{6.8}$$

结果分析以及编程实现：

取 $v_0 = 0.06$，$p = 0.15$，用 MATLAB 求解方程(6.7)得：

v=dsolve('Dv=0.15 * v * (1−v)', 'v(0)=0.06', 't') %求解微分方程
ezplot(v,[0,100]); %画出感染人数随时间变化的图像(图6.2)
figure
ezplot('0.15 * v * (1−v)',[0,1]); %画感染人数比例随时间的变化的曲线(图6.3)

通过式(6.7)～式(6.8)以及图 6.2～图 6.3 可见，$v(t) = \dfrac{1}{2}$ 时，$\dfrac{\mathrm{d}v}{\mathrm{d}t}$ 达到最大值，此时 $t = \dfrac{1}{p}\ln\left(\dfrac{1}{v_0} - 1\right)$。此时刻可以看作感染率最高的时刻，也是医院门诊量最大的时刻，显示传染病高峰的到来。

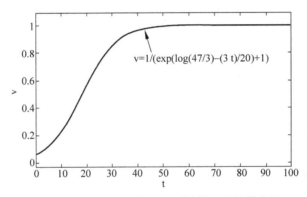

图 6.2　logistic 模型式(6.7)对应的病人数量曲线

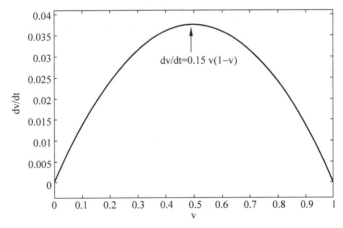

图 6.3　logistic 模型式(6.7)对应的病人比例导数曲线

另外,当 $t \to +\infty$ 时, $v(t) \to 1$,即所有的健康人都会变成病人,这显然与实际情况不符。实际情形中,部分病人会得到治愈转为健康人,病人数量随着时间的推移可能在某个阶段逐渐下降,但不是所有的健康人变为病人。即人口总数约束模型未考虑病人得到治愈的情况,于是将此因素加入得到改进的模型。

6.3.3　传染-治愈-再感染模型

对于部分传染性疾病,比如伤风、痢疾等疾病,病人在治愈后如果不注意可能再次感染,因此治愈的健康人可能再次变为病人,在 6.3.2 节模型基础上,需要对病人数假设进行如下补充。

补充模型假设:

(5) 单位时间内的治愈病人数占病人总数比例为 k(即单位时间内的治愈率),治愈的病人成为健康人后仍然可能被再次感染。

模型求解:

在模型假设(4)的基础上,在 t 到 $t+\Delta t$ 时间段内病人的增量为

$$N(v(t+\Delta t)-v(t)) = Npu(t)v(t)\Delta t - kNv(t)\Delta t$$

在上述等式两边同时除以 $N\Delta t$ 并取 $\Delta t \to 0$ 得

$$\begin{cases} \dfrac{\mathrm{d}v}{\mathrm{d}t} = pv(1-v) - kv, \\ v(0) = v_0. \end{cases} \tag{6.9}$$

求解以上可分离变量微分方程得

$$v(t) = \begin{cases} \left[\dfrac{p}{p-k} + \left(\dfrac{1}{v_0} - \dfrac{p}{p-k} \right) \mathrm{e}^{-(p-k)t} \right]^{-1}, & p \neq k, \\ \left(pt + \dfrac{1}{v_0} \right)^{-1}, & p \neq k. \end{cases} \tag{6.10}$$

结果分析和编程实现:

记: $\lambda = p/k$,即传染率与治愈率的比值,则式(6.9)第一式可以记为

$$\dfrac{\mathrm{d}v}{\mathrm{d}t} = -pv\left[v - \left(1 - \dfrac{1}{\lambda} \right) \right]. \tag{6.11}$$

下面分析不同的 λ 以及 v_0 的取值对于 v 的影响。考虑如下三种情形下的求解:

(1) $v_0 = 0.3, p = 0.02, \lambda = 0.2$。

(2) $v_0 = 0.3, p = 0.2, \lambda = 2$。

(3) $v_0 = 0.7, p = 0.2, \lambda = 2$。

通过编写 MATLAB 程序进行求解:

```
y1=dsolve('Dv=0.02*v*(1-v)-0.1*v', 'v(0)=0.3', 't');  %求解微分方程(6.9)
ezplot(y1,[0,100]);                                    %图6.4
y2=dsolve('Dv=0.2*v*(1-v)-0.1*v', 'v(0)=0.3', 't');
figure, ezplot(y2,[0,100]);                            %图6.5
y3=dsolve('Dv=0.2*v*(1-v)-0.1*v', 'v(0)=0.7', 't');
figure, ezplot(y3,[0,100]);                            %图6.6
```

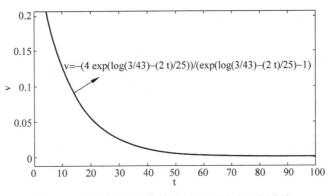

图 6.4　模型(6.9)对应情形(1)下的病人比例曲线

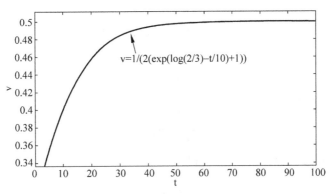

图 6.5　模型(6.9)对应情形(2)下的病人比例曲线

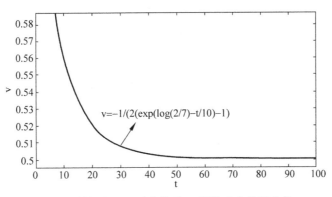

图 6.6　模型(6.9)对应情形(3)下的病人比例曲线

由式(6.11)以及图 6.4～图 6.6 可见,当 $\lambda > 1$ 时,$v(t)$ 的单调性由 v_0 与 $\left(1-\dfrac{1}{\lambda}\right)$ 大小决定,如果 $v_0 > \left(1-\dfrac{1}{\lambda}\right)$,则 $v(t)$ 单调减少,反之则单调增加,最终趋近于 $1-\dfrac{1}{\lambda}$。当 $\lambda < 1$ 时,$v(t)$ 单调减少趋于 0。

6.3.4　感染-治愈-免疫模型

事实上很多疾病在感染后会获得较强的免疫力,比如天花、流感、肝炎等,所以治愈者既不是病人,也不是健康者,这部分人相当于在感染后移出了感染系统。此种情形下人群分为三类,要重新进行假设和建模。

模型假设:

(1) 在疾病传播期间总人口数不变,即不迁入新人口也不迁出人口或者迁入和迁出相等。病人治愈后不再被感染,健康人、病人以及治愈者的比例分别为 $u(t)$、$v(t)$ 和 $w(t)$。

(2) 病人的单位时间有效接触率为 p,单位时间治愈率为 k。

(3) $u(0)=u_0,v(0)=v_0,w(0)=w_0$。

由假设(1)有

$$u(t)+v(t)+w(t)=1。 \tag{6.12}$$

对于治愈者有

$$N(w(t+\Delta t)-w(t))=Npv(t)\Delta t。 \tag{6.13}$$

在上述等式两边同时除以 $N\Delta t$ 并取 $\Delta t \to 0$ 得

$$\frac{\mathrm{d}w}{\mathrm{d}t}=kv(t) \tag{6.14}$$

联立式(6.9)、式(6.12)以及式(6.14)可得

$$\begin{cases} \dfrac{\mathrm{d}v}{\mathrm{d}t}=pvu-kv, \\[2mm] \dfrac{\mathrm{d}u}{\mathrm{d}t}=-pvu, \\[2mm] v(0)=v_0, \\[2mm] u(0)=u_0。 \end{cases} \tag{6.15}$$

直接对式(6.15)进行求解难以得到解析解,但是通过式(6.15)可以研究 $u(t)$ 和 $v(t)$ 的关系,将式(6.15)中第一式除以第二式得到:

$$\begin{cases} \dfrac{\mathrm{d}v}{\mathrm{d}u}=-1+\dfrac{1}{\lambda u}, \\[2mm] v\,|_{u=u_0}=v_0。 \end{cases} \tag{6.16}$$

此方程为可分离变量微分方程,解得:$v=v_0+u_0-u+\dfrac{1}{\lambda}\ln\left|\dfrac{u}{u_0}\right|$。

结果分析以及编程实现

利用 MATLAB 编程对 $u(t)$ 和 $v(t)$ 进行求解,首先建立 M 文件。

```
function y=f(t,x) % 函数 f 对应模型(6.15)
p=2; k=0.6;
y=[p*x(1)*x(2)-k*x(1), -p*x(1)*x(2)]';
```

然后建立主程序进行求解:

```
t=0:100;
x0=[0.04,0.96];
[t,x]=ode45('f', t, x0); %调用ode45求解(6.15)
plot(t,x(:,1),t,x(:,2)); grid; %画出病人和健康人数随时间的变化曲线,见图6.7
figure, plot(x(:,2), x(:,1)); grid      %见图6.8
```

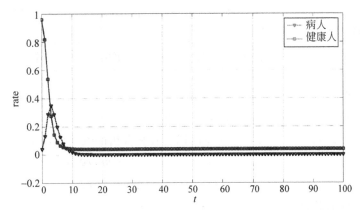

图 6.7 模型(6.15)对应情形下的健康人和病人比例随时间变化曲线

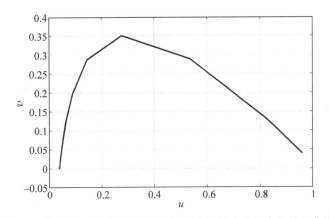

图 6.8 模型(6.15)对应情形下的健康人和病人比例变化关系曲线

通过式(6.16)以及图6.7和图6.8可见,健康人数量 $v(t)$ 单调递减趋于0,病人人数在 $u(t) > \frac{1}{\lambda}$ 时单调递增,在 $0 < u(t) < \frac{1}{\lambda}$ 时单调递减趋于某一定常数。通过图6.8可见病人数量随着健康人数量增加先增加然后逐渐减少。

6.4 食饵-捕食者模型

在自然界中捕食者对食饵存在着依存关系,其种群数量存在相互影响,意大利数学家 Volterra 首先对两者的关系进行了研究,并建立了相应的微分方程模型。

6.4.1　一般模型（无人工捕获）

模型假设：

（1）食饵的数量因为捕食者的存在会随着时间的增加而降低,假设降低的程度与捕食者的数量成正比。

（2）假设仅有一种捕食者,捕食者的数量会因为食饵的存在而增加,假设其增加的程度与食饵的数量成正比。

（3）食饵存在一定的自然增长率 λ_1,捕食者存在一定的自然死亡率 λ_2。

（4）$x(0) = x_0, y(0) = y_0$。

记 t 时刻捕食者和食饵的数量分别为 $x(t)$ 和 $y(t)$,单位时间单个捕食者掠取食饵的数量为 u_1,单位时间单个食饵供养捕食者的数量为 u_2

由假设（1）和（2）,在 $t \sim t + \Delta t$ 时间段内捕食者和食饵的数量的增量为

$$\begin{cases} x(t + \Delta t) - x(t) = (-x\lambda_2 + xyu_2)\Delta t, \\ y(t + \Delta t) - y(t) = (y\lambda_1 - xyu_1)\Delta t。 \end{cases} \qquad (6.17)$$

在上述等式两边同时除以 Δt 并取 $\Delta t \to 0$ 得

$$\begin{cases} \dfrac{\mathrm{d}x}{\mathrm{d}t} = -x\lambda_2 + xyu_2, \\[2mm] \dfrac{\mathrm{d}y}{\mathrm{d}t} = y\lambda_1 - xyu_1, \\[2mm] x(0) = x_0, \quad y(0) = y_0。 \end{cases} \qquad (6.18)$$

上述方程难以直接得到解析解,可以通过 MATLAB 编程得到其数值解。

结果分析以及编程实现

考虑如下具体情形下的解: $x_0 = 4, y_0 = 20, \lambda_1 = 1, u_1 = 0.2, \lambda_2 = 0.5, u_2 = 0.06$。

首先建立 M 文件。

```
function dx=g(t,x) % 函数 g 对应模型(6.18)
dx=zeros(2,1);
dx(1)=-x(1)*0.5+x(1)*x(2)*0.06;
dx(2)=x(2)-x(1)*x(2)*0.2;
```

然后建立主程序进行求解：

```
[t,x]=ode45('g',[0,15],[4,20]); %调用 ode45 求解(6.18)
plot(t,x(:,1),t,'-b', x(:,2),'*r'); grid; %画出捕食者和食饵数量随时间的变化曲线,见图 6.9
figure, plot(x(:,1), x(:,2)); grid   %见图 6.10
```

通过模型(6.18)以及图 6.9 和图 6.10 的结果可见：捕食者和食饵数量变化呈现一定的滞后的同相趋势变化,从长时间来看是一个周期的变化过程。

6.4.2　人工捕获模型

如果存在人工捕获,且捕食者和食饵同时遭到捕获,则相对于之前的模型而言,相同时间段内两者的数量均会减少。假设捕食者和食饵单位时间内捕获和被捕获的强度分别为

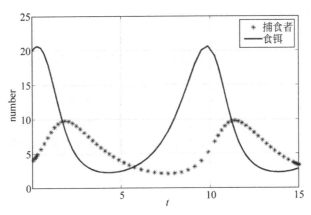

图 6.9 模型(6.18)对应的捕食者和食饵数量随时间变化关系曲线

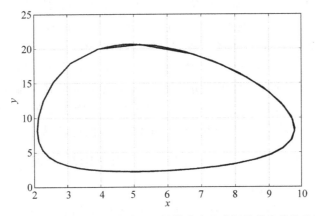

图 6.10 模型(6.18)对应情形下的捕食者和食饵数量变化关系图

e_1 和 e_2。其他模型假设同 6.4.1 节。通过与 6.4.1 节中相似的推导可以得到：

$$\begin{cases} \dfrac{\mathrm{d}x}{\mathrm{d}t} = -x(\lambda_2 + e_2) + xyu_2, \\[2mm] \dfrac{\mathrm{d}y}{\mathrm{d}t} = y(\lambda_1 - e_1) - xyu_1, \\[2mm] x(0) = x_0, \quad y(0) = y_0. \end{cases} \qquad (6.19)$$

上述方程难以直接得到解析解,可以通过 MATLAB 编程得到其数值解。

结果分析以及编程实现

考虑如下具体情形下的解：

$x_0 = 4, y_0 = 20, \lambda_1 = 1, u_1 = 0.2, \lambda_2 = 0.5, u_2 = 0.06, e_1 = 0.1, e_2 = 0.2$。

首先建立 M 文件。

```
function dx=g(t,x) % 函数 f 对应模型(6.15)
dx=zeros(2,1);
dx(1)=-x(1)*0.7+x(1)*x(2)*0.06;
dx(2)=x(2)*0.9-x(1)*x(2)*0.2;
```

然后建立主程序进行求解:

```
[t,x]＝ode45('g', [0,15], [4,20]);          ％调用 ode45 求解方程组(6.19)
plot(t,x(:,1),t,'－b', x(:,2),'＊r'); grid;   ％画出捕食者和食饵数量随时间的变化曲线
figure, plot(x(:,1), x(:,2)); grid
```

通过运行以上程序可以得到和图 6.9、图 6.10 类似的结果(略)。

微分方程模型的应用十分广泛,除了以上介绍的几种应用之外,还可以应用于种群竞争模型、捕鱼模型、汽车交通流模型和药物分布的房室模型等物理、经济学等实际问题领域。读者可以根据具体问题背景建立合适的微分方程模型。

习题 6

1. 假设位于坐标原点的军舰甲向位于 x 轴上点 $A(1,0)$ 处的军舰乙发射导弹,导弹的方向始终对准军舰乙,如果军舰乙沿着垂直于 x 轴的方向行驶,速度为 v_0,导弹的速度为 $6v_0$,求导弹运行的轨迹曲线,军舰乙行驶多远导弹将其击中?

2. 某水库蓄有 8 万 t 无污染清水,从 0 时刻开始有含有有害物质 6％ 的污水不断流入水库,流速为 8t/min,污水在水库中充分混合后又以 9t/min 的速度流出水库,问经过多久后水库中的污染物的水的浓度达到 1％? 水库中有害物浓度是否会一直增加下去?

3. 一条长度为 L(单位：m),质量为 M(单位：kg)的链条悬挂在一个钉子上,初始时刻,一条边长 $\frac{3}{5}L$,另外一边长 $\frac{2}{5}L$,由静止启动。分别根据以下情况求出链条下滑的时间:

(1) 不计摩擦力和空气阻力。

(2) 摩擦力与链条对钉子的压力成正比,在链条下滑速度 $v=1\text{m/min}$ 时,空气阻力大小为长度 0.02m 的链条对应的重量。

4. 一个半径为 R(单位：cm)的半球形容器内开始时盛满了水,但是由于其底部一个面积为 S(单位：cm^2)的小孔在 0 时刻被打开,水不断被放出。请问容器中的水被放完需要多长时间?

层次分析法

层次分析法(analytic hierarchy process,AHP)是一种在充分研究人的思维过程的基础上提出的决策方法,它较合理地给出了定性问题定量化的处理过程。层次分析法是数学建模的一种常用的数学方法,常用于求解数据缺失或很难建立精确数学模型的复杂问题,比如地区经济发展方案比较、科学技术成果评比、资源规划和分析以及企业人员素质测评等问题。

本章内容安排如下:7.1 节层次分析法的概述;7.2 节~7.5 节介绍层次分析法具体步骤,其中 7.2 节介绍决策问题的层级结构构造,7.3 节介绍判断矩阵及其一致性检验,7.4 节介绍如何利用判断矩阵获取各层的权重,7.5 节介绍层次总排序及其一致性检验;最后,7.6 节给出层次分析法的应用举例。

7.1 层次分析法概述

层次分析法是由美国运筹学专家 T. L. Satty 于 20 世纪 70 年代创立的一种系统分析与综合决策分析方法。它是将决策者对复杂系统的决策思维过程模型化、数量化的过程。用决策者的经验判断各决策要素的相对重要程度,并合理地给出每个决策方案的权重,利用权重求出各方案的优劣次序。

采用层次分析法做决策时,需要根据问题的性质和要达到的总目标,将问题分解为不同的组成因素,并按照因素间的相互关联影响以及隶属关系将因素按不同层次聚集组合,形成一个多层次的分析结构模型,从而最终使问题归结为最低层(供决策的方案、措施等)相对于最高层(总目标)的相对重要权值的确定或相对优劣次序的排定。

层次分析法的操作流程如下:

(1)广泛地收集信息,确定系统的总目标;弄清决策所涉及的范围、所要采用的措施方案以及确定方案的准则、策略和各种约束条件等;形成评价决策方案的指标体系和建立一个多层次的递阶层次结构模型。

(2)按照两两比较的原则,构造两两比较判别矩阵,并对其判别矩阵进行一致性检验。

(3)运用线性代数知识,通过判断矩阵计算权重,对每层各个元素的优劣排序。

（4）计算各层元素对系统目标的合成权重，进行总排序，以确定递阶结构中最低层，即方案层中各个元素对总目标的权重。对所有结果进行检查和分析，为决策者提供决策依据。

7.2　层次构造

运用层次分析法将决策问题转化为阶层结构模型进行分析时，首先需要构造阶层图。阶层图主要分为以下三个层次：

（1）最高层：即总目标层，表示决策的目的、要解决的问题，也就是层次分析要达到的总目标。

（2）中间层：即准则层，表示考虑的因素、决策的准则。

（3）最低层：即方案层，表示决策时的备选方案。一个典型的阶层构造如图 7.1 所示。

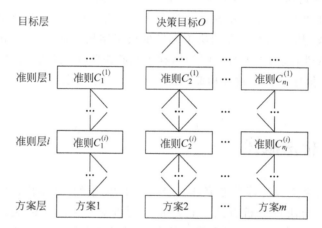

图 7.1　递阶层次结构图

在层次结构中，对于相邻的两层，将高层称为亲层，低层称为子层。按照层间要素的关系，阶层构造图大致可以分为以下三类：

（1）完全型：亲层的要素对子层的要素都具有支配关系。图 7.2 所示选择旅游地的层次结构，属于完全型。

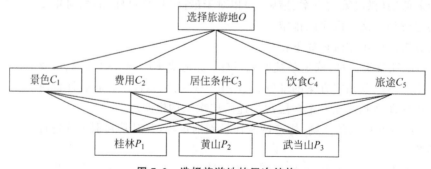

图 7.2　选择旅游地的层次结构

（2）不完全型：亲层的要素对子层的要素部分具有支配关系。图 7.3 所示改善过河通道方案选择的层次结构，属于不完全型。

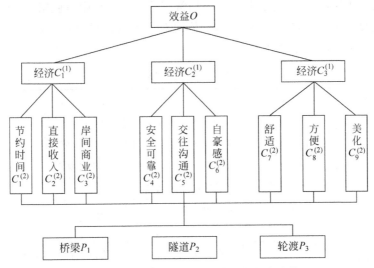

图 7.3　改善过河通道方案选择的层次结构

（3）非递阶型：有的层次的要素跨过一些中间层与下层的要素连接。图 7.4 所示合理选择研究课题的层次结构，属于非递阶型。

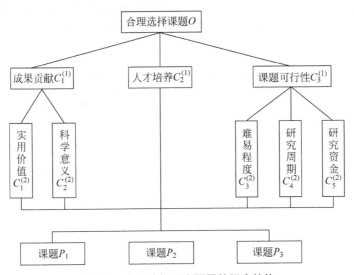

图 7.4　合理选择研究课题的层次结构

7.3　构造两两比较判断矩阵

层次分析法的第二步是决策者反复回答问题，根据统一的比较基准，对与亲层某要素均有支配关系的子层的各要素的影响程度进行两两比较评价，构造这些要素的两两比较判断矩阵。

1. 评价标度

在进行要素间的成对比较时必须依据一个统一的比较基准。层次分析法采用了 Saaty 等学者提出的 9 级标度方法,也就是现在人们常用的语义比较中所使用的"同等重要""稍微重要""相当重要""明显重要"和"绝对重要"依次对应于数值尺度:1、3、5、7、9,并将介于两者之间的重要度依次对应于 2、4、6、8,见表 7.1。

表 7.1　标度的定义表

成对比较标准	定义	内　　容
1	同等重要	两个要素具有相同的重要性
3	稍微重要	其中前者要素较后者要素稍微重要
5	相当重要	根据经验判断,强烈倾向于前者要素
7	明显重要	非常倾向于前者要素
9	绝对重要	前者要素明显强于后者要素
2、4、6、8		介于上述标准之间的重要性
上述数值的倒数		两两要素比较时,前者要素和后者要素之比与后者要素和前者要素之比互为倒数

2. 判断矩阵

判断矩阵是与亲层某一要素具有支配关系的各个要素进行成对比较的结果。一般地,对于 n 个要素 $C_1,C_2,\cdots,C_i,\cdots,C_j,\cdots,C_n$ 成对比较的情况,需要建立工作表(表 7.2),其中 c_{ij} 表示前者(行)要素 C_i 与后者(列)要素 C_j 的重要性之比,从而得到判断 n 个要素重要性的判断矩阵。

表 7.2　n 个要素间的成对比较工作表

亲层某要素		准则层 n 个要素 C_1 , C_2 , $\cdots$, C_i , $\cdots$, C_j , $\cdots$, C_n						
准则层 n 个要素	C_1	1	c_{12}	$\cdots$	c_{1i}	$\cdots$ c_{1j}	$\cdots$	c_{1n}
	C_2	c_{21}	1	$\cdots$	c_{2i}	$\cdots$ c_{2j}	$\cdots$	c_{2n}
	$\vdots$	$\vdots$	$\vdots$	$\vdots$	$\vdots$	$\vdots$ $\vdots$	$\vdots$	$\vdots$
	C_i	c_{i1}	c_{i2}	$\cdots$	1	$\cdots$ c_{ij}	$\cdots$	c_{in}
	$\vdots$	$\vdots$	$\vdots$	$\vdots$	$\vdots$	$\vdots$ $\vdots$	$\vdots$	$\vdots$
	C_j	c_{j1}	c_{j2}	$\cdots$	c_{ji}	$\cdots$ 1	$\cdots$	c_{jn}
	$\vdots$	$\vdots$	$\vdots$	$\vdots$	$\vdots$	$\vdots$ $\vdots$	$\vdots$	$\vdots$
	C_n	c_{n1}	c_{n2}	$\cdots$	c_{ni}	$\cdots$ c_{nj}	$\cdots$	1

例如旅游地选择问题中,为了得到准则层对目标的判断矩阵,决策者可以根据自己的意愿,两两比较景色 C_1、费用 C_2、居住条件 C_3、饮食 C_4 和旅途 C_5 对目标 O 的重要性,根据表 7.1 给出的评价标度给出重要性比值并建立工作表。在这里,根据主观判断,得到工作表 7.3。

表 7.3　旅游地选择中准则层成对比较工作表

目标 O		准则				
		C_1	C_2	C_3	C_4	C_5
准则	C_1	1	1/2	4	3	3
	C_2	2	1	7	5	5
	C_3	1/4	1/7	1	1/2	1/3
	C_4	1/3	1/5	2	1	1
	C_5	1/3	1/5	3	1	1

从而得到准则层对目标的判断矩阵

$$\boldsymbol{O}-\boldsymbol{C}=\begin{pmatrix} 1 & 1/2 & 4 & 3 & 3 \\ 2 & 1 & 7 & 5 & 5 \\ 1/4 & 1/7 & 1 & 1/2 & 1/3 \\ 1/3 & 1/5 & 2 & 1 & 1 \\ 1/3 & 1/5 & 3 & 1 & 1 \end{pmatrix}。$$

按照相同的方法,也得到三个方案:桂林 P_1、黄山 P_2 和武当山 P_3 分别对准则层中 5 个要素:景色 C_1、费用 C_2、居住条件 C_3、饮食 C_4 和旅途 C_5 的判断矩阵:

$$\boldsymbol{C_1}-\boldsymbol{P}=\begin{pmatrix} 1 & 2 & 5 \\ 1/2 & 1 & 2 \\ 1/5 & 1/2 & 1 \end{pmatrix},\quad \boldsymbol{C_2}-\boldsymbol{P}=\begin{pmatrix} 1 & 1/3 & 1/8 \\ 3 & 1 & 1/3 \\ 8 & 3 & 1 \end{pmatrix},\quad \boldsymbol{C_3}-\boldsymbol{P}=\begin{pmatrix} 1 & 1 & 3 \\ 1 & 1 & 3 \\ 1/3 & 1/3 & 1 \end{pmatrix},$$

$$\boldsymbol{C_4}-\boldsymbol{P}=\begin{pmatrix} 1 & 3 & 4 \\ 1/3 & 1 & 1 \\ 1/4 & 1 & 1 \end{pmatrix},\quad \boldsymbol{C_5}-\boldsymbol{P}=\begin{pmatrix} 1 & 1 & 1/4 \\ 1 & 1 & 1/4 \\ 4 & 4 & 1 \end{pmatrix}。$$

根据判断矩阵的定义方式,判断矩阵具有如下性质:

① $c_{ij}>0$;

② $c_{ij}=\dfrac{1}{c_{ji}}$;

③ 矩阵对角线为各要素自身的比较,所以数值均为 1,即 $c_{ii}=1$;

④ c_{ij} 的值越大,表示要素 C_i 相对于要素 C_j 的重要性越大。

在数学上,将具备性质①和性质②的矩阵称为正互反矩阵,也就是判断矩阵为正互反矩阵。

若决策者对要素任意两两之间的比较是一致的,也就是任意两要素 i 和要素 j 之间的重要性之比 c_{ij} 可以用要素 i 和任意要素 k 之间的重要性之比 c_{ik} 与要素 k 和要素 j 之间的重要性之比 c_{kj} 的乘积来代替,即判断矩阵 $\boldsymbol{C}$ 还具有性质:对任意的 $i,j,k,c_{ij}=c_{ik}\cdot c_{kj}$,此时称判断矩阵还具有一致性。

在数学上,可以证明一致性正互反矩阵具有如下性质:

① $\boldsymbol{C}^2=n\boldsymbol{C}$;

② $\boldsymbol{C}$ 的特征值只为 0 或 n,并且 $\lambda_1=\lambda_2=\cdots=\lambda_{n-1}=0,\lambda_n=n$;

③ $\boldsymbol{C}$ 的所有列向量均属于特征值 n 的特征向量。

其中，n 为矩阵 $\boldsymbol{C}$ 的维数。

3. 判断矩阵一致性检验

在层次分析法实施过程中，判断矩阵 $\boldsymbol{C}$ 中的任意一个元素 c_{ij} 反映了要素 i 和要素 j 之间的重要性之比。当决策者的判断完全一致时，c_{ij} 可以用 $c_{ik} \cdot c_{kj}$ 来代替，即判断矩阵 $\boldsymbol{C}$ 具有一致性。然而，在实际问题处理过程中，由于判断对象的复杂性以及人的思维判断的差异性，可能会出现各要素间排序矛盾，此时判断矩阵 $\boldsymbol{C}$ 缺乏满意的一致性。一个经不起推敲的判断矩阵很可能导致决策的失误。因此在层次分析法中，对要素两两比较而建立的判断矩阵的一致性进行检验是十分必要的。

当判断矩阵 $\boldsymbol{C}$ 为一致互反矩阵时，由一致互反矩阵性质②可知，矩阵 $\boldsymbol{C}$ 的特征根为 $\lambda_1 = \lambda_2 = \cdots \lambda_{n-1} = 0, \lambda_n = n$，即矩阵 $\boldsymbol{C}$ 的最大特征值 $\lambda_{\max} = n$，其余 $n-1$ 个特征值之和为零。

当判断矩阵 $\boldsymbol{C}$ 不一致时，此时 $\lambda_{\max} \neq n$（一般情况下 $\lambda_{\max} > n$），则将

$$\mathrm{CI} = \frac{\lambda_{\max} - n}{n - 1}$$

作为检验判断矩阵一致性指标（consensus index，CI）。

当 $\lambda_{\max} = n$，CI $= 0$ 时，判断矩阵为一致互反矩阵；CI 值越大，判断矩阵的一致性越差。

为了衡量 CI 的大小，引入随机一致性指标 RI。用表 7.1 中定义的标准随机赋值，构造 500 个 n 阶判断矩阵 $\boldsymbol{C}_1, \boldsymbol{C}_2, \cdots, \boldsymbol{C}_{500}$，则可得一致性指标 $\mathrm{CI}_1, \mathrm{CI}_2, \cdots, \mathrm{CI}_{500}$，定义随机一致性指标 RI

$$\mathrm{RI} = \frac{\mathrm{CI}_1 + \mathrm{CI}_2 + \cdots + \mathrm{CI}_{500}}{500}。$$

根据不同的成对比较要素的个数 n，Satty 重复上述实验得到随机一致性指标的结果如表 7.4 所示。

表 7.4　随机一致性指标

要素个数 n	1	2	3	4	5	6	7	8	9	10	11
RI	0	0	0.58	0.90	1.12	1.24	1.32	1.41	1.45	1.49	1.51

将最终检验判断矩阵一致性指标定义为

$$\mathrm{CR} = \frac{\mathrm{CI}}{\mathrm{RI}},$$

CR 称为随机一致性比率。当 CR < 0.1 时，认为判断矩阵 $\boldsymbol{C}$ 的不一致程度在容许范围之内具有满意的一致性，通过一致性检验，也就是可以将矩阵 $\boldsymbol{C}$ 近似当作一致正互反矩阵。否则必须重新调整判断矩阵 $\boldsymbol{C}$，直至其具有满意的一致性。

例 7.1　利用 MATLAB 软件分别求维数为 $n = 8, 12, 13$ 的成对比较矩阵的随机一致性指标。

解　根据随机一致性指标的定义设计出计算随机一致性指标的算法，步骤如下：

第一步，根据成对比较矩阵的定义，将 $1, 2, \cdots, 9$ 和 $\frac{1}{2}, \frac{1}{3}, \cdots, \frac{1}{9}$ 共 17 个尺度均匀分布随机抽取，构造 n 阶成对比较矩阵 $\boldsymbol{C}$；

第二步,计算成对比较矩阵 C 的一致性指标 CI;

第三步,重复运行多次产生多个 n 阶随机的成对比较矩阵 C,计算出每次的一致性指标,求平均值得到随机一致性指标 RI。

MATLAB 程序实现如下:

```
%17 个评价尺度
scale=[9; 8; 7; 6; 5; 4; 3; 2; 1; 1/2; 1/3; 1/4; 1/5; 1/6; 1/7; 1/8; 1/9];
n=8; %两两比较要素个数
for itr=1:10000 %重复运行 10000 次
%step1: 产生随机的成对比较矩阵
Matrix=zeros(n,n); %成对比较矩阵
%对成对比较矩阵的更新
for i=1:n
    for j=i:n
        %产生一个 1—17 的整数
        r=ceil( 17 * rand(1));
        %将 scale(r)赋值给矩阵 Matrix 左上角各个元素
        Matrix(i,j)=scale(r);
        %对称元素互为倒数
        Matrix(j,i)=1/Matrix(i,j);
        %主对角元素置为 1
        Matrix(i,i)=1;
    end
end
%step2:求成对比较矩阵的特征值 lamda
[V,D]=eig(Matrix); %V 为特征向量,D 为特征值组成的对角矩阵
lamda=D(1,1);
%step3:计算一致性指标
CI(itr)= (lamda−n) /(n−1);
end
%求重复实验一致性指标的平均值,得随机一致性指标
RI=mean(CI)
```

运行后可得与表 7.4 一致的结果。

例 7.2　利用 MATLAB 软件判断在图 7.2 所示选择旅游地的问题中准则层对目标的判断矩阵

$$\boldsymbol{O} - \boldsymbol{C} = \begin{bmatrix} 1 & 1/2 & 4 & 3 & 3 \\ 2 & 1 & 7 & 5 & 5 \\ 1/4 & 1/7 & 1 & 1/2 & 1/3 \\ 1/3 & 1/5 & 2 & 1 & 1 \\ 1/3 & 1/5 & 3 & 1 & 1 \end{bmatrix}$$

是否通过一致性检验。

解　在这里矩阵维数 $n=5$,查表可得 $n=5$ 时随机一致性指标 RI$=1.12$,通过计算矩阵 C 的最大特征值 $\lambda_{\max}$,可得该矩阵的一致性指标 $CI = \dfrac{\lambda_{\max} - n}{n - 1}$,以及随机一致性比率 $CR = \dfrac{CI}{RI}$,通过判断 CR 是否小于 0.1,可判断该矩阵是否通过一致性检验。MATLAB 实现

如下：

OC＝[1,1/2,4,3,3;2,1,7,5,5;1/4,1/7,1,1/2,1/3;1/3,1/5,2,1,1;1/3,1/5,3,1,1]；
n＝size(OC,1)；
[V,D]＝eig(OC)；
lamda＝D(1,1)；
CI＝(lamda－n)/(n－1)；
RI＝1.12；
CR＝CI/RI

计算结果为：0.0161,由于 0.0161＜0.1,因此该矩阵的一致性检验通过。

按照同样方法,可以分别计算选择旅游地中方案对景色 C_1、费用 C_2、居住条件 C_3、饮食 C_4 和旅途 C_5 这 5 个要素的判断矩阵 $C_i - A (i = 1, 2, \cdots, 5)$ 的随机一致性比率情况(见表 7.5)。从表 7.5 可以看出 5 个判断矩阵的 CR 均小于 0.1,都通过了一致性检验。

表 7.5　选择旅游地的各个判断矩阵的一致性指标 CI 以及随机一致性比率 RI

	方案对景色 C_1	方案对费用 C_2	方案对居住条件 C_3	方案对饮食 C_4	方案对旅途 C_5	准则对目标
一致性指标 CI	0.0028	0.00007	0	0.0046	0	0.0180
随机一致性指标 RI	0.58	0.58	0.58	0.58	0.58	1.12
随机一致性比率 CR	0.0048	0.0013	0	0.0079	0	0.0161

7.4　权重计算

层次分析法的第三步,需要通过判断矩阵求得与亲层某要素均有支配关系的子层的各要素重要次序的权重。

1. 各要素的判断矩阵与权重的关系

首先弄清判断矩阵与各要素的权重的联系。

假设已知 n 个要素 $C_1, C_2, \cdots, C_n$,它们对亲层某要素的重要程度(权重)分别记为 ω_1, $\omega_2, \cdots, \omega_n$。若将它们两两进行比较,其比值可构造 $n \times n$ 矩阵 $\overline{C}$

$$\overline{C} = \begin{pmatrix} \dfrac{\omega_1}{\omega_1} & \dfrac{\omega_1}{\omega_2} & \cdots & \dfrac{\omega_1}{\omega_n} \\[2mm] \dfrac{\omega_2}{\omega_1} & \dfrac{\omega_2}{\omega_2} & \cdots & \dfrac{\omega_2}{\omega_n} \\[2mm] \vdots & \vdots & & \vdots \\[2mm] \dfrac{\omega_n}{\omega_1} & \dfrac{\omega_n}{\omega_2} & \cdots & \dfrac{\omega_n}{\omega_n} \end{pmatrix},$$

将 n 个要素的权重组成向量

$$\boldsymbol{\omega} = (\omega_1, \omega_2, \cdots, \omega_n)^{\mathrm{T}},$$

右乘到矩阵 $\overline{C}$,可得

$$\overline{C}\boldsymbol{\omega} = \begin{bmatrix} \dfrac{\omega_1}{\omega_1} & \dfrac{\omega_1}{\omega_2} & \cdots & \dfrac{\omega_1}{\omega_n} \\[2mm] \dfrac{\omega_2}{\omega_1} & \dfrac{\omega_2}{\omega_2} & \cdots & \dfrac{\omega_2}{\omega_n} \\[2mm] \vdots & \vdots & & \vdots \\[2mm] \dfrac{\omega_n}{\omega_1} & \dfrac{\omega_n}{\omega_2} & \cdots & \dfrac{\omega_n}{\omega_n} \end{bmatrix} \begin{bmatrix} \omega_1 \\ \omega_2 \\ \vdots \\ \omega_n \end{bmatrix} = n \begin{bmatrix} \omega_1 \\ \omega_2 \\ \vdots \\ \omega_n \end{bmatrix} = n\boldsymbol{\omega} 。$$

通过上述推导过程可以得出结论,若判断矩阵 C 是一致互反矩阵,那么 C 的属于特征值 n 的特征向量 $\boldsymbol{\omega}$ 即为 n 个要素的权重。

例如某教师要根据高等数学、大学物理、计算机语言、英语成绩,从 3 名大学生中选出一名优秀学生作为实习生,由于工作的需要,对 4 门成绩给出如下权重 0.4,0.1,0.3,0.2,而 3 名学生的学习成绩见表 7.6。

表 7.6 学生考试成绩

	高等数学	大学物理	计算机语言	英语
学生甲	85	90	95	85
学生乙	72	80	90	95
学生丙	90	80	80	80

为了获得这 3 名学生对高等数学的权重,用他们的考试成绩两两比较得到判断矩阵:

$$\begin{bmatrix} 1 & 85/72 & 85/90 \\ 72/85 & 1 & 72/90 \\ 90/85 & 90/72 & 1 \end{bmatrix}$$

用 MATLAB 编程求出特征值和特征向量:

A=[1,85/72,85/90;72/85,1,72/90;90/85,90/72,1];
[V,D]=eig(A)

结果为

```
V =
    0.5935     0.7159     0.5828
    0.5028    -0.6903    -0.7479
    0.6284     0.1048     0.3177
D =
    3.0000          0          0
         0     0.0000          0
         0          0     0.0000
```

即该判断矩阵最大特征值对应的特征向量为:$[0.5935 \quad 0.5028 \quad 0.6284]^{\mathrm{T}}$。

对该特征向量和 3 名学生的高等数学成绩进行归一化,MATLAB 程序为:

[0.5935 0.5028 0.6284]/sum([0.5935 0.5028 0.6284])   %特征向量归一化
[85,72,90]/sum([85,72,90])   %高等数学成绩归一化

运行结果

```
ans =
    0.3441    0.2915    0.3644
ans =
    0.3441    0.2915    0.3644
```

这说明最大特征值的特征向量与 3 名学生的高等数学成绩成比例。

2. 要素权重的计算方法

用线性代数知识可精确地求解判断矩阵的最大特征根和特征向量,从而得到要素权重。然而,在层次分析法中,对于判断矩阵的最大特征值及其对应的特征向量的计算,并不需要追求太高的精度,这是因为判断矩阵本身就是将定性问题定量化的结果,允许存在一定的误差范围。由此,对于求解一互反矩阵的最大特征根和特征向量,还有一些近似算法,如和积法、方根法和特征根法。这里,只介绍和积法求要素的权重。

根据一致正互反矩阵的性质③:一致性正互反矩阵的所有列向量均属于特征值 n 的特征向量。因此当判断矩阵通过了一致性检验后,列向量(归一化后)的平均值作为近似特征向量是合理的。设判断矩阵为 $C=(c_{ij})_{n\times n}$,计算该判断矩阵特征向量的和积法的具体计算步骤如下:

第一步:判断矩阵 C 中元素按列归一化

$$\bar{c}_{ij}=\frac{c_{ij}}{\sum_{k=1}^{n}c_{kj}},\quad i,j=1,2,\cdots,n。$$

第二步:将归一化后的矩阵元素的同行相加,即

$$\tilde{\omega}_i=\sum_{j=1}^{n}\bar{c}_{ij},\quad i=1,2,\cdots,n。$$

第三步:将相加后的列向量再归一化,得到所求权重,即

$$\omega_i=\frac{\tilde{\omega}_i}{\sum_{k=1}^{n}\tilde{\omega}_k},\quad i=1,2,\cdots,n。$$

第四步:计算最大特征根为

$$\lambda_{\max}=\frac{1}{n}\sum_{i=1}^{n}\frac{(C\omega)_i}{\omega_i},$$

其中 $(C\omega)_i$ 表示该向量的第 i 个分量。

例 7.3　使用和积法计算旅游地选择问题中准则层对目标层的判断矩阵

$$O-C=\begin{bmatrix} 1 & 1/2 & 4 & 3 & 3 \\ 2 & 1 & 7 & 5 & 5 \\ 1/4 & 1/7 & 1 & 1/2 & 1/3 \\ 1/3 & 1/5 & 2 & 1 & 1 \\ 1/3 & 1/5 & 3 & 1 & 1 \end{bmatrix}$$

的权重系数。

解　编写 MATLAB 程序如下:

```
OC=[1,1/2,4,3,3;2,1,7,5,5;1/4,1/7,1,1/2,1/3;1/3,1/5,2,1,1;1/3,1/5,3,1,1];
```

A＝OC；
n＝size(A,1)；
%step1：矩阵按列归一化
A_sum＝sum(A,1)；%求每列的和
A_sum＝repmat(A_sum,n,1)；
A_ave＝A./A_sum；
%step2：将归一化后的矩阵元素的同行相加
Weight＝sum(A_ave,2)；
%step3：将相加后的列向量再归一化,得到所求权重
Weight＝Weight/sum(Weight)；
%step4：计算最大特征根
Lamda＝sum(A*Weight./Weight)/n；

运行结果为

Weight ＝
    0.2623
    0.4744
    0.0545
    0.0985
    0.1103
Lamda ＝
    5.0729

用相同方法,可以计算旅游地选择问题中方案分别对五个准则的权重系数,见表7.7。

表 7.7　和积法计算三个方案分别对五个准则的权重系数

	方案对景色 C_1	方案对费用 C_2	方案对居住条件 C_3	方案对饮食 C_4	方案对旅途 C_5
最大特征值 λ_{max}	3.0055	3.0015	3	3.0092	3
权重系数	0.5949	0.0820	0.4286	0.6327	0.1667
	0.2766	0.2364	0.4286	0.1924	0.1667
	0.1285	0.6816	0.1429	0.1749	0.6667

7.5 层次总排序及其一致性检验

通过前面介绍,可以逐层得到各子层要素对亲层中要素的权重向量。本节将自上而下地对各层元素的权重进行合成,得到最底层中各方案对于最高层(总目标)相对重要性的权值,即所谓层次总排序。

1. 层次总排序

假设已经算出第 $k-1$ 层上 n_{k-1} 个元素相对于总目标的排序权重向量为

$$\boldsymbol{\omega}^{(k-1)} = (\omega_1^{(k-1)}, \omega_2^{(k-1)}, \cdots, \omega_j^{(k-1)}, \cdots, \omega_{n_{k-1}}^{(k-1)})^{\mathrm{T}},$$

以及第 k 层 n_k 个元素对于第 $k-1$ 层上第 j 个元素权重向量为

$$\boldsymbol{p}_j^{(k)} = (p_{1j}^{(k)}, p_{2j}^{(k)}, \cdots, p_{n_k j}^{(k)})^{\mathrm{T}}, \quad j = 1, 2, \cdots, n_{k-1},$$

其中不受 j 元素支配的元素的权重取为 0。这 n_{k-1} 个权值向量可构成矩阵

$$\boldsymbol{P}^{(k)}=(\boldsymbol{p}_1^{(k)},\boldsymbol{p}_2^{(k)},\cdots,\boldsymbol{p}_j^{(k)},\cdots,\boldsymbol{p}_{n_{k-1}}^{(k)})$$

$$=\begin{bmatrix} p_{11}^{(k)} & p_{12}^{(k)} & \cdots & p_{1j}^{(k)} & \cdots & p_{1,n_{k-1}}^{(k)} \\ p_{21}^{(k)} & p_{22}^{(k)} & \cdots & p_{2j}^{(k)} & \cdots & p_{2,n_{k-1}}^{(k)} \\ \vdots & \vdots & & \vdots & & \vdots \\ p_{i1}^{(k)} & p_{i2}^{(k)} & \cdots & p_{ij}^{(k)} & \cdots & p_{i,n_{k-1}}^{(k)} \\ \vdots & \vdots & & \vdots & & \vdots \\ p_{n_k,1}^{(k)} & p_{n_k,2}^{(k)} & \cdots & p_{n_kj}^{(k)} & \cdots & p_{n_k,n_{k-1}}^{(k)} \end{bmatrix},$$

这是一个 $n_k \times n_{k-1}$ 矩阵,表示第 k 层要素对第 $k-1$ 层上各要素的排序,其中第 $i(i=1,2,\cdots,n_k)$ 行的元素表示第 k 层的第 i 个要素对第 $k-1$ 层 n_{k-1} 个要素的权重。那么第 k 层上元素对目标的总排序向量为

$$\boldsymbol{\omega}^{(k)}=\begin{bmatrix} \omega_1^{(k)} \\ \omega_2^{(k)} \\ \vdots \\ \omega_i^{(k)} \\ \vdots \\ \omega_{n_k}^{(k)} \end{bmatrix}=\begin{bmatrix} p_{11}^{(k)} & p_{12}^{(k)} & \cdots & p_{1j}^{(k)} & \cdots & p_{1,n_{k-1}}^{(k)} \\ p_{21}^{(k)} & p_{22}^{(k)} & \cdots & p_{2j}^{(k)} & \cdots & p_{2,n_{k-1}}^{(k)} \\ \vdots & \vdots & & \vdots & & \vdots \\ p_{i1}^{(k)} & p_{i2}^{(k)} & \cdots & p_{ij}^{(k)} & \cdots & p_{i,n_{k-1}}^{(k)} \\ \vdots & \vdots & & \vdots & & \vdots \\ p_{n_k,1}^{(k)} & p_{n_k,2}^{(k)} & \cdots & p_{n_kj}^{(k)} & \cdots & p_{n_k,n_{k-1}}^{(k)} \end{bmatrix}\begin{bmatrix} \omega_1^{(k-1)} \\ \omega_2^{(k-1)} \\ \vdots \\ \omega_i^{(k-1)} \\ \vdots \\ \omega_{n_{k-1}}^{(k-1)} \end{bmatrix}。$$

即

$$\boldsymbol{\omega}^{(k)}=\boldsymbol{P}^{(k)}\boldsymbol{\omega}^{(k-1)},$$

并递推可得

$$\boldsymbol{\omega}^{(k)}=\boldsymbol{P}^{(k)}\boldsymbol{P}^{(k-1)}\cdots\boldsymbol{P}^{(3)}\boldsymbol{\omega}^{(2)},$$

其中 $\boldsymbol{\omega}^{(2)}$ 是第二层元素的总排序向量。这一过程是从最高层次到最低层次依次进行的。求层次总排序的过程见示意图 7.5。

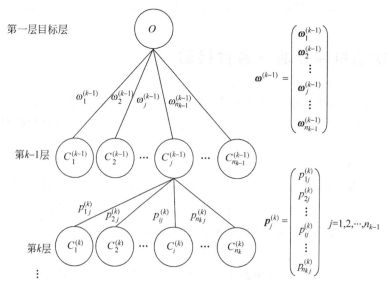

图 7.5　层次总排序计算示意图

2. 总排序的一致性检验

层次总排序也要进行一致性检验。检验是从高层到低层依次进行的。

假设已经算出第 $k-1$ 层 n_{k-1} 个元素相对于总目标的排序权重向量为

$$\boldsymbol{\omega}^{(k-1)} = (\omega_1^{(k-1)}, \omega_2^{(k-1)}, \cdots, \omega_{n_{k-1}}^{(k-1)})^{\mathrm{T}},$$

以及第 k 层对于第 $k-1$ 层的 n_{k-1} 个判断矩阵的一致性指标向量

$$\mathbf{CI}^{(k)} = (\mathrm{CI}_1^{(k)}, \mathrm{CI}_2^{(k)}, \cdots, \mathrm{CI}_j^{(k)}, \cdots, \mathrm{CI}_{n_{k-1}}^{(k)})$$

和随机一致性指标向量

$$\mathbf{RI}^{(k)} = (\mathrm{RI}_1^{(k)}, \mathrm{RI}_2^{(k)}, \cdots, \mathrm{RI}_j^{(k)}, \cdots, \mathrm{RI}_{n_{k-1}}^{(k)}),$$

则第 k 层的层次总排序一致性比率为

$$CR = \frac{\omega_1^{(k-1)}\mathrm{CI}_1^{(k)} + \omega_2^{(k-1)}\mathrm{CI}_2^{(k)} + \cdots + \omega_{n_{k-1}}^{(k-1)}\mathrm{CI}_{n_{k-1}}^{(k)}}{\omega_1^{(k-1)}\mathrm{RI}_1^{(k)} + \omega_2^{(k-1)}\mathrm{RI}_2^{(k)} + \cdots + \omega_{n_{k-1}}^{(k-1)}\mathrm{RI}_{n_{k-1}}^{(k)}} = \frac{\mathbf{CI}^{(k)} \cdot \boldsymbol{\omega}^{(k-1)}}{\mathbf{RI}^{(k)} \cdot \boldsymbol{\omega}^{(k-1)}}.$$

当 $CR<0.1$ 时，认为层次总排序通过一致性检验。层次总排序具有满意的一致性，否则需要重新调整那些一致性比率高的判断矩阵的元素取值。到此，根据最下层(决策层)的层次总排序做出最后决策。

例7.4 计算旅游地选择问题中三个方案对目标总排序以及判断总排序是否通过一致性检验。

解 通过前面的计算已经得到准则层(第二层)对目标层的权系数为

$$\boldsymbol{\omega}^{(2)} = (0.2623 \quad 0.4744 \quad 0.0545 \quad 0.0985 \quad 0.1103)^{\mathrm{T}},$$

以及方案层(第三层)对准则层(第二层)的五个准则的权重依次是

$$\boldsymbol{p}_1^{(3)} = \begin{pmatrix} 0.5949 \\ 0.2766 \\ 0.1285 \end{pmatrix}, \boldsymbol{p}_2^{(3)} = \begin{pmatrix} 0.0820 \\ 0.2364 \\ 0.6816 \end{pmatrix}, \boldsymbol{p}_3^{(3)} = \begin{pmatrix} 0.4286 \\ 0.4286 \\ 0.1429 \end{pmatrix}, \boldsymbol{p}_4^{(3)} = \begin{pmatrix} 0.6327 \\ 0.1924 \\ 0.1749 \end{pmatrix}, \boldsymbol{p}_5^{(3)} = \begin{pmatrix} 0.1667 \\ 0.1667 \\ 0.6667 \end{pmatrix},$$

即

$$\boldsymbol{P}^{(3)} = (\boldsymbol{p}_1^{(3)}, \boldsymbol{p}_2^{(3)}, \boldsymbol{p}_3^{(3)}, \boldsymbol{p}_4^{(3)}, \boldsymbol{p}_5^{(3)})$$

$$= \begin{pmatrix} 0.5949 & 0.0820 & 0.4286 & 0.6327 & 0.1667 \\ 0.2766 & 0.2364 & 0.4286 & 0.1924 & 0.1667 \\ 0.1285 & 0.6816 & 0.1429 & 0.1749 & 0.6667 \end{pmatrix}.$$

于是可得方案层(第三层)对目标层的总排序

$$\boldsymbol{\omega}^{(3)} = \boldsymbol{P}^{(3)} \boldsymbol{\omega}^{(2)}$$

$$= \begin{pmatrix} 0.5949 & 0.0820 & 0.4286 & 0.6327 & 0.1667 \\ 0.2766 & 0.2364 & 0.4286 & 0.1924 & 0.1667 \\ 0.1285 & 0.6816 & 0.1429 & 0.1749 & 0.6667 \end{pmatrix} \begin{pmatrix} 0.2623 \\ 0.4744 \\ 0.0545 \\ 0.0985 \\ 0.1103 \end{pmatrix} = \begin{pmatrix} 0.2990 \\ 0.2454 \\ 0.4556 \end{pmatrix}.$$

通过表7.5可知，方案层(第三层)对准则层(第二层)的五个要素的一致性指标向量

$$\mathbf{CI}^{(3)} = (0.0028 \quad 0.00007 \quad 0 \quad 0.0046 \quad 0 \quad 0.0180)^{\mathrm{T}},$$

随机一致性指标向量为

$$\mathbf{RI}^{(3)} = (0.58 \quad 0.58 \quad 0.58 \quad 0.58 \quad 0.58)^{\mathrm{T}}.$$

按层次总排序一致性比率计算公式可得,方案层(第三层)总排序一致性比率

$$CR = \frac{CI^{(3)} \cdot \omega^{(2)}}{RI^{(3)} \cdot \omega^{(2)}} = 0.0021 < 0.1,$$

故层次总排序通过一致性检验,也就是三个旅游地桂林、黄山和武当山的权重为 0.2990, 0.2454,0.4556,可作为最后的决策依据,即武当山是这次旅游最佳的选择点。

7.6　应用举例

巨额诱惑使越来越多的人加入到"彩民"的行列,目前流行的彩票主要有"传统型"和"乐透型"两种类型。"传统型"采用"10 选 6+1"方案:先从 6 组 0~9 号球中摇出 6 个基本号码,每组摇出一个,然后从 0~4 号球中摇出一个特别号码,构成中奖号码。投注者从 0~9 十个号码中任选 6 个基本号码(可重复),从 0~4 中选一个特别号码,构成一注,根据单注号码与中奖号码相符的个数多少及顺序确定中奖等级。"乐透型"有多种不同的形式,比如"33 选 7"的方案:先从 01~33 个号码球中一个一个地摇出 7 个基本号,再从剩余的 26 个号码球中摇出一个特别号码。投注者从 01~33 个号码中任选 7 个组成一注(不可重复),根据单注号码与中奖号码相符的个数多少确定相应的中奖等级,不考虑号码顺序。

以上两种类型的总奖金比例一般为销售总额的 50%,投注者单注金额为 2 元,单注若已得到高级别的奖就不再兼得低级别的奖。现在常见的销售规则及相应的奖金设置方案如表 7.8 所示,其中一、二、三等奖为高项奖,后面的为低项奖,低项奖奖金额固定,高项奖按比例分配,请对这些奖金设置方案对彩民的吸引力进行综合评价。

表 7.8　彩票的奖金不同分配方案

方案 \ 奖项	一等奖/%	二等奖/%	三等奖/%	四等奖/元	五等奖/元	六等奖/元	七等奖/元
1(6+1)	60	20	20	300	20	5	
2(6+1)	70	15	15	300	20	5	
3(7/29)	60	25	15	200	20	5	
4(7/30)	65	15	20	500	50	15	5
5(7/30)	75	10	15	200	30	10	5

需要分析奖金设置方案对彩民的吸引力。彩民购买彩票一般出于两个目的,一个是希望彩票能给自己带来收益,即中奖;另一个是希望中奖能给自己带来点什么。前者的心态倾向于中大奖,而后者的心态倾向于中奖,不同彩民所喜欢的中奖方案不相同,因此应针对不同彩民的心态,建立层次分析模型对奖金设置方案对彩民的吸引力进行分析。在这里,我们以倾向于中大奖者的心态来确定。

为此根据彩票中奖方案的各个直接因素(5 种方案)之间的关系,建立彩票中奖方案的层次结构模型如图 7.6 所示。

对目标层而言,心态倾向于中大奖者认为中最高奖 A_1 比高项奖 A_2 相对重要,最高奖 A_1 比低项奖 A_3 绝对重要,中高项奖 A_2 比低项奖 A_3 稍微重要。按照此原则建立准则层

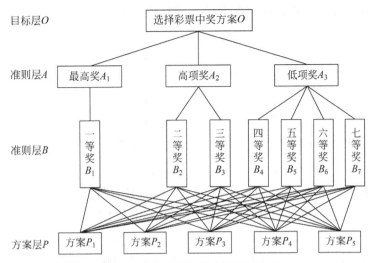

图 7.6　选择彩票中奖方案的层级图

A 对目标层 O 的判断矩阵为

O	A_1	A_2	A_3
A_1	1	5	9
A_2	1/5	1	3
A_3	1/9	1/3	1

查表可得,当 $n=3$ 时,随机一致性指标 RI＝0.58；利用 MATLAB 软件易求得最大特征值为 $\lambda_{\max}=3.0293$,相应特征向量为 $(0.7482\ \ 0.1804\ \ 0.0714)^{\mathrm{T}}$,一致性指标 CI＝0.0146,随机一致性比率 $\mathrm{CR}=\dfrac{\mathrm{CI}}{\mathrm{RI}}=0.0252<0.1$,即判断矩阵具有满意的一致性,于是得准则层 A(第二层)对目标层 O 的相对权重为

$$\boldsymbol{\omega}^{(2)}=(0.7482\ \ 0.1804\ \ 0.0714)^{\mathrm{T}}\text{。}$$

由于最高项奖 A_1 只有一等奖 B_1,直接可设准则 B_1 对准则 A_1 的权重为

$$\boldsymbol{p}_1^{(3)}=(1)\text{。}$$

对高项奖 A_2 而言,认为二等奖 B_2 比三等奖 B_3 稍微重要,按照此原则建立准则 B_2,B_3 对准则 A_2 的判断矩阵为

A_2	B_2	B_3
B_2	1	3
B_3	1/3	1

按照前面方法计算求得最大特征值为 $\lambda_{\max}=2$；相应特征向量为 $(0.75\ \ 0.25)^{\mathrm{T}}$,随机一致性指标 RI 和一致性指标 CI 均为零：$\mathrm{RI}=\mathrm{CI}=0$。于是得准则 B_2,B_3(第三层)对准则 A_2 的相对权重为

$$\boldsymbol{p}_2^{(3)}=(0.75\ \ 0.25)^{\mathrm{T}}\text{。}$$

对低项奖 A_3 而言,认为四等奖 B_4 略微重要,五等奖 B_5、六等奖 B_6 和七等奖 B_7 相差

不多。按照此原则建立准则层 B 对准则层 A 的判断矩阵为

A_3	B_4	B_5	B_6	B_7
B_4	1	3	3	3
B_5	1/3	1	1	1
B_6	1/3	1	1	1
B_7	1/3	1	1	1

按照前面方法计算其最大特征值 $\lambda_{\max}=4$ 及其特征向量为

$$(0.5000 \quad 0.1667 \quad 0.1667 \quad 0.1667)^{\mathrm{T}},$$

随机一致性指标 RI＝0.90 和一致性指标 CI＝0,也就是判断矩阵是一致正互反矩阵,从而得到准则层 B_4, B_5, B_6 和 B_7 对准则层 A_3 的相对权重分别是

$$\boldsymbol{p}_3^{(3)} = (0.5000 \quad 0.1667 \quad 0.1667 \quad 0.1667)^{\mathrm{T}}。$$

当准则层 B 相对于准则层 A 计算完以后,需要计算准则层 B 对目标层的组合权重,即综合权重。表 7.9 给出综合权重的计算结果为

$$\boldsymbol{\omega}^{(3)} = (\boldsymbol{p}_1^{(3)} \quad \boldsymbol{p}_2^{(3)} \quad \boldsymbol{p}_3^{(3)}) \boldsymbol{\omega}^{(2)}$$

$$= \begin{bmatrix} 1 & 0 & 0 \\ 0 & 0.75 & 0 \\ 0 & 0.25 & 0 \\ 0 & 0 & 0.5 \\ 0 & 0 & 0.1667 \\ 0 & 0 & 0.1667 \\ 0 & 0 & 0.1667 \end{bmatrix} \begin{pmatrix} 0.7482 \\ 0.1804 \\ 0.0714 \end{pmatrix} = \begin{pmatrix} 0.7482 \\ 0.1353 \\ 0.0451 \\ 0.0357 \\ 0.0119 \\ 0.0119 \\ 0.0119 \end{pmatrix}。$$

表 7.9　准则层 B 的综合权重计算

准则 A / 准则 B	最高奖 A_1 $\omega_1^{(2)}=0.7482$	高项奖 A_2 $\omega_2^{(2)}=0.1804$	低项奖 A_3 $\omega_3^{(2)}=0.0714$	综合重要度
一等奖 B_1	1	0	0	0.7482
二等奖 B_2	0	0.75	0	0.1353
三等奖 B_3	0	0.25	0	0.0451
四等奖 B_4	0	0	0.5	0.0357
五等奖 B_5	0	0	0.1667	0.0119
六等奖 B_6	0	0	0.1667	0.0119
七等奖 B_7	0	0	0.1667	0.0119

根据奖金金额的相对关系建立方案层 P 对准则层 $B_i (i=1,2,\cdots,7)$ 的判断矩阵。比如建立五个方案对一等奖的比较基准,借鉴 Saaty 等学者提出的 9 级标度方法,当方案 P_i 的一等奖比方案 P_j 的一等奖的比例高出 5%,10%,15% 时,相应的相对重要度设为 3,5,7,于是得判断矩阵为 $\boldsymbol{B}_1-\boldsymbol{P}$:

B_1	P_1	P_2	P_3	P_4	P_5
P_1	1	1/5	1	1/3	1/7
P_2	5	1	5	3	1/3
P_3	1	1/5	1	1/3	1/7
P_4	3	1/3	3	1	1/5
P_5	7	3	7	5	1

查表可得,当 $n=5$ 时,随机一致性指标 RI=1.12;利用 MATLAB 软件易求得最大特征值为 $\lambda_{\max}=5.1370$,相应特征向量为 $(0.0546\ \ 0.2586\ \ 0.0546\ \ 0.1274\ \ 0.5049)^{\mathrm{T}}$,一致性指标 CI=0.0342,随机一致性比率 $\mathrm{CR}=\dfrac{\mathrm{CI}}{\mathrm{RI}}=0.0306<0.1$,即判断矩阵具有满意的一致性,于是得方案层 P(第四层)对准则层 B_1 的相对权重为

$$\boldsymbol{p}_1^{(4)}=(0.0546\ \ 0.2586\ \ 0.0546\ \ 0.1274\ \ 0.5049)^{\mathrm{T}}.$$

用类似方法,得判断矩阵 $\boldsymbol{B}_2$—$\boldsymbol{P}$:

B_2	P_1	P_2	P_3	P_4	P_5
P_1	1	3	1/3	3	5
P_2	1/3	1	1/5	1	3
P_3	3	5	1	5	7
P_4	1/3	1	1/5	1	3
P_5	1/5	1/3	1/7	1/3	1

此时求得最大特征值为 $\lambda_{\max}=5.1274$,相应特征向量为

$$(0.2454\ \ 0.1053\ \ 0.4971\ \ 0.1053\ \ 0.0469)^{\mathrm{T}},$$

一致性指标 CI=0.0318,随机一致性比率 $\mathrm{CR}=\dfrac{\mathrm{CI}}{\mathrm{RI}}=0.0284<0.1$,即判断矩阵具有满意的一致性,于是得方案层 P(第四层)对准则层 B_2 的相对权重为

$$\boldsymbol{p}_2^{(4)}=(0.2454\ \ 0.1053\ \ 0.4971\ \ 0.1053\ \ 0.0469)^{\mathrm{T}}.$$

判断矩阵 $\boldsymbol{B}_3$—$\boldsymbol{P}$ 为

B_3	P_1	P_2	P_3	P_4	P_5
P_1	1	3	3	1	3
P_2	1/3	1	1	1/3	1
P_3	1/3	1	1	1/3	1
P_4	1	3	3	1	3
P_5	1/3	1	1	1/3	1

求得最大特征值为 $\lambda_{\max}=5$,相应特征向量为

$$(0.3333\ \ 0.1111\ \ 0.1111\ \ 0.3333\ \ 0.1111)^{\mathrm{T}},$$

一致性指标 CI=0,此时判断矩阵为一致正互反矩阵,于是得方案层 P(第四层)对准则层 B_3 的相对权重为

$$\boldsymbol{p}_3^{(4)}=(0.3333\ \ 0.1111\ \ 0.1111\ \ 0.3333\ \ 0.1111)^{\mathrm{T}}.$$

不同方案的四等奖的相对重要度的设置方法是:当方案 P_i 的四等奖比方案 P_j 的四

等奖的获奖金额高出 $100,200,300$ 时,奖金 A 对奖金 B 的相对重要度依次设为 $3,5,7$,于是得判断矩阵为 $\boldsymbol{B}_4$—$\boldsymbol{P}$:

B_4	P_1	P_2	P_3	P_4	P_5
P_1	1	1	3	1/5	3
P_2	1	1	3	1/5	3
P_3	1/3	1/3	1	1/7	1
P_4	5	5	7	1	7
P_5	1/3	1/3	1	1/7	1

求得最大特征值为 $\lambda_{\max}=5.0939$,相应特征向量为

$$(0.1559 \quad 0.1559 \quad 0.0610 \quad 0.5662 \quad 0.0610)^{\mathrm{T}},$$

一致性指标 CI$=0.0235$,随机一致性比率 $\mathrm{CR}=\dfrac{\mathrm{CI}}{\mathrm{RI}}=0.0210<0.1$,即判断矩阵具有满意的一致性,于是得方案层 P(第四层)对准则层 B_4 的相对权重为

$$\boldsymbol{p}_4^{(4)}=(0.1559 \quad 0.1559 \quad 0.0610 \quad 0.5662 \quad 0.0610)^{\mathrm{T}}。$$

不同方案的五等奖的相对重要度的设置方法是:当方案 P_i 的五等奖比方案 P_j 的五等奖的获奖金额高出 $10,20,30$ 时,奖金 A 对奖金 B 的相对重要度依次设为 $3,5,7$,于是得判断矩阵为 $\boldsymbol{B}_5$—$\boldsymbol{P}$:

B_5	P_1	P_2	P_3	P_4	P_5
P_1	1	1	1	1/7	1/3
P_2	1	1	1	1/7	1/3
P_3	1	1	1	1/7	1/3
P_4	7	7	7	1	5
P_5	3	3	3	1/5	1

求得最大特征值为 $\lambda_{\max}=5.0711$,相应特征向量为

$$(0.0732 \quad 0.0732 \quad 0.0732 \quad 0.5887 \quad 0.1916)^{\mathrm{T}},$$

一致性指标 CI$=0.0178$,随机一致性比率 $\mathrm{CR}=\dfrac{\mathrm{CI}}{\mathrm{RI}}=0.00159<0.1$,即判断矩阵具有满意的一致性,于是得方案层 P(第四层)对准则层 B_5 的相对权重为

$$\boldsymbol{p}_5^{(4)}=(0.0732 \quad 0.0732 \quad 0.0732 \quad 0.5887 \quad 0.1916)^{\mathrm{T}}。$$

不同方案的六等奖的相对重要度的设置方法是:当方案 P_i 的六等奖比方案 P_j 的六等奖的获奖金额高出 $5,10,15$ 时,奖金 A 对奖金 B 的相对重要度依次设为 $3,5,7$,于是得判断矩阵为 $\boldsymbol{B}_6$—$\boldsymbol{P}$:

B_6	P_1	P_2	P_3	P_4	P_5
P_1	1	1	1	1/7	1/5
P_2	1	1	1	1/7	1/5
P_3	1	1	1	1/7	1/5
P_4	7	7	7	1	3
P_5	5	5	5	1/3	1

求得最大特征值为 $\lambda_{\max}=5.0708$，相应特征向量为

$$(0.0649 \quad 0.0649 \quad 0.0649 \quad 0.5239 \quad 0.2813)^{\mathrm{T}},$$

一致性指标 CI＝0.0177，随机一致性比率 $\mathrm{CR}=\dfrac{\mathrm{CI}}{\mathrm{RI}}=0.00158<0.1$，即判断矩阵具有满意的一致性，于是得方案层 P（第四层）对准则层 B_6 的相对权重为

$$\boldsymbol{p}_6^{(4)}=(0.0649 \quad 0.0649 \quad 0.0649 \quad 0.5239 \quad 0.2813)^{\mathrm{T}}。$$

类似于六等奖的相对重要度的设置方法，可得判断矩阵为 $\boldsymbol{B}_7-\boldsymbol{P}$：

B_7	P_1	P_2	P_3	P_4	P_5
P_1	1	1	1	3	3
P_2	1	1	1	3	3
P_3	1	1	1	3	3
P_4	1/3	1/3	1/3	1	1
P_5	1/3	1/3	1/3	1	1

求得最大特征值为 $\lambda_{\max}=5$，相应特征向量为 $(0.2727 \quad 0.2727 \quad 0.2727 \quad 0.0909$ $0.0909)^{\mathrm{T}}$，一致性指标 CI＝0，此时判断矩阵为一致正互反矩阵，于是得方案层 P（第四层）对准则层 B_7 的相对权重为

$$\boldsymbol{p}_7^{(4)}=(0.2727 \quad 0.2727 \quad 0.2727 \quad 0.0909 \quad 0.0909)^{\mathrm{T}}。$$

接下来计算方案层 P（第四层）的综合权重。表 7.10 给出综合权重的计算结果为

$$\boldsymbol{\omega}^{(4)}=\begin{pmatrix} \boldsymbol{p}_1^{(4)} & \boldsymbol{p}_2^{(4)} & \boldsymbol{p}_3^{(4)} & \boldsymbol{p}_4^{(4)} & \boldsymbol{p}_5^{(4)} & \boldsymbol{p}_6^{(4)} & \boldsymbol{p}_7^{(4)} \end{pmatrix}\boldsymbol{\omega}^{(3)}$$

$$=\begin{pmatrix} 0.0546 & 0.2454 & 0.3333 & 0.1559 & 0.0732 & 0.0649 & 0.2727 \\ 0.2586 & 0.1053 & 0.1111 & 0.1559 & 0.0732 & 0.0649 & 0.2727 \\ 0.0546 & 0.4971 & 0.1111 & 0.0610 & 0.0732 & 0.0649 & 0.2727 \\ 0.1274 & 0.1053 & 0.3333 & 0.5662 & 0.5887 & 0.5239 & 0.0909 \\ 0.5049 & 0.0469 & 0.1111 & 0.0610 & 0.1916 & 0.2813 & 0.0909 \end{pmatrix}\begin{pmatrix} 0.7482 \\ 0.1353 \\ 0.0451 \\ 0.0357 \\ 0.0119 \\ 0.0119 \\ 0.0119 \end{pmatrix}。$$

按层次总排序一致性比率计算公式可得，方案层（第四层）总排序一致性比率

$$\mathrm{CR}^{(4)}=\frac{\mathrm{CI}^{(4)}\cdot\boldsymbol{\omega}^{(3)}}{\mathrm{RI}^{(4)}\cdot\boldsymbol{\omega}^{(3)}}=0.0278<0.1$$

表 7.10 方案层 B 的综合权重计算

准则 B \ 方案 P	B_1 0.7482	B_2 0.1353	B_3 0.0451	B_4 0.0357	B_5 0.0119	B_6 0.0119	B_7 0.0119	综合重要度
方案一 P_1	0.0546	0.2454	0.3333	0.1559	0.0732	0.0649	0.2727	0.0995
方案二 P_2	0.2586	0.1053	0.1111	0.1559	0.0732	0.0649	0.2727	0.2232
方案三 P_3	0.0546	0.4971	0.1111	0.0610	0.0732	0.0649	0.2727	0.1202
方案四 P_4	0.1274	0.1053	0.3333	0.5662	0.5887	0.5239	0.0909	0.1591
方案五 P_5	0.5049	0.0469	0.1111	0.0610	0.1916	0.2813	0.0909	0.3980
CI	0.0342	0.0318	0	0.0235	0.0178	0.0177	0	
RI	1.12	1.12	1.12	1.12	1.12	1.12	1.12	

故层次总排序通过一致性检验,也就是对于心态倾向于中大奖者,五种彩票方案的吸引力排列顺序为 $P_5 > P_2 > P_4 > P_3 > P_1$。

习题 7

1. 用层次分析法选择理想的交通工具。不同的人考虑到安全、舒适、快速、经济等因素,选择不同的交通工具,这些交通工具为:飞机、高铁、自驾等。

2. 学校评选优秀学生或优秀班级,试给出若干准则,构造层次结构模型。

3. 某生要购置一部手机,请考虑功能、外观、性价比等因素,如何做出选择?

4. 面临毕业,可能有高校、科研单位、企业等单位可以选择,请根据工作环境、工资待遇、发展前途、住房条件等因素作出决策。

数 学 规 划

第 8 章

数学建模实用教程

实际问题中人们经常遇到要解决一类关于多个因素的约束求解问题,该问题往往能转化为在一定约束条件下,求解某一关于多个变量的最大或最小值问题,而约束条件往往是关于这些多个变量的等式或不等式,此类问题被称为数学规划问题,为运筹学的一个十分重要的内容和分支。

数学规划的一般模型可描述为

$$y = \min_{x_1,x_2,\cdots,x_n} f(x_1,x_2,\cdots,x_n), \quad n \in \mathbf{Z}^+,$$

$$\text{s.t.} \begin{cases} g_k(x_1,x_2,\cdots,x_n)=0, & k=1,2,\cdots,K, \\ h_l(x_1,x_2,\cdots,x_n) \leqslant (\geqslant)0, & l=1,2,\cdots,L, \\ (x_1,x_2,\cdots,x_n) \in D \subset \mathbf{R}^n。 \end{cases} \tag{8.1}$$

其中关于自变量的"$\geqslant$"约束可以通过添加负号转变为式(8.1)中的"$\leqslant$"约束,另外目标函数求最大值的问题也可以通过添加负号转化为式(8.1)中的求最小值问题。模型(8.1)包括以下三个要素:第一要素为函数的自变量,第二要素为目标函数,第三要素为关于自变量的等式或不等式约束。满足式(8.1)中的等式或不等式约束且在定义域 D 内的解称为可行解(feasible solution),同时满足约束条件和使得目标函数最小的解称为方程的最优解(optimal solution)。整个可行域上的最优解称为全局最优解(global optimal solution),部分可行域上的最优解称为局部最优解(local optimal solution)。如果优化问题(8.1)存在多个局部最优解,对于不同的初始条件,模型(8.1)进行求解时容易得到局部最优解。

对于规划问题的分类,根据有无约束条件可以分为:有约束条件的规划问题(constrained programming)以及无约束条件的规化问题(unconstrained programming)。按照自变量是否连续可以分为:连续规划问题(continuous programming)、离散规划问题(discrete programming)以及混合规划问题(mixed programming),其中离散规划问题包括一类特殊的规划问题即 0-1 整数规划问题(0-1 programming),混合规划问题是指部分变量为连续变量,部分变量为离散型变量。

按照目标函数的个数,规划问题还可以分为单目标规划问题以及多目标规划问题。按照问题求解的目的,规划问题还可以分为静态规划、动态规划、多层规划等。本章重点介绍线性规划、非线性规划和多目标规划的模型以及求解方法。算法的实现可以采用 MATLAB 或 LINGO 编程实现,本章采用

LINGO 对问题进行求解。

8.1 线性规划

线性规划的一般模型如下：

$$y = \min_{x_1,x_2,\cdots,x_n} \sum_{j=1}^{n} c_j x_j, \quad n \in \mathbb{Z}^+,$$

$$\text{s.t.} \begin{cases} \sum_{j=1}^{n} a_{kj} x_j = (\leqslant,\geqslant) b_k, & k=1,2,\cdots,K, \\ x_j \geqslant 0, & j=1,2,\cdots,n. \end{cases} \tag{8.2}$$

其中对于自变量的约束如果为 $x_j \geqslant d_j, j=1,2,\cdots,n$ 或 $x_j \leqslant e_j, j=1,2,\cdots,n$，则可以通过换元 $y_j = x_j - d_j$ 以及 $y_j = e_j - x_j$ 将其转化为 $y_j \geqslant 0$（LINGO 对变量的默认约束）。另外，对于式(8.2)中的不等式约束可以引入松弛变量将其变为等式约束。

线性规划问题的可行域为一个凸集，其最优解往往位于凸集的顶点，可采用单纯形法或内点法得到其最优解。

8.1.1 连续线性规划

连续线性规划中自变量是连续变化的，目标函数和约束条件均是自变量的线性函数。

例 8.1 一个家庭用 625hm^2 土地来种植农作物，这个家庭考虑种植的农作物有玉米、小麦和燕麦。现在有 1000m^3 的灌溉用水，农场工人每周可以投入的工作时间为 300h，每种作物种植需要的元素和产生的经济效益见表 8.1。请问为了产生最大的经济效益，每种作物分别应该种植多少？

表 8.1 农场种植的数据

农作物	玉米	小麦	燕麦	现有量
灌溉用水/m^3	3.0	1.0	1.5	1000
劳动力/h	0.8	0.2	0.3	300
收益/元	400	200	250	

解 模型建立与求解

（1）自变量

该问题的关键是种植农作物的分配问题。假设该家庭分别用 x_1, x_2 和 x_3（单位：hm^2）土地来种植玉米、小麦和燕麦。

（2）目标函数

种植玉米、小麦和燕麦产生的经济效益为目标函数，根据题意，总收益为

$$f = 400x_1 + 200x_2 + 250x_3。$$

（3）约束条件

该问题的约束包括灌溉用水以及劳动力的限制，分别如下：

$$\begin{cases} x_1 + x_2 + x_3 \leqslant 625, \\ 3x_1 + x_2 + 1.5x_3 \leqslant 1000, \\ 0.8x_1 + 0.2x_2 + 0.3x_3 \leqslant 300, \\ x_1, x_2, x_3 \geqslant 0. \end{cases}$$

因此该优化问题的模型为

$$f = \max_{x_1, x_2, x_3} 400x_1 + 200x_2 + 250x_3.$$

$$\text{s. t.} \begin{cases} x_1 + x_2 + x_3 \leqslant 625, \\ 3x_1 + x_2 + 1.5x_3 \leqslant 1000, \\ 0.8x_1 + 0.2x_2 + 0.3x_3 \leqslant 300, \\ x_1, x_2, x_3 \geqslant 0. \end{cases} \tag{8.3}$$

由于模型(8.3)中目标函数和约束函数均为线性函数,因此该问题为线性规划问题。现在对模型(8.3)利用 LINGO 进行编程求解:

```
model: !程序开始;
title plant plan; !标题;
max=400 * x1+200 * x2++250 * x3; !目标函数;
x1+x2+x3<=625; !土地约束;
3 * x1+x2+1.5 * x3<=1000; !灌溉用水约束;
0.8 * x1+0.2 * x2+0.3 * x3<=300; !劳动力约束;
end
```

由于 LINGO 默认变量为非负,因此模型(8.3)中的第 4 个约束条件在程序中可以省略。运行结果如下:

```
Global optimal solution found.
Objective value:                      162500.0
Infeasibilities:                      0.000000
Total solver iterations:              2
Variable          Value          Reduced Cost
X1             187.5000          0.000000
X2             437.5000          0.000000
X3             0.000000          0.000000
```

运行结果显示:种植 187.5hm^2 玉米和 437.5hm^2 小麦和 0hm^2 燕麦时产生的经济效益最大,最大经济效益为 162500 元。

例 8.2 某奶制品加工厂加工 1 桶牛奶可以选择两种加工方式。第一种为经过 12h 生产 3kg A1 产品,A1 产品的获利为 24 元/千克。第二种为经过 8h 生产 4kg A2 产品,A2 产品的获利为 16 元/千克。现在假设该工厂每天有 50 桶牛奶,480h 的加工能力,每天至多能加工 100kg 的 A1。请问:

(1) 制定怎样的生产计划可以使得每天的获利最大?

(2) 若 35 元能买到一桶牛奶,请问是否购买? 如果购买,每天购买多少?

(3) 如果可聘用临时工人,付出的工资最多是每小时几元?

(4) 如果 A1 的获利增加到 30 元/千克,是否改变生产计划?

解 模型的建立与求解

（1）自变量

该问题的关键是资源的分配问题,每天分别用多少牛奶来生产 A1 和 A2。假设该工厂每天用 x_1（单位：kg）牛奶生产 A1,x_2（单位：kg）牛奶生产 A2。

（2）目标函数

每天生产 A1 和 A2 两种产品产生的利润为目标函数,根据题意,总利润为

$$f = 72x_1 + 64x_2 。$$

（3）约束条件

该问题的约束包括牛奶、生产时间、A1 的生产能力限制,分别如下：

$$\begin{cases} x_1 + x_2 \leqslant 50, \\ 12x_1 + 8x_2 \leqslant 480, \\ 3x_1 \leqslant 100, \\ x_1, x_2 \geqslant 0。 \end{cases}$$

因此该优化问题的模型为

$$f = \max_{x_1, x_2} 72x_1 + 64x_2,$$

$$\text{s. t.} \begin{cases} x_1 + x_2 \leqslant 50, \\ 12x_1 + 8x_2 \leqslant 480, \\ 3x_1 \leqslant 100, \\ x_1, x_2 \geqslant 0。 \end{cases} \tag{8.4}$$

模型(8.4)中的目标函数和约束函数均为线性函数,因此模型(8.4)为线性规划模型。现在对模型(8.4)利用 LINGO 进行编程求解：

```
model: !程序开始;
title production plan; !标题;
max=72*x1+64*x2; !目标函数;
x1+x2<=50; !牛奶约束;
12*x1+8*x2<=480; !生产时间约束;
3*x1<=100; !A1 生产能力约束;
end
```

运行结果如下：

```
Global optimal solution found.
Objective value:                    3360.000
Infeasibilities:                    0.000000
Total solver iterations:            2
Model Title: production plan
Variable        Value            Reduced Cost
X1              20.00000         0.000000
X2              30.00000         0.000000
Row     Slack or Surplus    Dual Price
1       3360.000            1.000000
2       0.000000            48.00000
```

3	0.000000	2.000000
4	40.00000	0.000000

以上得到的结果包括目标函数最优值,对应优化变量的取值,不等式约束是否为紧的约束(资源是否用完)以及各个约束资源的影子价格"Dual Price",即每增加一个单位的该约束资源所增加的利润。

对于问题(1),20 桶牛奶应该用来生产 A1,30 桶牛奶应该用来生产 A2,此时最大利润为 3360 元。

对线性规划问题可以从以下几个方面进行敏感性分析:①目标函数的系数在多大范围取值时,不改变当前最优解;②在影子价格起作用的条件下(影子价格维持不变)每个约束资源能够增加和减少的最大数量。

打开 LINGO 的敏感性分析开关步骤如下:首先在 LINGO 的 option 选项下选择 General Solver,然后在 Dual Computation 下选择 Price and Ranges 并保存设置,在 LINGO 窗口下单击 LINGO|Range,获得敏感性分析报告。

Ranges in which the basis is unchanged:
Objective Coefficient Ranges

Variable	Current Coefficient	Allowable Increase	Allowable Decrease
X1	72.00000	24.00000	8.000000
X2	64.00000	8.000000	16.00000

Righthand Side Ranges

Row	Current RHS	Allowable Increase	Allowable Decrease
2	50.00000	10.00000	6.666667
3	480.0000	53.33333	80.00000
4	100.0000	INFINITY	40.00000

对于问题(2),从"Dual Price"可见,此时每增加一桶牛奶,利润增加 48 元,因此 35 元一桶的牛奶可以购买。通过"Allowable Increase"可见,如果影子价格起作用,最多增加的牛奶数量为 10 桶。

对于问题(3),从"Dual Price"可见,每增加一小时的工作时间,利润增加 1 元,因此,付给临时工人的工资不能超过 1 元/小时。

对于问题(4),从"Objective Coefficient Ranges"对应的"Allowable Increase"可见,x_1 前面的系数由 72 最多可以增加到 72+24=96,此时生产计划仍然可以保持不变,而 30×3<96,因此当 A1 的获利每千克增加到 30 元时不改变生产计划。

8.1.2 离散型线性规划

在线性规划问题中,有时自变量只能取整数,需要对变量进行整数限制,此类规划问题称为整数规划问题。如果所有变量只能取 0 或 1,则这类规划问题称为 0-1 整数规划问题。整数规划问题常用于变量为人或物体个数情形或含有此类变量的混合整数规划问题,0-1 整数规划问题常用于含有开关变量的优化问题。

例 8.3 一个汽车厂生产小、中、大三种类型的汽车。各种类型的汽车对钢材、劳动时间的需求、利润以及工厂现有的钢材、劳动时间如表 8.2 所示。

(1) 试制定每月的生产计划,使工厂的利润最大。

(2) 如果每种车型要么不生产,若生产则至少要生产 80 辆,应该如何调整生产计划?

表 8.2 工厂现有的生产资源数据

项　　目	小型	中型	大型	现有量
钢材/t	2	4	6	600
劳动时间/h	250	240	360	70000
利润/万元	2	3	4	

解 问题(1)的模型建立与求解

① 自变量

该问题的关键是三种型号汽车的数量分配,设小、中、大型汽车的数量分别为 x_1、x_2 和 x_3。

② 目标函数

生产三种汽车获得的总利润为:$f = 2x_1 + 3x_2 + 4x_3$。

③ 约束条件

该问题的约束包括钢材和劳动时间的约束,分别如下:

$$\begin{cases} 2x_1 + 4x_2 + 6x_3 \leqslant 600, \\ 250x_1 + 240x_2 + 360x_3 \leqslant 70000, \\ x_1, x_2, x_3 \geqslant 0 \text{ 且均为整数}。 \end{cases}$$

因此该优化问题的模型为

$$f = \max_{x_1, x_2, x_3} 2x_1 + 3x_2 + 4x_3,$$

$$\text{s.t.} \begin{cases} 2x_1 + 4x_2 + 6x_3 \leqslant 600, \\ 250x_1 + 240x_2 + 360x_3 \leqslant 70000, \\ x_1, x_2, x_3 \geqslant 0 \text{ 且均为整数}。 \end{cases} \tag{8.5}$$

现在对模型(8.5)利用 LINGO 进行编程求解:

```
model: !程序开始;
title production plan; !标题;
max=2 * x1+3 * x2+4 * x3; !目标函数;
2 * x1+4 * x2+6 * x3<=600; !钢材约束;
250 * x1+240 * x2+360 * x3<=70000; !劳动时间约束;
@gin(x1); @gin(x2); @gin(x3); !整数约束;
end
```

运行结果如下:

```
Global optimal solution found.
Objective value:                      580.0000
Objective bound:                      580.0000
Infeasibilities:                      0.000000
```

Extended solver steps:		0
Total solver iterations:		3
Variable	Value	Reduced Cost
X1	261.0000	-2.000000
X2	18.00000	-3.000000
X3	1.000000	-4.000000

通过以上运行结果可见:三种车型分别应该生产 261 辆、18 辆和 1 辆才能使得利润最大。如果对自变量不进行整数约束,三种车型分别应该生产 261.5385 辆、19.23077 辆和 0 辆。

问题(2)的模型建立与求解

与问题(1)不同之处在于对于自变量的约束多了一个最小数量的限制。

该优化问题的模型为

$$f = \max_{x_1,x_2,x_3} 2x_1 + 3x_2 + 4x_3,$$

$$\text{s. t.} \begin{cases} 2x_1 + 4x_2 + 6x_3 \leqslant 600, \\ 250x_1 + 240x_2 + 360x_3 \leqslant 70000, \\ x_1,x_2,x_3 = 0 \text{ 或} \geqslant 80。 \end{cases} \quad (8.6)$$

由于线性约束容易得到模型的全局最优解,而模型(8.6)中 $x_1,x_2,x_3 = 0$ 或 $\geqslant 80$ 为非线性约束,接下来提供两种方式将其转化为线性不等式约束。

① 引入 0-1 变量 $y_k(k=1,2,3)$ 将其转化为含有 0-1 变量的整数规划问题,容易验证 $x_1,x_2,x_3 = 0$ 或 $\geqslant 80$ 等价于:

$$\begin{cases} 80y_1 \leqslant x_1 \leqslant Ty_1, \\ 80y_2 \leqslant x_2 \leqslant Ty_2, \\ 80y_3 \leqslant x_3 \leqslant Ty_3。 \end{cases} \quad (8.7)$$

现在对模型(8.6)和第三个约束的等价约束(8.7)利用 LINGO 进行编程求解,其中 T 取为 500。

```
model: !程序开始;
title production plan; !标题;
max=2*x1+3*x2+4*x3; !目标函数;
2*x1+4*x2+6*x3<=600; !钢材约束;
250*x1+240*x2+360*x3<=70000; !劳动时间约束;
x1>=80*y1;
x1<=500*y1;
x2>=80*y2;
x2<=500*y2;
x3>=80*y3;
x3<=500*y3;
@gin(x1);@gin(x2);@gin(x3); !整数约束;
@bin(y1);@bin(y2);@bin(y3); !0-1约束;
end
```

运行结果如下:

Global optimal solution found.

Objective value:		560.0000
Objective bound:		560.0000
Infeasibilities:		0.000000
Extended solver steps:		0
Total solver iterations:		6
Variable	Value	Reduced Cost
X1	280.0000	−2.000000
X2	0.000000	−3.000000
X3	0.000000	−4.000000
Y1	1.000000	0.000000
Y2	0.000000	0.000000
Y3	0.000000	0.000000

通过以上运行结果可见：三种车型分别应该生产 280 辆、0 辆和 0 辆才能使得利润最大。

② 转化为非线性规划问题，容易验证 $x_1,x_2,x_3 \geqslant 80$ 等价于：

$$\begin{cases} x_1(x_1-80) \geqslant 0, \\ x_2(x_2-80) \geqslant 0, \\ x_3(x_3-80) \geqslant 0。 \end{cases} \tag{8.8}$$

现在对模型(8.6)和其中第三个约束的等价约束(8.8)利用 LINGO 进行编程求解。

```
model: !程序开始;
title production plan; !标题;
max=2 * x1+3 * x2+4 * x3; !目标函数;
2 * x1+4 * x2+6 * x3<=600; !钢材约束;
250 * x1+240 * x2+360 * x3<70000; !劳动时间约束;
x1 * (x1−80)>=0;
x2 * (x2−80)>=0;
x3 * (x3−80)>=0;
@gin(x1); @gin(x2); @gin(x3); !整数约束;
end
```

运行结果与(1)中的处理得到的结果一样，在此不再列出。

例 8.4　某玻璃厂有一个昼夜生产的流水线，根据经验和观测统计，每天各个时段需要的工人见表 8.3。假设工人分别在各时间区段一开始时上班，并连续工作 8h，则该流水线至少需要配备多少工人才能满足实际需要？

表 8.3　车间工人数量需求表

班次	时间区段	所需人数
1	8:00—12:00	150
2	12:00—16:00	160
3	16:00—20:00	160
4	20:00—0:00	120
5	0:00—4:00	100
6	4:00—8:00	100

解 模型建立

（1）自变量

该问题的关键是确定每个时间段所需要的人数，设 6 个阶段需要的人数分别为 $x_k(k=1,2,\cdots,6)$。

（2）目标函数

6 个阶段需要的总人数为：$f=x_1+x_2+\cdots+x_6$。

（3）约束条件

该问题的约束为使得每个时间段的人数满足要求，分别如下：

$$\begin{cases} x_1+x_2 \geqslant 160, \\ x_2+x_3 \geqslant 160, \\ x_3+x_4 \geqslant 120, \\ x_4+x_5 \geqslant 100, \\ x_5+x_6 \geqslant 100, \\ x_6+x_1 \geqslant 150, \\ x_k \geqslant 0, x_k \in \mathbf{N}, \quad k=1,2,\cdots,6. \end{cases}$$

因此该优化问题的模型为

$$f = \max_{x_1,x_2,\cdots,x_6} x_1+x_2+\cdots+x_6,$$

$$\text{s. t.} \begin{cases} x_1+x_2 \geqslant 160, \\ x_2+x_3 \geqslant 160, \\ x_3+x_4 \geqslant 120, \\ x_4+x_5 \geqslant 100, \\ x_5+x_6 \geqslant 100, \\ x_6+x_1 \geqslant 150, \\ x_k \geqslant 0, x_k \in \mathbf{N}, \quad k=1,2,\cdots,6. \end{cases} \tag{8.9}$$

现在对模型(8.9)利用 LINGO 进行编程求解：

```
model: !程序开始;
title production plan; !标题;
sets: !数据集定义;
time/1..6/: req, work;
endsets
data: !已知数据输入;
req=160 160 120 100 100 150;
enddata
min=@sum(time: work); !目标函数;
@for (time(i): work(i)+work(@wrap(i+1,6))>=req(i)); !需求人数约束;
@for(time: @gin(work)); !整数约束;
end
```

运行结果如下：

```
Global optimal solution found.
Objective value:                410.0000
Objective bound:                410.0000
Infeasibilities:                0.000000
Extended solver steps:          0
Total solver iterations:        6
Variable        Value           Reduced Cost
REQ(1)          160.0000        0.000000
REQ(2)          160.0000        0.000000
REQ(3)          120.0000        0.000000
REQ(4)          100.0000        0.000000
REQ(5)          100.0000        0.000000
REQ(6)          150.0000        0.000000
WORK(1)         150.0000        1.000000
WORK(2)         40.00000        1.000000
WORK(3)         120.0000        1.000000
WORK(4)         0.000000        1.000000
WORK(5)         100.0000        1.000000
WORK(6)         0.000000        1.000000
```

通过以上运行结果可见：6 个时间段分别需要的工人人数分别为 150、40、120、0、100 和 0 人。

8.2　非线性规划

一般的非线性规划问题可以表示为如下形式：

$$y = \min_{x_1, x_2, \cdots, x_n} f(x_1, x_2, \cdots, x_n), \quad n \in \mathbb{Z}^+,$$

$$\text{s. t.} \begin{cases} g_k(x_1, x_2, \cdots, x_n) = 0, & k = 1, 2, \cdots, K, \\ h_l(x_1, x_2, \cdots, x_n) \leqslant 0, & l = 1, 2, \cdots, L, \\ (x_1, x_2, \cdots, x_n) \in D \subset \mathbb{R}^n, \end{cases} \quad (8.10)$$

其中函数 f, g, h 中若有一个为非线性函数，则模型（8.10）称为非线性规划问题，如果模型（8.10）中仅仅只有等式约束，则模型（8.10）可以通过拉格朗日（Lagrange）乘数法进行求解。如果有不等式约束，则可以采用顺序线性规划法、广义既约梯度法、多点搜索法等方法进行求解。下面将分别介绍二次规划和一般的非线性规划。

8.2.1　二次规划

在问题（8.10）中目标函数为自变量的二次函数，而约束函数为自变量的线性函数，则此类规划问题称为二次规划问题。二次规划问题的一般形式为

$$y = \min_x \frac{1}{2} \boldsymbol{x}^\mathsf{T} \boldsymbol{H} \boldsymbol{x} + \boldsymbol{c}^\mathsf{T} \boldsymbol{x},$$

$$\text{s. t.} \quad \boldsymbol{A} \boldsymbol{x} \leqslant \boldsymbol{b}, \quad (8.11)$$

其中 $x, c \in \mathbb{R}^{n \times 1}$ 分别为决策变量和线性项系数，$b \in \mathbb{R}^{m \times 1}$ 为线性约束常数向量。$H \in \mathbb{R}^{n \times n}, A \in \mathbb{R}^{m \times n}$ 分别为目标函数二次项系数矩阵(对称矩阵)和线性约束项矩阵。特别地，如果 H 正定时，模型(8.11)为凸二次规划。

例 8.5 某三只股票在 1998—2009 年的价格见表 8.4. 如果在 2010 年有一笔资金投资这三只股票并期望来年收益率至少达到 15%，那么应该如何进行投资？分析投资组合与回报率以及风险的关系。

表 8.4 1998—2009 年某三只股票的价格

年份	股票 A	股票 B	股票 C
1998	1.300	1.225	1.149
1999	1.103	1.290	1.260
2000	1.216	1.216	1.419
2001	0.954	0.728	0.922
2002	0.929	1.144	1.169
2003	1.056	1.107	0.965
2004	1.038	1.321	1.133
2005	1.089	1.305	1.732
2006	1.090	1.195	1.021
2007	1.083	1.390	1.131
2008	1.035	0.928	1.006
2009	1.176	1.715	1.908

解 模型的建立与求解

(1) 自变量

将三只股票的投资比例记为 $x_k (k=1,2,3)$，三只股票的收益率记为 $T_k (k=1,2,3)$。不同的年份三只股票的收益均不同，因此 $T_k (k=1,2,3)$ 为随机变量。

(2) 目标函数

该问题的关键是确定三只股票的投资比例使得总体投资在达到想要的收益率情形下总体收益风险最小。这里将总体收益风险定义为总体收益的方差，即目标函数为

$$f = \min_{x_1, x_2, x_3} \mathrm{Var}\left(\sum_{k=1}^{3} x_k T_k\right) = \min_{x_1, x_2, x_3} \sum_{i=1}^{3} \sum_{j=1}^{3} x_i x_j \mathrm{Cov}(T_i, T_j)$$

其中 $\mathrm{Var}(\cdot)$ 和 $\mathrm{Cov}(\cdot, \cdot)$ 分别表示求一个随机变量的方差和两个随机变量的协方差。

(3) 约束条件

该问题的约束为使得综合收益满足要求以及其他基本约束如下：

$$\begin{cases} \sum_{k=1}^{3} x_k E(T_k) \geqslant 1.15, \\ \sum_{k=1}^{3} x_k = 1, \\ x_k \geqslant 0, \quad k=1,2,3, \end{cases}$$

其中 $E(\cdot)$ 表示求随机变量的期望。

因此该优化问题的模型为

$$f = \min_{x_1,x_2,x_3} \sum_{i=1}^{3}\sum_{j=1}^{3} x_i x_j \operatorname{Cov}(T_i,T_j),$$

$$\text{s.t.}\begin{cases} \sum_{k=1}^{3} x_k E(T_k) \geqslant 1.15, \\ \sum_{k=1}^{3} x_k = 1, \\ x_k \geqslant 0, \quad k=1,2,3. \end{cases} \tag{8.12}$$

现在对模型(8.12)利用 LINGO 进行编程求解:

```
model:
title investment portfolio ;
sets: !数据集定义;
year/1..12/;
stocks/a,b,c/: mean, x;
link(year, stocks): R;
stats(stocks, stocks): cov;
endsets
data: !已知数据输入;
goal=1.15;
R=1.300    1.225    1.149
  1.103    1.290    1.260
  1.216    1.216    1.419
  0.954    0.728    0.922
  0.929    1.144    1.169
  1.056    1.107    0.965
  1.038    1.321    1.133
  1.089    1.305    1.732
  1.090    1.195    1.021
  1.083    1.390    1.131
  1.035    0.928    1.006
  1.176    1.715    1.908;
enddata
calc:!计算均值和协方差;
@for(stocks(i):mean(i)=@sum(year(j): R(j,i))/@size(year));
@for(stats(i,j): cov(i,j)=@sum(year(k): (R(k,i)-mean(i)) * (R(k,j)-mean(j)))/
(@size(year)-1));
endcalc
[obj]min=@sum(stats(i,j): cov(i,j) * x(i) * x(j));   !目标函数;
[one]@sum(stocks: x)=1; !投资比例约束;
[two]@sum(stocks: mean * x)>=goal; !综合收益约束;
end
```

运行结果可得三只股票 A、B、C 的投资比例分别为 53%、35.7%、11.3%。投资综合方差风险为 0.02241。通过调整不同的目标收益值(goal)可以得到不同的风险值和投资比例。

8.2.2　一般非线性规划

例 8.6　某公司有 6 个建筑工地,位置坐标分别为 (x_k,y_k) $(k=1,2,\cdots,6)$(单位:

km),水泥的日用量为 $d_k(k=1,2,\cdots,6)$（单位：t），见表 8.5。现在有 2 个料场，分别位于 $A(5,1),B(2,7)$，记为 $(u_k,v_k)(k=1,2)$，日储存量 $e_k(k=1,2)$ 为 20t。

（1）制定每天的供应计划，即如何从 2 个料场向 6 个工地供应水泥使得总的吨·千米数最小。

（2）改建 2 个新料场，确定 2 个新料场的位置和向各个工地的运送量 c_{ij} $(i=1,2;$ $j=1,2,\cdots,6)$ 使得总的吨·千米数最小。

表 8.5 某公司建筑工地位置以及水泥用量

k	工地 1	工地 2	工地 3	工地 4	工地 5	工地 6
x	1.25	8.75	0.5	5.75	3	7.25
y	1.25	0.75	4.75	5	6.5	7.75
d	3	5	4	7	6	11

解 问题（1）的模型建立与求解

（1）自变量

对于问题（1），其自变量主要为确定 2 个料场向各个工地的运送量 $c_{ij}(i=1,2;j=1,$ $2,\cdots,6)$。

（2）目标函数

该问题的目标函数为计算 2 个料场到 6 个工地总的吨·千米数，即

$$f=\min_{c_{ij}}\sum_{i=1}^{2}\sum_{j=1}^{6}c_{ij}\sqrt{(u_i-x_j)^2+(v_i-y_j)^2}。$$

（3）约束条件

该问题的约束为使得各个工地的水泥需求量得到满足：

$$\begin{cases}\sum_{i=1}^{2}c_{ij}=d_j, & j=1,2,\cdots,6,\\ \sum_{j=1}^{6}c_{ij}\leqslant e_i, & i=1,2。\end{cases}$$

因此该优化问题的模型为

$$f=\min_{c_{ij}}\sum_{i=1}^{2}\sum_{j=1}^{6}c_{ij}\sqrt{(u_i-x_j)^2+(v_i-y_j)^2},$$

$$\text{s. t.}\begin{cases}\sum_{i=1}^{2}c_{ij}=d_j, & j=1,2,\cdots,6,\\ \sum_{j=1}^{6}c_{ij}\leqslant e_i, & i=1,2。\end{cases} \tag{8.13}$$

现在对模型（8.13）利用 LINGO 进行编程求解：

```
model:
title Location problem;
```

```
sets: !数据集定义;
demand/1..6/: x,y,d;
supply/1..2/: u,v,e;
link(demand, supply): c;
endsets
data: !已知数据输入;
x=1.25   8.75 0.5 5.75 3 7.25;
y=1.25 0.75 4.75 5 6.5 7.75;
d= 3 5 4 7 6 11;
e=20 20;
u,v=5 1 2 7;
enddata
[obj]min=@sum( link(i,j): c(i,j) * ((u(j)-x(i))^2+(v(j)-y(i))^2)^(1/2));    !目标函数;
@for(demand(i): [demand_cons] @sum(supply(j):c(i,j))=d(i););  !供应约束;
@for(supply(i): [supply_cons] @sum(demand(j): c(j,i))<=e(i); );  !需求约束;
@for(supply: @free(u); @free(v););
end
```

运行结果得到全局最优的吨·千米数为 136.228。2 个料场向各个工地的运送量 $c_{ij}(i=1,2;j=1,2,\cdots,6)$ 结果如下：

C(1, 1)	3.000000	0.000000
C(1, 2)	0.000000	3.852207
C(2, 1)	5.000000	0.000000
C(2, 2)	0.000000	7.252685
C(3, 1)	0.000000	1.341700
C(3, 2)	4.000000	0.000000
C(4, 1)	7.000000	0.000000
C(4, 2)	0.000000	1.992119
C(5, 1)	0.000000	2.922492
C(5, 2)	6.000000	0.000000
C(6, 1)	1.000000	0.000000
C(6, 2)	10.00000	0.000000

问题(2)的模型建立与求解

与问题(1)不同之处在于 2 个料场的位置 $(u_k,v_k)(k=1,2)$ 是未知的,此时优化问题为

$$f = \min_{c_{ij},u_i,v_i} \sum_{i=1}^{2}\sum_{j=1}^{6} c_{ij}\sqrt{(u_i-x_j)^2+(v_i-y_j)^2},$$

$$\text{s. t.}\begin{cases} \sum_{i=1}^{2}c_{ij}=d_j, & j=1,2,\cdots,6, \\ \sum_{j=1}^{6}c_{ij} \leqslant e_i, & i=1,2. \end{cases} \tag{8.14}$$

上述模型(8.14)对应的优化问题为非线性规划,不能保证得到全局最优解。

现在对模型(8.14)利用 LINGO 进行编程求解：

```
model:
title Location problem;
sets: !数据集定义;
demand/1..6/: x, y, d;
supply/1..2/: u, v, e;
link(demand, supply): c;
endsets
data: !已知数据输入;
x=1.25 8.75 0.5 5.75 3 7.25;
y=1.25 0.75 4.75 5 6.5 7.75;
d= 3 5 4 7 6 11;
e=20 20;
enddata
init:
u,v=5 1 2 7;
endinit
[obj]min= @sum( link(i,j): c(i,j) * ((u(j)−x(i))^2+(v(j)−y(i))^2)^(1/2));   !目标函数;
@for(demand(i): [demand_cons] @sum(supply(j):c(i,j))=d(i););   !供应约束;
@for(supply(i): [supply_cons] @sum(demand(j): c(j,i))<=e(i); ); !需求约束;
@for(supply: @free(u); @free(v););
end
```

运行得到局部最优解为：最小吨·千米数为 85.266。2 个料场向各个工地的运送量 $c_{ij}(i=1,2;j=1,2,\cdots,6)$ 结果如下：

C(1,1)	3.000000	0.000000
C(1,2)	0.000000	4.008540
C(2,1)	0.000000	0.2051358
C(2,2)	5.000000	0.000000
C(3,1)	4.000000	0.000000
C(3,2)	0.000000	4.487750
C(4,1)	7.000000	0.000000
C(4,2)	0.000000	0.5535090
C(5,1)	6.000000	0.000000
C(5,2)	0.000000	3.544853
C(6,1)	0.000000	4.512336
C(6,2)	11.00000	0.000000

两个料场的位置坐标分别为：$(3.25,5.65)$、$(7.25,7.75)$。

8.3 多目标优化

8.3.1 基本概念

在前面的规划问题中,目标函数往往只有一个。在实际问题中,目标函数可能会有多个,比如求生产利润最小的同时需要使得成本最小或是某种生产资源使用最少,这些在实际问题中是客观存在的。在多目标优化的过程中,能否找到一个最优解使得目标全部实现是很困难的。事实上这些目标之间往往是有冲突的,某个解使某一个目标达到最优的同时往往使其他目标不是最优的。因此,在实际问题中使得所有目标都达到最优的解往往是不存在的,一般只能得到使得部分目标达到最优的解。

多目标优化问题的一般数学模型为

$$f(\boldsymbol{x}) = \min_{\boldsymbol{x} \in \mathbf{R}^n}(f_1(\boldsymbol{x}), f_2(\boldsymbol{x}), \cdots, f_m(\boldsymbol{x})),$$

$$\text{s. t.} \begin{cases} g_k(\boldsymbol{x}) \geqslant 0, & k = 1, 2, \cdots, K, \\ h_l(\boldsymbol{x}) \geqslant 0, & l = 1, 2, \cdots, L. \end{cases} \quad (8.15)$$

定义 8.1　假设模型(8.15)解的可行域为 D,如果不存在不同于 $\boldsymbol{x}^*$ 的 $\boldsymbol{x}(\boldsymbol{x}, \boldsymbol{x}^* \in D)$ 使得 $f(\boldsymbol{x}) \leqslant f(\boldsymbol{x}^*)$,则称 $\boldsymbol{x}^*$ 为模型(8.15)的帕累托(Pareto)最优解。

事实上要使得模型(8.15)中右边 m 个目标函数均达到最优有时是不可能的,帕累托最优解是使得模型(8.15)中右边 m 个目标函数部分达到最优的解。例如,考虑如下 2 个函数的优化问题:

$$f_1(x) = 2 + 1.5\cos x, \quad f_2(x) = 2 + 1.5\sin x, \quad x \in \mathbb{R},$$

两个函数的值域见图 8.1 的阴影区域。通过图 8.1 可见在阴影区域边界 $A \sim B$ 段上的任意一点均为帕累托最优解,即在该点的左下方没有属于值域里面的点。

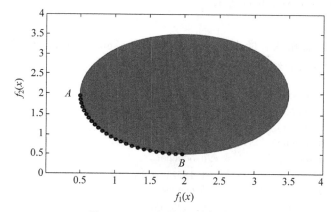

图 8.1　双目标优化问题的值域

8.3.2　常见求解方法

对于多目标优化问题的求解方式可以归为 2 类:第一类是将多目标的优化问题转化为单目标的优化问题,包括以下分类中的前 7 种;第二类则根据目标的重要程度进行分层优化,为以下分类中的第 8 种。现在将这些方法归结如下。

1)线性加权法

将多个目标函数进行线性加权得到单一目标函数如下:

$$f(\boldsymbol{x}) = \min_{\boldsymbol{x} \in \mathbf{R}^n} \sum_{k=1}^{m} \omega_k f_k(\boldsymbol{x}),$$

$$\text{s. t.} \quad \boldsymbol{x} \in D, \quad (8.16)$$

其中 ω_k 为第 k 个目标函数的权重,可以根据目标函数的重要性不同,对于不同的目标函数给予不同的权重。

2）变权加权法

将多个目标函数进行变权加权得到单一目标函数如下：

$$f(\boldsymbol{x}) = \min_{\boldsymbol{x} \in \mathbf{R}^n} \sum_{k=1}^{m} \omega_k(f_k(\boldsymbol{x})) f_k(\boldsymbol{x}), \tag{8.17}$$

$$\text{s. t.} \quad \boldsymbol{x} \in D,$$

与式(8.16)不同,式(8.16)中的权重不依赖自变量的改变,式(8.17)中的权重随着自变量的改变而改变。

3）指数加权法

将多个目标函数进行指数加权得到单一目标函数如下：

$$f(\boldsymbol{x}) = \min_{\boldsymbol{x} \in \mathbf{R}^n} \sum_{k=1}^{m} (f_k(\boldsymbol{x}))^{\omega_k}, \tag{8.18}$$

$$\text{s. t.} \quad \boldsymbol{x} \in D。$$

4）极小极大法

将多个目标函数先求最大再求最小,即在最坏的情形下寻求最好的结果：

$$f(\boldsymbol{x}) = \min_{\boldsymbol{x} \in \mathbf{R}^n} \max_{1 \leqslant k \leqslant m} \{f_k(\boldsymbol{x})\}, \tag{8.19}$$

$$\text{s. t.} \quad \boldsymbol{x} \in D。$$

此目标函数不可导,可以转化为如下的优化模型：

$$f = \min_{\boldsymbol{x} \in \mathbf{R}^n, t} t,$$

$$\text{s. t.} \quad \begin{cases} f_k(\boldsymbol{x}) \leqslant t, \quad k=1,2,\cdots,m, \\ \boldsymbol{x} \in D。 \end{cases}$$

5）理想解逼近法

先求解单个目标函数在可行域中的最优解（理想解）：

$$f_k^* = \min_{x \in \mathbf{R}^n} f_k(\boldsymbol{x}), \quad k=1,2,\cdots,m, \tag{8.20}$$

$$\text{s. t.} \quad \boldsymbol{x} \in D。$$

再找离理想点最近的点作为模型的最优解：

$$f = \min_{\boldsymbol{x} \in \mathbf{R}^n} \sqrt{\sum_{k=1}^{m} (f_k(x) - f_k^*)^2}。$$

式(8.20)中目标函数离理想点的距离除了欧式距离外还可以采用 L^p 范数、几何平均或极小极大等距离公式进行求解。

6）基于功效系数函数的求解

先求单个目标函数在可行域中的最好和最差解：

$$f_{k,\min} = \min_{\boldsymbol{x} \in D} f_k(\boldsymbol{x}), \quad k=1,2,\cdots,m; \quad f_{k,\max} = \max_{\boldsymbol{x} \in D} f_k(\boldsymbol{x}), \quad k=1,2,\cdots,m;$$

然后构造功效系数函数：

$$d_k(\boldsymbol{x}) = \frac{f_{k,\max} - f_k(\boldsymbol{x})}{f_{k,\max} - f_{k,\min}} \tag{8.21}$$

最优解可以通过最小化功效系数函数(8.21)得到：

$$f = \min_{\boldsymbol{x} \in D} \sum_{k=1}^{m} d_k(\boldsymbol{x}) \quad \text{或} \quad f = \min_{\boldsymbol{x} \in D} \prod_{k=1}^{m} d_k(\boldsymbol{x})。$$

7) 参考目标法

将单个目标中最重要的一个目标函数作为目标函数,其他目标函数参考其最大值做一个不等式约束:

$$f = \min_{\boldsymbol{x} \in \mathbf{R}^n} f_k(\boldsymbol{x}), \quad k \in \{1,2,\cdots,m\},$$

$$\text{s. t.} \begin{cases} f_i(\boldsymbol{x}) \leqslant l_i, & i \in \{1,2,\cdots,m\}, i \neq k, \\ \boldsymbol{x} \in D。 \end{cases} \tag{8.22}$$

8) 分层优化法

按照重要程度的先后顺序逐步优化每个目标函数,将前一个优化得到的目标函数的值作为下一次优化的不等式约束(假设目标函数的重要性为从 1 到 m):

(1) 首先优化最重要的目标函数: $f_1^* = \min\limits_{\boldsymbol{x} \in D} f_1(\boldsymbol{x})$;

(2) 其次优化第二重要的目标函数:

$$f_2^* = \min_{\boldsymbol{x} \in \mathbf{R}^n} f_2(\boldsymbol{x}),$$

$$\text{s. t.} \begin{cases} f_1(\boldsymbol{x}) \geqslant f_1^*, \\ \boldsymbol{x} \in D。 \end{cases} \tag{8.23}$$

(3) 第 k 次优化第 k 重要的目标函数($k = 2,3,\cdots,m$),直至优化最后一个目标函数得到最终解:

$$f_k^* = \min_{\boldsymbol{x} \in \mathbf{R}^n} f_k(\boldsymbol{x}),$$

$$\text{s. t.} \begin{cases} f_i(\boldsymbol{x}) \geqslant f_i^*, & i = 1,2,\cdots,k-1, \\ \boldsymbol{x} \in D。 \end{cases} \tag{8.24}$$

例 8.7　市场上有 **4** 种资产 $z_i(i=1,2,3,4)$ 可以选择。现在用较大的一笔资金进行一个时期内的投资,在这一时期内购买资产 z_i(单位:元)的平均收益率为 r_i(单位:%),风险损失率为 q_i(单位:%),交易费用为 p_i(单位:元)。投资越分散,总体风险越小,它可以用投资 4 种资产中风险最大的一个来度量,4 种资产的相关数据见表 8.6。

表 8.6　4 种资产的相关数据

z_i	r_i	q_i	p_i
z_1	28	2.5	1
z_2	21	1.5	2
z_3	23	5.5	4.5
z_4	25	2.6	6.5

假设同期的银行存款利率为 r_0,既无交易费也无交易风险,$r_0 = 5\%$。试给该公司设计一种投资组合方案,包括 4 种资产投资和银行存款,使得净收益尽可能大,同时总体风险尽可能小。

解　模型的建立与求解

假设总投资额为 1;总体风险用 4 个项目中最大的来度量;在投资期间,平均收益率、风险损失率、银行存款利率、交易费为定值保持不变；4 种资产之间相互独立。

1）自变量

假设在第 i 个项目上的投资为 $x_i(i=0,1,2,3,4)$，其中 $i=0$ 对应银行存款投资额。

2）目标函数和约束函数

根据题意，总体收益为 $\sum_{i=0}^{4}(r_i-p_i)x_i$，其中 $p_0=0$，总体风险为 $\max_{1\leqslant i\leqslant 4}\{q_ix_i\}$。建立如下双目标优化函数：

$$f=\min_{x_i,0\leqslant i\leqslant 4}\left\{-\sum_{i=0}^{4}(r_i-p_i)x_i,\max_{1\leqslant i\leqslant 4}\{q_ix_i\}\right\},$$

$$\text{s. t.}\begin{cases}\sum_{i=0}^{4}x_i(1+p_i)=1,\\x_i\geqslant 0,\quad i=0,1,2,3,4。\end{cases}$$

(8.25)

现在将模型(8.25)双目标函数转化为以下 3 种单目标函数进行求解。

1）转化模型一的建立和求解

控制总体风险上界不超过 α_0 情形下求最优净收益。

$$f=\min_{x_i,0\leqslant i\leqslant 4}-\sum_{i=0}^{4}(r_i-p_i)x_i,$$

$$\text{s. t.}\begin{cases}\sum_{i=0}^{4}x_i(1+p_i)=1,\\\max_{0\leqslant i\leqslant 4}\{q_ix_i\}\leqslant\alpha_0,\\x_i\geqslant 0,\quad i=0,1,2,3,4。\end{cases}$$

(8.26)

模型(8.26)等价于：

$$f=\min_{x_i,1\leqslant i\leqslant 4}-\sum_{i=0}^{4}(r_i-p_i)x_i,$$

$$\text{s. t.}\begin{cases}\sum_{i=0}^{4}x_i(1+p_i)=1,\\q_ix_i\leqslant\alpha_0,\quad i=0,1,2,3,4,\\x_i\geqslant 0,\quad i=0,1,2,3,4。\end{cases}$$

(8.27)

现在对模型(8.27)利用 LINGO 进行编程求解：

```
model:
title net profit problem;
sets: !数据集定义;
invest/1..5/: x ;
return/1..5/: r ;
risk/1..5/: q;
```

cost/1..5/: p;
endsets
data: !已知数据输入;
a0＝?;
r＝0.28 0.21 0.23 0.25 0.05;
q＝0.025 0.015 0.055 0.026 0;
p＝0.01 0.02 0.045 0.065 0;
enddata
[obj]min＝@sum(invest(i): x(i) * (p(i)－r(i)));　!目标函数;
@for(invest(i): q(i) * x(i)<=a0;); !风险约束;
@for(invest(i):@sum(invest(j): x(j) * (1+p(j)))=1;); !投资额约束;
end

输入不同风险控制值 a0,可以得到不同的投资组合,比如在 a0＝0.01 情形下,可以得到全局最优解,最优收益为投资额的 21.9%,各个项目投资比例如下(X(5)为银行存款):

Variable	Value	Reduced Cost
X(1)	0.4000000	0.000000
X(2)	0.5843137	0.000000
X(3)	0.000000	0.9656863E－02
X(4)	0.000000	0.1338235E－01
X(5)	0.000000	0.1362745

通过结果可见主要的投资分布于第一资产 X(1)和第二资产 X(2)。读者可以尝试不同 a0 对应的最佳收益以及投资选项。

2) 转化模型二的建立和求解

控制净收益下界为 β_0 求最小风险。

$$f = \min_{x_i} \max_{0 \leqslant i \leqslant 4} \{q_i x_i\},$$

$$\text{s. t.} \begin{cases} \sum_{i=0}^{4} x_i(1+p_i)=1, \\ \sum_{i=0}^{4}(r_i-p_i)x_i \geqslant \beta_0, \\ x_i \geqslant 0, \quad i=0,1,2,3,4。\end{cases} \tag{8.28}$$

模型(8.28)中的目标函数为非线性函数,现在将其转化为如下线性模型:

$$f = \min_{x_i,0 \leqslant i \leqslant 4} t,$$

$$\text{s. t.} \begin{cases} \sum_{i=0}^{4} x_i(1+p_i)=1, \\ \sum_{i=0}^{4}(r_i-p_i)x_i \geqslant \beta_0, \\ q_i x_i \leqslant t, \quad i=0,1,2,3,4, \\ x_i \geqslant 0, \quad i=0,1,2,3,4。\end{cases} \tag{8.29}$$

现在对模型(8.29)利用 LINGO 进行编程求解：

```
model:
title net profit problem;
sets: !数据集定义;
invest/1..5/: x ;
return/1..5/: r ;
risk/1..5/: q;
cost/1..5/: p;
endsets
data: !已知数据输入;
b0=?;
r=0.28 0.21 0.23 0.25 0.05;
q=0.025 0.015 0.055 0.026 0;
p=0.01 0.02 0.045 0.065 0;
enddata
[obj]min=t;   !目标函数;
@@@sum(invest(j): x(j) * (1+p(j)))=1; !投资额约束;
@sum( invest(i): x(i) * (r(i)-p(i)))>= b0; !净收益约束;
@for(invest(i):x(i) * q(i)<=t); !约束目标
end
```

输入不同的最优利润值 b0,可以得到不同的投资组合,比如在 b0=0.2 情形下,可以得到全局最优解,最优风险为 0,各个项目投资比例如下(X(5)为银行存款)：

Variable	Value	Reduced Cost
X(1)	0.6833713	0.000000
X(2)	0.000000	0.000000
X(3)	0.000000	0.000000
X(4)	0.000000	0.000000
X(5)	0.3097950	0.000000

通过结果可见主要的投资分布于第一资产 X(1) 和第五资产 X(5)。读者可以尝试不同 b0 对应的最佳风险以及投资选项。

3) 转化模型三的建立和求解

对两个目标函数进行线性加权得到单目标函数进行求解。

$$f = \min_{x_i}\left[-\lambda\sum_{i=0}^{4}(r_i - p_i)x_i + (1-\lambda)\max_{0\leqslant i\leqslant 4}\{q_i x_i\}\right],$$

$$\text{s. t.}\begin{cases}\sum_{i=0}^{4}x_i(1+p_i)=1,\\ x_i\geqslant 0, i=0,1,2,3,4。\end{cases} \tag{8.30}$$

由于模型(8.30)中的目标函数为非线性函数,现在将其转化为如下线性模型：

$$f = \min_{x_i}\left[-\lambda\sum_{i=0}^{4}(r_i - p_i)x_i + (1-\lambda)t\right],$$

$$\text{s. t.}\begin{cases}\sum_{i=0}^{4}x_i(1+p_i)=1,\\ x_i\geqslant 0, \quad i=0,1,2,3,4,\\ q_i x_i\leqslant t, \quad i=0,1,2,3,4。\end{cases} \tag{8.31}$$

现在对模型(8.31)利用 LINGO 进行编程求解：

```
model:
title net profit problem;
sets: !数据集定义;
invest/1..5/: x;
return/1..5/: r;
risk/1..5/: q;
cost/1..5/: p;
endsets
data: !已知数据输入;
lam=?;
r=0.28 0.21 0.23 0.25 0.05;
q=0.025 0.015 0.055 0.026 0;
p=0.01 0.02 0.045 0.065 0;
enddata
[obj]min=(1-lam)*t+lam*@sum(invest(j): (p(j)-r(j))*x(j));  !目标函数;
@for(invest(i): @sum(invest(j): x(j)*(1+p(j)))=1;); !投资额约束;
@for(invest(i): q(i)*x(i)<=t;); !风险约束;
end
```

输入不同的加权值 λ，可以得到不同的投资组合，比如在 $\lambda=0.2$ 情形下，可以得到全局最优解，各个项目投资比例如下（X(5)为银行存款）：

Variable	Value	Reduced Cost
X(1)	0.3690037	0.000000
X(2)	0.6150062	0.000000
X(3)	0.000000	0.5325953E-03
X(4)	0.000000	0.1250923E-02
X(5)	0.000000	0.2591636E-01

通过结果可见主要的投资分布于第一资产 X(1)和第二资产 X(2)。读者可以尝试不同 λ 对应的最佳风险以及投资选项。

8.4　多目标规划

本节介绍多目标规划问题，与 8.3 节多目标优化有所不同，在实际问题中，有些优化问题没有明确使得某个结果最大或最小的目标，而是使得一些约束得到尽量满足的最优解或可行解，这样的问题称为多目标规划问题。在多目标规划问题中，有些约束条件是必须满足的，我们将之称为绝对约束，有些约束是希望达到的，不是绝对约束，这类约束称为软约束或弹性约束。如果对于这两类约束不加以区别直接求解，有时难以获得期望的最优解。为了区分弹性约束和绝对约束，对于弹性约束而言，引入正偏差 d^+ 和负偏差 d^- 来描述约束不等式左边与右边的偏差，此时有

$$f(x) + d^- - d^+ = m,$$

其中 $f(x)$ 为约束函数，m 为约束目标值。

另外，对于多目标而言，各个目标之间的权重往往有所不同，需要对多个目标给出不同权重以体现目标之间的重要性差异。对于每个目标而言，根据具体情况，其目标函数可以分为以下几种情况：

（1）期望决策值不超过目标值，则目标函数为

$$\min d^+ \quad 或 \quad \min f(d^+)。$$

（2）期望决策值不低于目标值，则目标函数为

$$\min d^- \quad 或 \quad \min f(d^-)。$$

（3）期望决策值等于目标值，则目标函数为

$$\min(d^+ + d^-) \quad 或 \quad \min f(d^+ + d^-)。$$

对于多目标规划问题，可以对各个目标按照重要性从高到低进行逐层优化，也可以对各个目标加权转化为单目标的优化问题进行求解。

例 8.8 某工厂生产甲乙两种产品，已知有关数据如表 8.7 所示。

表 8.7 甲乙两种产品资料

项目	甲	乙	拥有量
原材料/t	5	10	60
设备/组	4	4	36
利润/元	6	8	

工厂在做决策时要考虑如下问题：

（1）尽量使得产品甲的产量大于乙的 2 倍；

（2）超过计划供应的原材料需要高价采购，不能超过计划原材料；

（3）尽量不要使设备超负荷运行；

（4）尽量超过计划利润指标 48 元。

请求解满足上述约束的最优生产计划。

解 此优化问题的绝对约束为原材料不能超过计划部分。弹性约束包括：甲的产量大于乙的产量的 2 倍，设备不要超负荷运行，利润超过 48 元。记甲和乙的产量分别为 x_1 和 x_2，甲和乙的产量、设备和利润约束的正负偏量分别为 d_i^+ 和 d_i^-（$i=1,2,3$），给三个弹性约束分别赋予权重 p_1, p_2, p_3，则该优化问题为

$$\min z = \{p_1 d_1^-, p_2 d_2^+, p_3 d_3^-\},$$

$$\text{s.t.} \begin{cases} 5x_1 + 10x_2 \leqslant 60, \\ x_1 - 2x_2 + d_1^- - d_1^+ = 0, \\ 4x_1 + 4x_2 + d_2^- - d_2^+ = 36, \\ 6x_1 + 8x_2 + d_3^- - d_3^+ = 48, \\ x_1, x_2, d_i^-, d_i^+ \geqslant 0, \quad i=1,2,3。 \end{cases} \tag{8.32}$$

该优化问题的第一种解法为按照重要性进行逐层优化。

方法一：逐层优化

（1）对 d_1^- 进行优化

$$\min z = d_1^-,$$

$$\text{s. t.} \begin{cases} 5x_1 + 10x_2 \leqslant 60, \\ x_1 - 2x_2 + d_1^- - d_1^+ = 0, \\ x_1, x_2, d_i^-, d_i^+ \geqslant 0, \quad i = 1. \end{cases} \tag{8.33}$$

式(8.33)是一个线性优化问题，利用 LINGO 编程求解得到：

Variable	Value	Reduced Cost
D1	0.000000	1.000000
X1	12.00000	0.000000
X2	0.000000	0.000000
D2	12.00000	0.000000

从以上结果可知，其最优解为：$x_1 = 12, x_2 = 0, d_1^- = 0, d_1^+ = 12$，目标函数值最小值为 0。

（2）对 d_2^+ 进行优化

$$\min z = d_2^+,$$

$$\text{s. t.} \begin{cases} 5x_1 + 10x_2 \leqslant 60, \\ x_1 - 2x_2 + d_1^- - d_1^+ = 0, \\ 4x_1 + 4x_2 + d_2^- - d_2^+ = 36, \\ d_1^- = 0, \\ x_1, x_2, d_i^-, d_i^+ \geqslant 0, \quad i = 1, 2. \end{cases} \tag{8.34}$$

式(8.34)是一个线性优化问题，利用 LINGO 编程求解得到：

Variable	Value	Reduced Cost
D4	0.000000	1.000000
X1	0.000000	0.000000
X2	0.000000	0.000000
D2	0.000000	0.000000
D3	36.00000	0.000000

其最优解为：$x_1 = 0, x_2 = 0, d_1^+ = 0, d_2^+ = 0, d_2^- = 36$，目标函数最小值为 0。

（3）对 d_3^- 进行优化

$$\min z = d_3^-,$$

$$\text{s. t.} \begin{cases} 5x_1 + 10x_2 \leqslant 60, \\ x_1 - 2x_2 + d_1^- - d_1^+ = 0, \\ 4x_1 + 4x_2 + d_2^- - d_2^+ = 36, \\ 6x_1 + 8x_2 + d_3^- - d_3^+ = 48, \\ d_1^- = 0, \\ d_2^+ = 0, \\ x_1, x_2, d_i^-, d_i^+ \geqslant 0, \quad i = 1, 2, 3. \end{cases} \tag{8.35}$$

式(8.35)是一个线性优化问题,利用 LINGO 求解得到:

Variable	Value	Reduced Cost
D5	0.000000	1.000000
X1	8.000000	0.000000
X2	0.000000	0.000000
D1	0.000000	0.000000
D2	8.000000	0.000000
D3	4.000000	0.000000
D4	0.000000	0.000000
D6	0.000000	0.000000

从以上结果可知,其最优解为:$x_1 = 8, x_2 = 0, d_1^- = 8, d_2^- = 4, d_3^- = 0, d_3^+ = 0$,目标函数最小值为 0。

方法二:转化为单目标优化问题

该问题的第二种解法为将多目标问题转化为单目标优化问题。假设以上三个目标的权重分别取为 p_1, p_2, p_3,则该多目标规划问题可以转化为以下单目标优化问题:

$$\min z = p_1 d_1^- + p_2 d_2^+ + p_3 d_3^-,$$

$$\text{s. t.} \begin{cases} 5x_1 + 10x_2 \leqslant 60, \\ x_1 - 2x_2 + d_1^- - d_1^+ = 0, \\ 4x_1 + 4x_2 + d_2^- - d_2^+ = 36, \\ 6x_1 + 8x_2 + d_3^- - d_3^+ = 48, \\ x_1, x_2, d_i^-, d_i^+ \geqslant 0, \quad i = 1, 2, 3。 \end{cases} \tag{8.36}$$

取 p_1, p_2, p_3 分别为 3,2,1,利用 LINGO 求解得到:

Variable	Value	Reduced Cost
D1	0.000000	3.000000
D4	0.000000	2.000000
D5	0.000000	1.000000
X1	4.800000	0.000000
X2	2.400000	0.000000
D2	0.000000	0.000000
D3	7.200000	0.000000
D6	0.000000	0.000000

从以上结果可知,其最优解为:$x_1 = 4.8, x_2 = 2.4$,目标函数最小值为 0。比较这两种方法估计结果可见:两种方法得到的目标函数值相同,均为 0,但是自变量的取值不同。

习题 8

1. 通过 LINGO 编程求解下列规划问题:

(1) $f = \min\limits_{x_i, 1 \leqslant i \leqslant 4} -9x_1 - 5x_2 - 6x_3 - 4x_4,$

$$\text{s. t.} \begin{cases} 6x_1 + 3x_2 + 5x_3 + 2x_4 \leqslant 9, \\ x_3 + x_4 \leqslant 1, \\ -x_1 + x_2 \leqslant 0, \\ -x_2 + x_4 \leqslant 0, \\ x_i \in \{0,1\}, \quad i = 1,2,3,4。 \end{cases}$$

(2) $f = \min\limits_{x_i, 1 \leqslant i \leqslant 4} 2x_1 - x_2 + e^{-x_1} + \cos x_2,$

$$\text{s. t.} \begin{cases} 2x_1^3 + x_2^2 \leqslant 30, \\ x_1^2 - 2x_2^3 \leqslant 10, \\ x_1 x_2 \geqslant -5, \\ -5 \leqslant x_1 \leqslant 5, \\ -6 \leqslant x_2 \leqslant 6。 \end{cases}$$

2. 某公司每个季度生产帆船的能力为 40 艘,未来 4 个季度的帆船需求量分别为 40, 60,75,25 艘。每艘船的生产费用为 400 美元,一个季度的库存费用为 20 美元。如果加班生产,则每艘船的生产费用增加至 450 美元。假设生产提前期为 0,初始库存为 10 艘,库存上限为 40 艘。为使得总费用最小,应该如何安排生产计划?

3. 某机场在上午 9:00—9:30 共有 6 个航班(用 I01-I06 表示)陆续到达,6 架相同的飞机会在 9:40—10:20 相继飞离(用 L01-L06 表示),到达和飞离的航班之间需要转移的平均人数如下:

航班	L01	L02	L03	L04	L05	L06
I01	20	15	16	5	4	7
I02	17	15	33	12	8	6
I03	9	12	18	16	30	13
I04	12	8	11	27	19	14
I05	0	7	10	21	10	32
I06	0	0	0	6	11	13

其中 0 值表示该航班到达较晚从而不能搭乘飞离航班,假设所有飞机是同一型号,如何安排到达和飞离航班的对应关系,使得转移的人数最少?

4. 某公司准备投资 100 万元在甲、乙两座城市修建健身中心,经过多方考察,最后选定 A_1, A_2, A_3, A_4, A_5 5 个位置,并且决定在甲城市 A_1, A_2, A_3 三个位置中最多投建 2 个,在乙的 A_4, A_5 2 个位置中至少投建 1 个,已知各点的投资金额和年利润如下表:

待选地址	A_1	A_2	A_3	A_4	A_5	投资总额
投资金额/万元	20	30	25	40	35	100
年利润/万元	10	25	20	25	30	

请问建在哪个位置能使得总的利润最大,同时投资效益最大?

5. 在高校篮球比赛中,某高校男子篮球队要从 8 名球员中选择平均身高最高的出场阵

容,队员的号码、身高以及擅长的位置如下:

队员号码	身高	位置	队员号码	身高	位置
1	1.92	中锋	5	1.85	前锋
2	1.90	中锋	6	1.83	后卫
3	1.88	前锋	7	1.80	后卫
4	1.86	前锋	8	1.78	后卫

同时,要求出场阵容必须满足以下条件:

(1) 中锋只能有一个上场;

(2) 至少有一名后卫;

(3) 如果 1 号队员和 4 号队员均上场,则 6 号队员不能上场;

(4) 2 号和 6 号队员至少要保留一个不出场。

如何确定符合要求的出场阵容?

模糊数学模型

19 世纪末,德国数学家康托尔(Contor)创立了经典集合理论。在经典集合理论里,一个集合的"内涵"和"外延"都必须是明确的,即对于论域中的任何元素,或者属于某一集合,或者不属于该集合,两者必居且仅居其一。然而,在现实世界中,有许多概念并无明确的外延,例如,"阴天""成绩突出""个子很高"等都是模糊的概念,经典集合论对于这类模糊概念无法简单地用"属于""不属于"来描述,而只能通过属于的程度来刻画。

现实生活中主要存在两类现象:第一类是确定性现象,即研究对象之间相互关系是确定的,具有必然性的特点;第二类是不确定性现象,即研究对象之间的相互关系是不确定的,主要表现为两种情况:

(1)随机现象:具体表现为事件发生的结果具有多种可能,有一定的偶然性;

(2)模糊现象:具体表现为某事物在某种程度上属于或不属于某个集合,事物的边界具有模糊性。

模糊现象无处不在,比如,好与坏、大与小、厚与薄等都包含着一定的模糊概念。

1965 年,美国加州大学伯克利分校著名的计算机和自动控制专家扎德(Zadeh)教授在 *Information and Control*(《信息与控制》)杂志第 8 期上发表了题为"Fuzzy Sets"("模糊集合")的论文,奠定了模糊集理论及其应用的研究基础,扎德因而也被称为"模糊集之父"。

模糊数学是研究和处理模糊现象的一种数学方法,它经常被应用于聚类分析、模式识别和综合评判等方面。模糊数学的应用已经遍及工业、农业、气象、环境、地质勘探、医学、经济等各种生产生活领域。本章将介绍模糊数学的基础知识,并研究其具体应用。9.1 节介绍模糊数学的基本概念和基本理论;9.2 节~9.4 节分别研究模糊数学在聚类分析、模式识别和综合评判方面的应用。

9.1 模糊数学的基本概念

1. 集合及其特征函数

(1)集合:具有某种特定属性的对象的全体,通常用大写字母 A, B, C 等表示。

(2) 论域：限定于某一范围内用于讨论的对象的全体，通常用大写字母 E,U,V,X,Y 等表示。论域中每个对象称为论域的元素。

(3) 特征函数。

对于论域 U 上的集合 A 和元素 x，如有以下函数：

$$\mu_A(x) = \begin{cases} 1, & \text{当 } x \in A, \\ 0, & \text{当 } x \notin A, \end{cases}$$

则称 $\mu_A(x)$ 为集合 A 的特征函数。

注 特征函数表达了元素 x 对集合 A 的隶属程度。

2. 模糊子集

(1) 隶属度函数

若一个集合的特征函数 $\mu_A(x)$ 不只是取 0 或 1 二值，而是在闭区间 $[0,1]$ 中取值，则 $\mu_A(x)$ 是表示一个元素 x 隶属于集合 A 的程度的函数，称为隶属度函数，记为

$$\mu_A(x) = \begin{cases} 1, & \text{当 } x \in A, \\ 0 < \mu_A(x) < 1, & \text{当 } x \text{ 在一定程度上属于 } A, \\ 0, & \text{当 } x \notin A。 \end{cases}$$

隶属度函数用精确的数学形式描述了概念的模糊性。

(2) 模糊子集

设集合 A 是论域 U 的一个子集，若对于 U 中任意的元素 x，用隶属度函数 $\mu_A(x)$ 来表示 x 对 A 的隶属程度，则称 A 是 U 的一个模糊子集，简称为模糊集。

注 由于模糊集 A 由隶属函数 $\mu_A(x)$ 唯一确定，因此认为二者是等同的。

3. 模糊集的表示方法

模糊集可以用下列方式表示。

(1) 扎德表示法

$$A = \frac{\mu_A(x_1)}{x_1} + \frac{\mu_A(x_2)}{x_2} + \cdots + \frac{\mu_A(x_n)}{x_n},$$

其中 $\frac{\mu_A(x_i)}{x_i}(i=1,2,\cdots,n)$ 表示元素 x_i 对模糊集 A 的隶属度，不是分数；"＋"叫做 Zadeh 记号，不是求和。

(2) 序偶表示法

$$A = \{(x_1,\mu_A(x_1)),(x_2,\mu_A(x_2)),\cdots,(x_n,\mu_A(x_n))\}。$$

(3) 向量表示法

$$A = (\mu_A(x_1),\mu_A(x_2),\cdots,\mu_A(x_n))。$$

(4) 若论域 U 为无限集，则 U 的模糊集可以表示为

$$A = \int_{x \in U} \frac{\mu_A(x)}{x},$$

其中"$\int$"仅表示一种记号，并不表示积分。

例 9.1 设论域 $U = \{x_1,x_2,x_3,x_4\}$，

$$A = \frac{0.5}{x_1} + \frac{0.3}{x_2} + \frac{0.4}{x_3} + \frac{0.2}{x_4},$$

$$B = \frac{0.2}{x_1} + \frac{0}{x_2} + \frac{0.6}{x_3} + \frac{1}{x_4},$$

请问 x_1, x_2, x_3, x_4 对模糊集 A 和模糊集 B 的隶属度分别为多少？

解　x_1, x_2, x_3, x_4 对模糊集 A 的隶属度分别是 $0.5, 0.3, 0.4, 0.2$，对模糊集 B 的隶属度分别是 $0.2, 0, 0.6, 1$。

4. 模糊集的基本运算

1）一些常用的算子

扎德算子（取大、取小算子）($\vee, \wedge$)：$a \vee b = \max\{a, b\}, a \wedge b = \min\{a, b\}$；

乘积算子($\cdot$)：$a \cdot b = ab$；

环和算子($\hat{+}$)：$a \hat{+} b = a + b - ab$；

有界和算子($\oplus$)：$a \oplus b = 1 \wedge (a + b)$。

2）基本关系及运算

设 A, B 是论域 U 的两个模糊集，对于任意 $x \in U$，定义下列基本运算。

相等：$A = B \Leftrightarrow \mu_A(x) = \mu_B(x)$；

包含：$A \subset B \Leftrightarrow \mu_A(x) \leqslant \mu_B(x)$；

交集：$C = A \bigcap B \Leftrightarrow \mu_C(x) = \min(\mu_A(x), \mu_B(x)) = \mu_A(x) \wedge \mu_B(x)$；

并集：$C = A \bigcup B \Leftrightarrow \mu_C(x) = \max(\mu_A(x), \mu_B(x)) = \mu_A(x) \vee \mu_B(x)$；

补集：$A^c \Leftrightarrow \mu_{A^c}(x) = 1 - \mu_A(x)$。

注　模糊集的运算都转化到了其隶属度函数上。

例 9.2　设论域 $U = \{x_1, x_2, x_3, x_4\}$，

$$A = \frac{0.5}{x_1} + \frac{0.3}{x_2} + \frac{0.4}{x_3} + \frac{0.2}{x_4},$$

$$B = \frac{0.2}{x_1} + \frac{0}{x_2} + \frac{0.6}{x_3} + \frac{1}{x_4},$$

求 $A \bigcup B, A \bigcap B, A^c$。

解　$A \bigcup B = \dfrac{0.5}{x_1} + \dfrac{0.3}{x_2} + \dfrac{0.6}{x_3} + \dfrac{1}{x_4}, \quad A \bigcap B = \dfrac{0.2}{x_1} + \dfrac{0}{x_2} + \dfrac{0.4}{x_3} + \dfrac{0.2}{x_4},$

$A^c = \dfrac{0.5}{x_1} + \dfrac{0.7}{x_2} + \dfrac{0.6}{x_3} + \dfrac{0.8}{x_4}$。

5. 模糊集的 λ 水平截集

设 A 为论域 $U = \{x_i\}(i = 1, 2, \cdots, n)$ 的模糊集，则对任意 $\lambda \in [0, 1]$，$A_\lambda = \{x_i \mid \mu_A(x_i) \geqslant \lambda\}$ 称为模糊集 A 的 λ 水平截集。

注　模糊集本身没有确定边界，但其水平截集有确定边界，并且不再是模糊集合，而是一个确定集合。

6. 模糊关系和模糊矩阵

上面研究的是单个集合的描述关系与定义，下面来研究模糊关系和模糊矩阵。

1）集合的笛卡儿乘积

设 $U = \{x_i\}, V = \{y_j\}(i, j = 1, 2, \cdots, n)$ 为两个集合，它们的笛卡儿乘积为

$$U \times V = \{(x_i, y_j) \mid x_i \in U, y_j \in V\},$$

注　（1）(x_i, y_j) 是集合 U, V 的元素的有序对，因此笛卡儿乘积的运算不满足交换律；

(2) 特别地,当 $A=U=\{x_i\}(i=1,2,\cdots,n)$ 时, $A\times A=\{(x_i,x_j)\,|\,x_i,x_j\in U\}$。

2) 模糊关系

设 $U=\{x_i\},V=\{y_j\}(i=1,2,\cdots,m;j=1,2,\cdots,n)$ 为两个集合,R 为笛卡儿乘积 $U\times V$ 的一个子集,则称其为 U 到 V 上的一个关系。

若关系 R 是 $U\times V$ 的一个模糊集,则称 R 为 U 到 V 上的一个模糊关系,其隶属度函数为 $\mu_R(x,y)$。

注 (1) 隶属度函数 $\mu_R(x,y)$ 表示 x,y 具有关系 R 的程度;

(2) 若 $U=V$,则称 R 为 U 中的模糊关系。

3) 模糊矩阵

当论域 U,V 为有限集时,模糊关系 R 可以用一个矩阵表示,记为 $\boldsymbol{R}=(r_{ij})_{m\times n}$,其中 $0\leqslant r_{ij}\leqslant 1$,称这样的矩阵为模糊矩阵。

注 (1) 若元素 x_i 与 y_j 之间要么有关系($r_{ij}=1$),要么没有关系($r_{ij}=0$),则关系 $\boldsymbol{R}$ 退化为普通关系 $\boldsymbol{R}$,此时称 $\boldsymbol{R}$ 为布尔(Boole)矩阵;

(2) 同普通矩阵类似,有模糊单位阵,记为 $\boldsymbol{I}$;模糊零矩阵,记为 $\boldsymbol{0}$;元素皆为 1 的矩阵用 $\boldsymbol{J}$ 表示。

4) 模糊矩阵的关系及其运算

(1) 基本关系及运算

设 $\boldsymbol{A}=(a_{ij})_{m\times n},\boldsymbol{B}=(b_{ij})_{m\times n}$ 都是模糊矩阵,定义

相等:$\boldsymbol{A}=\boldsymbol{B}\Leftrightarrow a_{ij}=b_{ij}$;

包含:$\boldsymbol{A}\leqslant\boldsymbol{B}\Leftrightarrow a_{ij}\leqslant b_{ij}$;

交集:$\boldsymbol{A}\bigcap\boldsymbol{B}=(a_{ij}\bigwedge b_{ij})_{m\times n}$;

并集:$\boldsymbol{A}\bigcup\boldsymbol{B}=(a_{ij}\bigvee b_{ij})_{m\times n}$;

补集:$\overline{\boldsymbol{A}}=(1-a_{ij})_{m\times n}$。

(2) 模糊矩阵的合成

设模糊矩阵 $\boldsymbol{A}=(a_{ik})_{m\times s},\boldsymbol{B}=(b_{kj})_{s\times n}$,称模糊矩阵

$$\boldsymbol{A}\circ\boldsymbol{B}=(c_{ij})_{m\times n}$$

为矩阵 $\boldsymbol{A}$ 与 $\boldsymbol{B}$ 的合成,其中 $c_{ij}=\max\{(a_{ik}\bigwedge b_{kj})\,|\,1\leqslant k\leqslant s\}$。

(3) 模糊方阵的幂

若 $\boldsymbol{A}$ 为 n 阶方阵,定义 $\boldsymbol{A}^2=\boldsymbol{A}\circ\boldsymbol{A},\boldsymbol{A}^k=\boldsymbol{A}^{k-1}\circ\boldsymbol{A}(k=2,3,\cdots)$。

例 9.3 已知 $\boldsymbol{A}=\begin{bmatrix}0.2&0.3\\0.4&0.8\end{bmatrix},\boldsymbol{B}=\begin{bmatrix}0.6&0.3&0.8\\0.9&0.5&0.2\end{bmatrix}$,分别求 $\boldsymbol{A}\circ\boldsymbol{B},\boldsymbol{A}^2$。

解 $\boldsymbol{A}\circ\boldsymbol{B}=\begin{bmatrix}0.2&0.3\\0.4&0.8\end{bmatrix}\circ\begin{bmatrix}0.6&0.3&0.8\\0.9&0.5&0.2\end{bmatrix}$

$$=\begin{bmatrix}(0.2\wedge0.6)\vee(0.3\wedge0.9)&(0.2\wedge0.3)\vee(0.3\wedge0.5)&(0.2\wedge0.8)\vee(0.3\wedge0.2)\\(0.4\wedge0.6)\vee(0.8\wedge0.9)&(0.4\wedge0.3)\vee(0.8\wedge0.5)&(0.4\wedge0.8)\vee(0.8\wedge0.2)\end{bmatrix}$$

$$=\begin{bmatrix}0.3&0.3&0.2\\0.8&0.5&0.4\end{bmatrix};$$

$$\boldsymbol{A}^2=\begin{bmatrix}0.2&0.3\\0.4&0.8\end{bmatrix}\circ\begin{bmatrix}0.2&0.3\\0.4&0.8\end{bmatrix}=\begin{bmatrix}0.3&0.3\\0.4&0.8\end{bmatrix}。$$

（4）模糊矩阵的转置

设模糊矩阵 $A=(a_{ij})_{m\times n}$，$(i=1,2,\cdots,m;j=1,2,\cdots,n)$，称模糊矩阵 $A^{T}=(a_{ij}^{T})_{m\times n}$ 为 A 的转置矩阵，其中 $a_{ij}^{T}=a_{ji}$。

（5）模糊矩阵的 λ-截矩阵

设模糊矩阵 $A=(a_{ij})_{m\times n}$，对任意的 $\lambda\in[0,1]$，称 $A_{\lambda}=(a_{ij}^{(\lambda)})_{m\times n}$ 为模糊矩阵 A 的 λ-截矩阵，其中

$$a_{ij}^{(\lambda)}=\begin{cases}1, & a_{ij}\geqslant\lambda,\\ 0, & a_{ij}<\lambda。\end{cases}$$

注 显然，A_{λ} 为布尔矩阵，且其等价性与 A 一致，将模糊矩阵转化为等价的布尔矩阵，可以得到有限论域上的普通等价关系，而等价关系可以用来进行分类。

例 9.4 已知 $A=\begin{bmatrix}1 & 0.6 & 0.2 & 0\\ 0.5 & 1 & 0.6 & 0.5\\ 0.2 & 0.6 & 0.8 & 0.8\\ 0 & 1 & 0.7 & 1\end{bmatrix}$，分别求 $A_{0.4}$，$A_{0.9}$。

解 $A_{0.4}=\begin{bmatrix}1 & 1 & 0 & 0\\ 1 & 1 & 1 & 1\\ 0 & 1 & 1 & 1\\ 0 & 1 & 1 & 1\end{bmatrix}$，$A_{0.9}=\begin{bmatrix}1 & 0 & 0 & 0\\ 0 & 1 & 0 & 0\\ 0 & 0 & 0 & 0\\ 0 & 1 & 0 & 1\end{bmatrix}$。

7. 隶属度函数的确定方法

模糊数学的基本思想就是隶属度函数的思想，运用模糊数学方法进行建模的关键就是确定隶属度函数。隶属度函数的确定有各种方法，本质上应该是客观的，但实际上隶属度函数的确定通常是根据经验或统计，往往带有主观性，对同一论域上的模糊集，不同的人可能会有不同的判断标准，得出的各元素的隶属度也不尽相同。隶属度函数常用的确定方法有下列几种。

1）模糊统计法

模糊统计法是一种确定隶属度的客观方法，主要是在模糊统计试验的基础上来确定隶属度函数的一种方法。模糊统计试验主要包括以下四个要素：

（1）已知论域 U；

（2）U 中的某个固定元素 x_{0}；

（3）U 中一个随机变动的普通集合 A^{*}；

（4）U 中一个以 A^{*} 作为弹性边界的模糊集 A，对 A^{*} 的变动起着制约作用，其中，A^{*} 可以包含元素 x_{0}，也可以不包含元素 x_{0}，致使 x_{0} 对 A 的隶属关系是不确定的。

通过模糊统计试验确定 x_{0} 对 A 的隶属度的一般过程如下：

（1）假设进行 n 次模糊统计试验，则可得到元素 x_{0} 对 A 的隶属频率为

$$\frac{A^{*}\text{ 包含 }x_{0}\text{ 的次数}}{n};$$

（2）当试验次数 n 足够大时，上述隶属频率呈现出稳定性，稳定值即作为 x_{0} 对 A 的隶属度：

$$\mu_{A}(x_{0})=\lim_{n\to\infty}\frac{A^{*}\text{ 包含 }x_{0}\text{ 的次数}}{n}。$$

2）指派方法

指派方法是一种主观方法，也是一种最常使用的方法，它主要是根据某个具体问题的特点及人们对该问题已有的经验，来确定模糊集的隶属度函数的一种方法。

3）其他方法

除了上述两种方法外，在实际应用中用来确定模糊集隶属度函数的方法有很多种，比如，德尔菲（Delphi）法（也称为专家评分法）、二元对比排序法（主要包括相对比较法、择优比较法、对比平均法）等，这些方法是根据主观认识或个人经验，给出隶属度函数的具体数值，此时的论域元素往往是离散的。

例 9.5 设以人的岁数作为论域 $U=[0,120]$，单位是"岁"，那么"年轻""年老"都是 U 上的模糊子集。隶属度函数如下：

$$\mu_A(u)="年轻"(u)=\begin{cases}1, & 0<u\leqslant25, \\ \left[1+\left(\dfrac{u-25}{5}\right)^2\right]^{-1}, & 25<u<120,\end{cases} \tag{9.1}$$

$$\mu_B(u)="年老"(u)=\begin{cases}0, & 0<u\leqslant50, \\ \left[1+\left(\dfrac{u-50}{5}\right)^{-2}\right]^{-1}, & 50<u<120。\end{cases} \tag{9.2}$$

请分别计算 20 岁、30 岁、40 岁对于模糊集 A 的隶属度函数值，以及 55 岁、65 岁的人对于模糊集 B 的隶属度函数值。

解 由式（9.1）可知：不大于 25 岁的人，对子集"年轻"的隶属度函数值均为 1，因此 20 岁的人对于该子集的隶属度函数值为 1；而大于 25 岁的人，对子集"年轻"的隶属函数值按 $\left[1+\left(\dfrac{u-25}{5}\right)^2\right]^{-1}$ 来计算，因此对于 30 岁的人，其隶属度函数值 $\mu_A(u=30)=\left[1+\left(\dfrac{30-25}{5}\right)^2\right]^{-1}=0.5$；对于 40 岁的人，其隶属度函数值 $\mu_A(u=40)=\left[1+\left(\dfrac{40-25}{5}\right)^2\right]^{-1}=0.1$。

类似地，由式（9.2）可得：$\mu_B(u=55)=0.5$，$\mu_B(u=60)=0.8$。

9.2 模糊聚类分析

分类是指将研究的对象（样本）按照某种要求、规律、性质或用途等分成若干相似的部分。例如，对一个班的学生成绩作"优""良""中""差"四个等级的分类；工厂检验科将某种产品按质量分为"特等品""一等品""二等品"和"次品"等。

聚类分析就是将研究的对象按照一定标准（相似程度或亲疏关系）进行分类的一种数学方法，它体现的是"物以类聚"的思想。传统的聚类分析是一种硬划分，它将每个待分类的对象严格地划分到某个类别中，具有非此即彼的性质，这种分类的类别界限是分明的。

在实际问题中，分类问题的类别界限往往具有许多模糊性，这就需要借助模糊数学的理论和方法来描述和处理分类问题中的模糊性，从而就形成了模糊聚类分析的方法。模糊聚类分析就是通过建立待分类对象间模糊相似关系进行分类的方法。这种分类方法可以建立样本与各类别的不确定性程度的描述,因而可以更客观地反映现实世界。

1. 模糊聚类分析的基础知识

定义 9.1 设 $R=(r_{ij})_{n\times n}(i,j=1,2,\cdots,n)$ 是 n 阶模糊方阵,I 是 n 阶单位方阵,若 R 满足

(1) 自反性:$I\leqslant R(\Leftrightarrow r_{ii}=1)$;

(2) 对称性:$R^{\mathrm{T}}=R(\Leftrightarrow r_{ij}=r_{ji})$;

(3) 传递性:$R^2\leqslant R(\Leftrightarrow \max\{(r_{ik}\wedge r_{kj})\,|\,1\leqslant k\leqslant n\}\leqslant r_{ij})$,

则称 R 为模糊等价矩阵。

注 若 R 仅满足自反性、对称性或传递性,则分别称其为模糊自反矩阵、模糊对称矩阵或模糊传递矩阵。

定义 9.2 设 $R=(r_{ij})_{n\times n}$ 是 n 阶模糊方阵,I 是 n 阶单位方阵,若 R 满足

(1) 自反性:$I\leqslant R(\Leftrightarrow r_{ii}=1)$;

(2) 对称性:$R^{\mathrm{T}}=R(\Leftrightarrow r_{ij}=r_{ji})$,

则称 R 为模糊相似矩阵。

定理 9.1 设 R 是 n 阶模糊等价矩阵,则 $\forall 0\leqslant\lambda<\mu\leqslant 1$,$R_\mu$ 所决定的分类中的每一个类是 R_λ 所决定的分类中的某个子类。

注 当 $\lambda<\mu$ 时,R_μ 的分类是 R_λ 分类的加细,当 λ 由 1 变到 0 时,R_λ 的分类由细变粗,形成一个动态的聚类过程,该过程可以用动态聚类图来表示。

定理 9.2 设 R 是 n 阶模糊相似矩阵,则存在一个最小的自然数 $k(k\leqslant n)$,使得 R^k 为模糊等价矩阵,且对于任意大于 k 的自然数 l,都有 $R^l=R^k$。R^k 称为 R 的传递闭包矩阵,记作 $t(R)$,即 $t(R)=R^k$。

定理 9.1 中 R 要求是模糊等价矩阵(此时可以直接进行聚类),但实际得到的往往是模糊相似矩阵,针对模糊相似矩阵 R,可以采用的聚类方法一般有两类:系统聚类法和直接聚类法。

1)系统聚类法

该方法利用模糊等价矩阵进行聚类,也就是首先根据模糊相似矩阵构造出模糊等价矩阵,然后再进行聚类,通常可分为布尔矩阵法和传递闭包法。

(1) 布尔矩阵法

取某个实数 $\lambda\in[0,1]$,由模糊相似矩阵 R 计算出其 λ-截矩阵 R_λ(为布尔矩阵),若 R_λ 为等价矩阵,则 R 也为等价矩阵,此时可以直接进行聚类;若 R_λ 不是等价矩阵,则按照一定规则设法将其改造成等价矩阵,然后再进行聚类。

(2) 传递闭包法

由定理 9.2 可知,传递闭包 $t(R)$ 为模糊等价矩阵。

求传递闭包矩阵 $t(R)$ 的一个简单而常用的方法是:从 n 阶模糊相似矩阵 R 出发,依次求平方:

$$R\rightarrow R^2\rightarrow R^4\rightarrow\cdots\rightarrow R^{2^i}\rightarrow\cdots,$$

直到第一次出现 $R^k\circ R^k=R^k(k=2^i)$ 为止,则 $t(R)=R^k$。

例 9.6 请将下列模糊相似矩阵改造成为模糊等价矩阵：

$$\boldsymbol{R} = \begin{bmatrix} 1 & 0.1 & 0.8 & 0.5 & 0.3 \\ 0.1 & 1 & 0.1 & 0.2 & 0.4 \\ 0.8 & 0.1 & 1 & 0.3 & 0.1 \\ 0.5 & 0.2 & 0.3 & 1 & 0.6 \\ 0.3 & 0.4 & 0.1 & 0.6 & 1 \end{bmatrix}。$$

解 首先求出 $\boldsymbol{R}^2 = \boldsymbol{R} \circ \boldsymbol{R}$。

$$\boldsymbol{R} \circ \boldsymbol{R} = \begin{bmatrix} 1 & 0.3 & 0.8 & 0.5 & 0.5 \\ 0.3 & 1 & 0.2 & 0.2 & 0.4 \\ 0.8 & 0.2 & 1 & 0.5 & 0.3 \\ 0.5 & 0.4 & 0.5 & 1 & 0.6 \\ 0.5 & 0.4 & 0.3 & 0.6 & 1 \end{bmatrix}。$$

然后求 $\boldsymbol{R}^4 = \boldsymbol{R}^2 \circ \boldsymbol{R}^2$。

$$\boldsymbol{R}^2 \circ \boldsymbol{R}^2 = \begin{bmatrix} 1 & 0.4 & 0.8 & 0.5 & 0.5 \\ 0.4 & 1 & 0.4 & 0.4 & 0.4 \\ 0.8 & 0.4 & 1 & 0.5 & 0.3 \\ 0.5 & 0.4 & 0.5 & 1 & 0.6 \\ 0.5 & 0.4 & 0.5 & 0.6 & 1 \end{bmatrix}。$$

接着，再求出 $\boldsymbol{R}^8 = \boldsymbol{R}^4 \circ \boldsymbol{R}^4$。

$$\boldsymbol{R}^4 \circ \boldsymbol{R}^4 = \begin{bmatrix} 1 & 0.4 & 0.8 & 0.5 & 0.5 \\ 0.4 & 1 & 0.4 & 0.4 & 0.4 \\ 0.8 & 0.4 & 1 & 0.5 & 0.3 \\ 0.5 & 0.4 & 0.5 & 1 & 0.6 \\ 0.5 & 0.4 & 0.5 & 0.6 & 1 \end{bmatrix}。$$

显然，$\boldsymbol{R}^8 = \boldsymbol{R}^4 \circ \boldsymbol{R}^4 = \boldsymbol{R}^4$，所以 $\boldsymbol{R}^4$ 即为所求的模糊等价矩阵。

得到传递闭包矩阵 $t(\boldsymbol{R})$ 后，取某一实数 $\lambda \in [0,1]$，计算出 $t(\boldsymbol{R})$ 的 λ-截矩阵 $\boldsymbol{R}_\lambda$，于是便得到论域 U 的一个等价划分：当 $r_{ij}=1$ 时，说明 x_i 和 x_j 在同一个等价类中，否则不在同一个等价类中。依次将 λ 的值从 1 变小至 0 时，便可得到 U 的逐步变粗的动态聚类过程，这个过程可以用图形直观地表示出来，称之为动态聚类图。在该方法中，由于模糊等价矩阵是采用传递闭包法得到的，因此称该方法为"传递闭包法"。

2）直接聚类法

这种方法是在得到模糊相似矩阵之后，不求传递闭包 $t(\boldsymbol{R})$，而是从模糊相似矩阵出发直接进行聚类，得到聚类图。比较常见的直接聚类法有最大树法和编网法。

系统聚类法和直接聚类法所得的结果是一致的，不过两种方法各有优劣。当矩阵阶数较低时，采用直接聚类法比较直观，也便于操作；当矩阵阶数较高时，手工计算量较大，直接聚类不方便，可以采用传递闭包法进行聚类，不仅步骤清楚，而且易于编程实现。

2. 模糊聚类分析的一般步骤

1）建立数据矩阵

设论域 $U = \{x_1, x_2, \cdots, x_n\}$ 为被分类对象的全体，每个对象又由 m 个指标表示其性状：

$$x_i = (x_{i1}, x_{i2}, \cdots, x_{im}), \quad i = 1, 2, \cdots, n,$$

则得到原始数据矩阵为

$$\boldsymbol{U} = \begin{bmatrix} x_{11} & x_{12} & \cdots & x_{1m} \\ x_{21} & x_{22} & \cdots & x_{2m} \\ \vdots & \vdots & & \vdots \\ x_{n1} & x_{n2} & \cdots & x_{nm} \end{bmatrix} \stackrel{\text{def}}{=} (x_{ij})_{n \times m} \, 。$$

　　在实际问题中，不同类型数据的性质和量纲通常均不相同，为了使这些原始数据能够进行比较，需要将原始数据矩阵 $\boldsymbol{U}$ 进行标准化处理，根据模糊矩阵的要求将数据压缩至区间 $[0,1]$ 内。常用的标准化方法有以下三种。

　　(1) 平移-标准差标准化

　　第 i 个变量进行标准化，就是将 x_{ij} 换成 x'_{ij}，即

$$x'_{ij} = \frac{x_{ij} - \bar{x}_j}{S_j}, \quad i = 1, 2, \cdots, n; j = 1, 2, \cdots, m,$$

其中，$\bar{x}_j = \dfrac{1}{n} \sum\limits_{k=1}^{n} x_{kj}$，$S_j = \sqrt{\dfrac{1}{n} \sum\limits_{k=1}^{n} (x_{kj} - \bar{x}_j)^2}$。

　　(2) 平移-极差标准化

$$x'_{ij} = \frac{x_{ij} - \min\limits_{1 \leqslant k \leqslant n} \{x_{kj}\}}{\max\limits_{1 \leqslant k \leqslant n} \{x_{kj}\} - \min\limits_{1 \leqslant k \leqslant n} \{x_{kj}\}}, \quad i = 1, 2, \cdots, n; j = 1, 2, \cdots, m \, 。$$

　　(3) 最大值标准化

$$x'_{ij} = \frac{x_{ij}}{\max\limits_{1 \leqslant k \leqslant n} \{x_{kj}\}}, \quad i = 1, 2, \cdots, n; j = 1, 2, \cdots, m \, 。$$

　　注　① 显然 $0 \leqslant |x'_{ij}| \leqslant 1 (i = 1, 2, \cdots, n; j = 1, 2, \cdots, m)$，而且消除了量纲的影响；

　　② $\min\limits_{1 \leqslant k \leqslant n} \{x_{kj}\}$、$\max\limits_{1 \leqslant k \leqslant n} \{x_{kj}\}$ 分别表示原始数据矩阵 $\boldsymbol{U}$ 中每列数据的最小值和最大值。

　　2) 建立模糊相似矩阵

　　设论域 $U = \{x_1, x_2, \cdots, x_n\}$，$x_i = (x_{i1}, x_{i2}, \cdots, x_{im})$，$x_j = (x_{j1}, x_{j2}, \cdots, x_{jm})(i, j = 1, 2, \cdots, n)$，建立 x_i 与 x_j 相似程度 $r_{ij} = R(x_i, x_j)$ 的方法主要有三大类。

　　(1) 相似系数法

　　相似系数法通常包括：夹角余弦法、相关系数法和指数相似系数法。

　　夹角余弦法：

$$r_{ij} = \frac{\sum\limits_{k=1}^{m} x_{ik} \cdot x_{jk}}{\sqrt{\sum\limits_{k=1}^{m} x_{ik}^2} \cdot \sqrt{\sum\limits_{k=1}^{m} x_{jk}^2}} \, 。$$

若将 x_i 的 m 个观测值 $(x_{i1}, x_{i2}, \cdots, x_{im})$ 与 x_j 的 m 个观测值 $(x_{j1}, x_{j2}, \cdots, x_{jm})$ 看成两个向量，则 r_{ij} 刚好是这两个向量夹角的余弦。

相关系数法：

$$r_{ij} = \frac{\sum\limits_{k=1}^{m} \mid x_{ik} - \bar{x}_i \mid \mid x_{jk} - \bar{x}_j \mid}{\sqrt{\sum\limits_{k=1}^{m} (x_{ik} - \bar{x}_i)^2} \cdot \sqrt{\sum\limits_{k=1}^{m} (x_{jk} - \bar{x}_j)^2}},$$

其中 $\bar{x}_i = \dfrac{1}{m}\sum\limits_{k=1}^{m} x_{ik}, \bar{x}_j = \dfrac{1}{m}\sum\limits_{k=1}^{m} x_{jk}$。

指数相似系数法

$$r_{ij} = \frac{1}{m}\sum_{k=1}^{m} \exp\left\{ -\frac{3(x_{ik} - x_{jk})^2}{4S_k^2} \right\},$$

其中 $S_k^2 = \dfrac{1}{n}\sum\limits_{i=1}^{n} (x_{ik} - \bar{x}_k)^2, \bar{x}_k = \dfrac{1}{n}\sum\limits_{i=1}^{n} x_{ik}, k = 1,2,\cdots,m$。

（2）距离法

一般地，取 $r_{ij} = 1 - cd(x_i, x_j)$，其中 c 为适当选取的参数，使得 $0 \leqslant r_{ij} \leqslant 1$，采用的距离有以下几种。

海明（Hamming）距离（绝对距离）：

$$d(x_i, x_j) = \sum_{k=1}^{m} \mid x_{ik} - x_{jk} \mid。$$

欧几里得（Euclid）距离：

$$d(x_i, x_j) = \sqrt{\sum_{k=1}^{m} (x_{ik} - x_{jk})^2}。$$

切比雪夫（Chebyshev）距离：

$$d(x_i, x_j) = \max_{1 \leqslant k \leqslant m} \mid x_{ik} - x_{jk} \mid。$$

（3）贴近度法

最大最小法：

$$r_{ij} = \frac{\sum\limits_{k=1}^{m} (x_{ik} \wedge x_{jk})}{\sum\limits_{k=1}^{m} (x_{ik} \vee x_{jk})}。$$

算术平均最小法：

$$r_{ij} = \frac{\sum\limits_{k=1}^{m} (x_{ik} \wedge x_{jk})}{\dfrac{1}{2}\sum\limits_{k=1}^{m} (x_{ik} + x_{jk})}。$$

几何平均最小法：

$$r_{ij} = \frac{\sum\limits_{k=1}^{m} (x_{ik} \wedge x_{jk})}{\sum\limits_{k=1}^{m} \sqrt{x_{ik} \cdot x_{jk}}}。$$

注　贴近度法里均要求 $x_{ij} > 0$，否则需要作适当变换。

上述三类方法（即相似系数法、距离法和贴近度法）均属于客观评分法，在实际应用中，根据问题的性质和特点，有时也可以采用主观评分法，也就是请有实际经验的专家直接对 x_i 和 x_j 的相似程度进行评分，并且为了尽量避免主观，还可以采用多人评分再取平均值，将其作为 r_{ij} 的值。

3）聚类并画出动态聚类图

例 9.7　设论域 $U = \{x_1, x_2, x_3, x_4, x_5\}$ 中元素的关系可表示为模糊矩阵

$$R = \begin{bmatrix} 1 & 0.4 & 0.8 & 0.5 & 0.5 \\ 0.4 & 1 & 0.4 & 0.4 & 0.4 \\ 0.8 & 0.4 & 1 & 0.5 & 0.5 \\ 0.5 & 0.4 & 0.5 & 1 & 0.6 \\ 0.5 & 0.4 & 0.5 & 0.6 & 1 \end{bmatrix},$$

请根据 R 对 U 中元素进行分类。

解　由例 9.6 的结论可知，R 是一个模糊等价矩阵。

下面根据不同的水平 λ 进行分类。

当 $\lambda \in (0.8, 1]$ 时，可得 U 的 λ-截矩阵为

$$R_{\lambda} = \begin{bmatrix} 1 & 0 & 0 & 0 & 0 \\ 0 & 1 & 0 & 0 & 0 \\ 0 & 0 & 1 & 0 & 0 \\ 0 & 0 & 0 & 1 & 0 \\ 0 & 0 & 0 & 0 & 1 \end{bmatrix},$$

显然，此时 R_{λ} 为单位矩阵，即 $R_{\lambda} = I$，此时 U 中元素可以分为 5 类：$\{x_1\}$，$\{x_2\}$，$\{x_3\}$，$\{x_4\}$，$\{x_5\}$；

当 $\lambda \in (0.6, 0.8]$ 时，可得 U 的 λ-截矩阵为

$$R_{\lambda} = \begin{bmatrix} 1 & 0 & 1 & 0 & 0 \\ 0 & 1 & 0 & 0 & 0 \\ 1 & 0 & 1 & 0 & 0 \\ 0 & 0 & 0 & 1 & 0 \\ 0 & 0 & 0 & 0 & 1 \end{bmatrix},$$

此时，U 中元素可以分为 4 类：$\{x_1, x_3\}$，$\{x_2\}$，$\{x_4\}$，$\{x_5\}$；

当 $\lambda = (0.5, 0.6]$ 时，可得 U 的 λ-截矩阵为

$$R_{\lambda} = \begin{bmatrix} 1 & 0 & 1 & 0 & 0 \\ 0 & 1 & 0 & 0 & 0 \\ 1 & 0 & 1 & 0 & 0 \\ 0 & 0 & 0 & 1 & 1 \\ 0 & 0 & 0 & 1 & 1 \end{bmatrix},$$

此时，U 中元素可以分为 3 类：$\{x_1, x_3\}$，$\{x_2\}$，$\{x_4, x_5\}$；

当 $\lambda \in (0.4, 0.5]$ 时,可得 U 的 λ-截矩阵为

$$\boldsymbol{R}_\lambda = \begin{bmatrix} 1 & 0 & 1 & 1 & 1 \\ 0 & 1 & 0 & 0 & 0 \\ 1 & 0 & 1 & 1 & 1 \\ 1 & 0 & 1 & 1 & 1 \\ 1 & 0 & 1 & 1 & 1 \end{bmatrix},$$

此时,U 中元素可以分为 2 类:$\{x_1, x_3, x_4, x_5\}$,$\{x_2\}$;

当 $\lambda \in [0, 0.4]$ 时,可得 U 的 λ-截矩阵为

$$\boldsymbol{R}_\lambda = \begin{bmatrix} 1 & 1 & 1 & 1 & 1 \\ 1 & 1 & 1 & 1 & 1 \\ 1 & 1 & 1 & 1 & 1 \\ 1 & 1 & 1 & 1 & 1 \\ 1 & 1 & 1 & 1 & 1 \end{bmatrix},$$

此时,U 中元素可以分为 1 类:$\{x_1, x_2, x_3, x_4, x_5\}$。

整个动态聚类过程如图 9.1 所示:

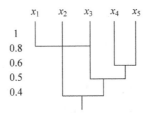

图 9.1 利用模糊等价矩阵的动态聚类图

例 9.8 某地区 5 个环境区域的污染情况由污染物在空气、水分、土壤和作物 4 个要素中的含量超标程度来衡量。设这 5 个环境区域的污染数据为 $x_1 = (80, 10, 6, 2)$,$x_2 = (50, 1, 6, 4)$,$x_3 = (90, 6, 4, 6)$,$x_4 = (40, 5, 7, 3)$,$x_5 = (10, 1, 2, 4)$,试用传递闭包法对 $U = \{x_1, x_2, x_3, x_4, x_5\}$ 进行分类。

解 由已知可知,污染指标数据可以用矩阵表示为

$$\boldsymbol{U} = \begin{bmatrix} 80 & 10 & 6 & 2 \\ 50 & 1 & 6 & 4 \\ 90 & 6 & 4 & 6 \\ 40 & 5 & 7 & 3 \\ 10 & 1 & 2 & 4 \end{bmatrix},$$

将 U 中数据 $x_{ij}(i=1,2,\cdots,5; j=1,2,\cdots,4)$ 进行最大值标准化,可以得到

$$\boldsymbol{U}_0 = \begin{bmatrix} 0.89 & 1.00 & 0.86 & 0.33 \\ 0.56 & 0.10 & 0.86 & 0.67 \\ 1.00 & 0.60 & 0.57 & 1.00 \\ 0.44 & 0.50 & 1.00 & 0.50 \\ 0.11 & 0.10 & 0.29 & 0.67 \end{bmatrix},$$

其中矩阵 $\boldsymbol{U}_0$ 中数据 $x'_{ij} = \dfrac{x_{ij}}{\max\limits_{1 \leqslant k \leqslant n} \{x_{kj}\}}$ $(i=1,2,\cdots,5; j=1,2,\cdots,4)$。

注　$\boldsymbol{U}_0$ 中的数据经四舍五入只保留了两位小数,这样处理并不影响最终的分类结果。

再采用最大最小法构造模糊相似矩阵 $\boldsymbol{R}=(r_{ij})_{5\times5}$,可以得到

$$\boldsymbol{R} = \begin{bmatrix} 1 & 0.54 & 0.62 & 0.63 & 0.24 \\ 0.54 & 1 & 0.55 & 0.70 & 0.53 \\ 0.62 & 0.55 & 1 & 0.56 & 0.37 \\ 0.63 & 0.70 & 0.56 & 1 & 0.38 \\ 0.24 & 0.53 & 0.37 & 0.38 & 1 \end{bmatrix},$$

其中 $r_{ij} = \dfrac{\sum\limits_{k=1}^{5}(x_{ik} \wedge x_{jk})}{\sum\limits_{k=1}^{5}(x_{ik} \vee x_{jk})}$ $(i,j=1,2,\cdots,5)$。

进一步,利用依次求平方的方法求传递闭包 $t(\boldsymbol{R})$,分别计算 $\boldsymbol{R}^2, \boldsymbol{R}^4, \boldsymbol{R}^8$,得到如下结果:

$$\boldsymbol{R}^2 = \begin{bmatrix} 1 & 0.63 & 0.62 & 0.63 & 0.53 \\ 0.63 & 1 & 0.56 & 0.70 & 0.53 \\ 0.62 & 0.56 & 1 & 0.62 & 0.53 \\ 0.63 & 0.70 & 0.62 & 1 & 0.53 \\ 0.53 & 0.53 & 0.53 & 0.53 & 1 \end{bmatrix}$$

$$\boldsymbol{R}^4 = \begin{bmatrix} 1 & 0.63 & 0.62 & 0.63 & 0.53 \\ 0.63 & 1 & 0.62 & 0.70 & 0.53 \\ 0.62 & 0.62 & 1 & 0.62 & 0.53 \\ 0.63 & 0.70 & 0.62 & 1 & 0.53 \\ 0.53 & 0.53 & 0.53 & 0.53 & 1 \end{bmatrix} = \boldsymbol{R}^8,$$

由于 $\boldsymbol{R}^8 = \boldsymbol{R}^4$,因此 $t(\boldsymbol{R}) = \boldsymbol{R}^4$。

最后,再分别选取不同的水平值 $\lambda \in [0,1]$,按 λ-截矩阵进行动态聚类。将 $t(\boldsymbol{R})$ 中的元素从大到小的顺序排列如下:$1 > 0.70 > 0.63 > 0.62 > 0.53$,则分别取 $\lambda = 1, 0.70, 0.63, 0.62, 0.53$,可得

$$t(\boldsymbol{R})_1 = \begin{bmatrix} 1 & 0 & 0 & 0 & 0 \\ 0 & 1 & 0 & 0 & 0 \\ 0 & 0 & 1 & 0 & 0 \\ 0 & 0 & 0 & 1 & 0 \\ 0 & 0 & 0 & 0 & 1 \end{bmatrix},$$

此时 U 被分为 5 类:$\{x_1\}, \{x_2\}, \{x_3\}, \{x_4\}, \{x_5\}$;

$$t(\boldsymbol{R})_{0.7} = \begin{bmatrix} 1 & 0 & 0 & 0 & 0 \\ 0 & 1 & 0 & 1 & 0 \\ 0 & 0 & 1 & 0 & 0 \\ 0 & 1 & 0 & 1 & 0 \\ 0 & 0 & 0 & 0 & 1 \end{bmatrix},$$

此时 U 被分为 4 类：$\{x_1\}, \{x_2, x_4\}, \{x_3\}, \{x_5\}$；

$$t(\boldsymbol{R})_{0.63} = \begin{bmatrix} 1 & 1 & 0 & 1 & 0 \\ 1 & 1 & 0 & 1 & 0 \\ 0 & 0 & 1 & 0 & 0 \\ 1 & 1 & 0 & 1 & 0 \\ 0 & 0 & 0 & 0 & 1 \end{bmatrix},$$

此时 U 被分为 3 类：$\{x_1, x_2, x_4\}, \{x_3\}, \{x_5\}$；

$$t(\boldsymbol{R})_{0.62} = \begin{bmatrix} 1 & 1 & 1 & 1 & 0 \\ 1 & 1 & 1 & 1 & 0 \\ 1 & 1 & 1 & 1 & 0 \\ 1 & 1 & 1 & 1 & 0 \\ 0 & 0 & 0 & 0 & 1 \end{bmatrix},$$

此时 U 被分为 2 类：$\{x_1, x_2, x_3, x_4\}, \{x_5\}$；

$$t(\boldsymbol{R})_{0.53} = \begin{bmatrix} 1 & 1 & 1 & 1 & 1 \\ 1 & 1 & 1 & 1 & 1 \\ 1 & 1 & 1 & 1 & 1 \\ 1 & 1 & 1 & 1 & 1 \\ 1 & 1 & 1 & 1 & 1 \end{bmatrix},$$

此时 U 被分为 1 类：$\{x_1, x_2, x_3, x_4, x_5\}$。

上述利用传递闭包法进行分类的过程也可以借助 MATLAB 软件进行实现,编写程序如下:

```
u=[80 10 6 2; 50 1 6 4; 90 6 4 6; 40 5 7 3; 10 1 2 4];
m=max(u);
for i=1:5
for j=1:4
        r(i, j)=u(i, j)/m(j);
end
end
r
%针对 r 采用最大最小法构造相似矩阵 R
s=r';
for i=1:5
for j=1:5
        R(i, j)=sum(min([r(i, :); s(:, j)']))/sum(max([r(i, :); s(:, j)']));
end
end
R
```

```
tR＝chuandi(R)    ％求传递闭包矩阵
juleitu(tR)    ％画出动态聚类图
％利用依次平方的方法求传递闭包 t(R)
function tR ＝ chuandi(r)
[m,n]＝size(r);
tR＝zeros(n);
flag＝0;
while flag＝＝0
for i＝1:m
    for j＝1:n
        tR(i, j)＝max(min([r(i, :); r(:, j)']));
    end
end
if tR＝＝r
    flag＝1;
else
    r＝tR;
end
end
tR＝ r;
％画出动态聚类图
function [M,N]＝juleitu(tR)
lamda＝unique(tR);    ％找出传递闭包矩阵 tR 中取值各不相同的所有元素,记为向量 lamda
L＝length(lamda);
M＝1:L;
％以下根据向量 lamda 中的取值分别求对应的截矩阵,并得到相应的分类结果
for i＝L－1:－1:1
    [m,n]＝find(tR＝＝lamda(i));
    N{i,1}＝n;
    N{i,2}＝m;
    tR(m(1),:)＝0;
    mm＝unique(m);
    N{i,3}＝mm;
    len＝length(find(m＝＝mm(1)));
    depth＝length(find(m＝＝mm(2)));
    index1＝find(M＝＝mm(1));
    MM＝[M(1:index1－1),M(index1＋depth:L)];
    index2＝find(MM＝＝mm(2));
    M＝M(index1:index1＋depth－1);
    M＝[MM(1:index2－1),M,MM(index2:end)];
end
M＝[1:L;M;ones(1,L)];
h＝(max(lamda)－min(lamda))/L;
figure
text(L,1,sprintf('x％d',M(2,L)));
text(0,1,sprintf('％3.4f',1));
text(0,(1＋min(lamda))/2,sprintf('％3.4f',(1＋min(lamda))/2));
text(0,min(lamda),sprintf('％3.4f',min(lamda)));
hold on
for i＝L－1:－1:1
    m＝N{i,2};
```

```
        n=N{i,1};
        mm=N{i,3};
        k=find(M(2,:)==mm(1));
        l=find(M(2,:)==mm(2));
        x1=M(1,k);
        y1=M(3,k);
        x2=M(1,l);
        y2=M(3,l);
        x=[x1,x1,x2,x2];
        M(3,[k,l])=lamda(i);
        M(1,[k,l])=sum(M(1,[k,l]))/length(M(1,[k,l]));
        y=[y1,lamda(i),lamda(i),y2];
        plot(x,y);
        text(i,1,sprintf('x%d',M(2,i)));
        text(M(1,k(1)),lamda(i)+h*0.1,sprintf('%3.4f',lamda(i)));
    end
    axis([0 L+1 min(lamda) max(lamda)])
    axis off
    hold off
end
```

运行主程序得到聚类结果如图 9.2 所示。

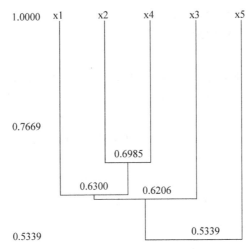

图 9.2 利用传递闭包法的动态聚类图

9.3 模糊模式识别

在实际生活和科学研究中,经常需要对某些对象进行判断和分类,比如图像或文字识别、故障或疾病诊断等,这些问题实质是在一定的标准下,判断识别对象属于哪个类型,这样的问题就是模式识别问题。模式识别的传统做法主要是用统计方法或者语言的方法进行识别。但在很多情形下,模式识别问题中的模式是模糊的,可以将其用模糊集合表示,并用模糊数学方法对其进行识别。以模糊数学为基础的模式识别就称为模糊模式识别,它可以用于汽车牌照识别、空气污染等级识别、土壤性质识别等诸多问题中。

1. 模糊模式识别的原则

进行模糊模式识别时,通常需要用到下列两种原则:最大隶属原则和择近原则。

1) 最大隶属原则

最大隶属原则适用于待识别对象为个体的情形,它是一种直接的模式识别方法,通常可以分为以下两种形式。

(1) 最大隶属原则 I

设有 n 个模式,它们分别表示成某论域 U(U 可以是多个集合的笛卡儿乘积集)的 n 个模糊子集 $A_1,A_2,\cdots,A_n$,而 $x_0 \in U$ 是一个待识别的对象,若对于 $i \in \{1,2,\cdots,n\}$,有

$$\mu_{A_i}(x_0) = \max\{\mu_{A_1}(x_0),\mu_{A_2}(x_0),\cdots,\mu_{A_n}(x_0)\},$$

则认为 x_0 相对属于模式 A_i。

(2) 最大隶属原则 II

设有一个模糊模式,它可以表示成某论域 U 的模糊子集 A,而 $x_1,x_2,\cdots,x_n \in U$ 是 n 个待识别的对象,若对于 $i \in \{1,2,\cdots,n\}$,有

$$\mu_A(x_i) = \max\{\mu_A(x_1),\mu_A(x_2),\cdots,\mu_A(x_n)\},$$

则认为 x_i 相对属于模式 A。

对对象进行直接识别时,依据的是最大隶属原则,这种方法适合处理具有如下特点的问题:

(1) 被识别的对象本身是确定的;

(2) 用作比较的模式是模糊的。

2) 择近原则

择近原则适用于待识别对象为群体的情形,在该情形下,待识别对象和模式都是某个论域上的模糊子集,基于择近原则的识别方法是一种间接方法。模式识别问题的择近原则可以描述成如下形式:

设论域 U 的模糊子集 $A_1,A_2,\cdots,A_n$ 代表 n 个模糊模式,被识别的对象可以表示成 U 的子集 B,若有 $i \in \{1,2,\cdots,n\}$,使得

$$\sigma(B,A_i) = \max\{\sigma(B,A_1),\sigma(B,A_2),\cdots,\sigma(B,A_n)\}, \tag{9.3}$$

则认为 B 相对属于模式 A_i。式(9.3)中 $\sigma(B,A_i)$ 是用来衡量两个模糊子集之间接近程度的,称为贴近度,并且贴近度越大,表示两个模糊子集越接近。

常用的贴近度有以下几种定义方式。

格贴近度:

$$\sigma(A,B) = \frac{1}{2}[A \circ B + (1 - A \odot B)],$$

其中,$A \circ B = \vee \{A(x) \wedge B(x)\}$,$A \odot B = \wedge \{A(x) \vee B(x)\}$,$\wedge$、$\vee$ 分别为 9.1 节中定义的扎德取小、取大算子。

最小最大贴近度:

$$\sigma(A,B) = \frac{\displaystyle\sum_{i=1}^{n}[A(x_i) \wedge B(x_i)]}{\displaystyle\sum_{i=1}^{n}[A(x_i) \vee B(x_i)]}.$$

最小平均贴近度：

$$\sigma(A,B) = \frac{\displaystyle\sum_{i=1}^{n}[A(x_i) \wedge B(x_i)]}{\displaystyle\frac{1}{2}\sum_{i=1}^{n}[A(x_i) + B(x_i)]}。$$

海明贴近度：

$$\sigma(A,B) = 1 - \frac{1}{n}\sum_{i=1}^{n}|A(x_i) - B(x_i)|。$$

欧几里得贴近度：

$$\sigma(A,B) = 1 - \frac{1}{\sqrt{n}}\Big\{\sum_{i=1}^{n}[A(x_i) - B(x_i)]^2\Big\}^{1/2}。$$

2. 模糊模式识别的步骤

设论域 U 是给定的待识别对象的全体，且 U 可以分为 n 个类别，每一个类别均是 U 上的一个模糊子集，记作：$A_1, A_2, \cdots, A_n$，称它们为 U 的 n 个模糊模式。

论域 U 上的模糊模式识别问题可以按照以下三个步骤进行：

(1) 提取特征：将待识别的对象表示为向量 $\boldsymbol{x} = (x^{(1)}, x^{(2)}, \cdots, x^{(n)})$（$x^{(i)}$ 为待识别对象的第 i 个特征），或者 U 上的模糊子集 B；

(2) 构造标准模式库：即论域 U 上的 n 个标准模式 $A_1, A_2, \cdots, A_n$；

(3) 利用最大隶属原则或择近原则对待识别的对象进行识别。

注 在模糊模式识别的具体应用中，关键是关于待识别对象特征的提取，这直接影响识别的效果，而特征的提取并没有通用的方法，它取决于识别者的经验和技巧；而识别问题中最困难的是模式或待识别对象隶属函数的构造，然而确定隶属函数的方法在理论上仍未得到彻底解决，对于较为简单的模糊模式识别问题，主要是根据识别者的主观经验来建立隶属函数。

例 9.9 论域 $U = \{x_1, x_2, x_3, x_4\}$ 上三个模糊模式分别为 $A = (0.9, 0.2, 0.3, 0.4)$，$B = (0.1, 0.5, 0.4, 0.6)$，$C = (0.1, 0.4, 0.7, 0.2)$，试判别模式 A 和 B 中，哪个和 C 更贴近。

解 由已知条件可得

$$A \circ C = 0.1 \vee 0.2 \vee 0.3 \vee 0.2 = 0.3$$
$$A \odot C = 0.9 \wedge 0.4 \wedge 0.7 \wedge 0.4 = 0.4;$$
$$B \circ C = 0.1 \vee 0.4 \vee 0.4 \vee 0.2 = 0.4$$
$$B \odot C = 0.1 \wedge 0.5 \wedge 0.7 \wedge 0.6 = 0.1;$$

根据格贴近度的计算公式，可得 A 和 B 与 C 的格贴近度分别为

$$\sigma(A,C) = \frac{1}{2}[A \circ C + (1 - A \odot C)] = \frac{1}{2}[0.3 + (1 - 0.4)] = 0.45;$$

$$\sigma(B,C) = \frac{1}{2}[B \circ C + (1 - B \odot C)] = \frac{1}{2}[0.4 + (1 - 0.1)] = 0.65;$$

因此，可知 B 比 A 更贴近于 C。

上述识别过程也可以借助 MATLAB 软件编写如下程序进行求解：

```
%利用格贴近度进行模糊模式识别
A=[0.9 0.2 0.3 0.4; 0.1 0.5 0.4 0.6];
C=[0.1 0.4 0.7 0.2];
[m,n]=size(A);                    % A 中不同行表示待识别的不同模式
l=length(C);
if (n==l)
    for i=1:m
        x=max(min(A(i,:),C));
        y=min(max(A(i,:),C));
        sigma(i)=(x+(1-y))/2;     %分别计算模式 A 和 C, 及 B 和 C 的格贴近度
    end
else
    disp('两个模式的维数不一致');
end
sigma
```

运行程序,得到结果如下：

```
sigma=
    0.4500    0.6500
```

即模式 A 和 C 的贴近度为 0.45, B 和 C 的贴近度为 0.65, 因此模式 B 比 A 更贴近于 C。

例 9.10　反映茶叶质量的因素有六项指标,分别为：x_1="条索", x_2="色泽", x_3="净度", x_4="汤色", x_5="香气", x_6="滋味", 它们构成论域 U, 即 $U=\{x_1, x_2, x_3, x_4, x_5, x_6\}$。现有五个等级的茶叶样品 $A1, A2, A3, A4, A5$, 以及待识别的茶叶 B。假设五个等级的样品对应 6 项指标的数值分别为

$$A1=(0.5, 0.4, 0.3, 0.6, 0.5, 0.4);$$
$$A2=(0.3, 0.2, 0.2, 0.1, 0.2, 0.2);$$
$$A3=(0.2, 0.2, 0.2, 0.1, 0.1, 0.2);$$
$$A4=(0, 0.1, 0.2, 0.1, 0.1, 0.1);$$
$$A5=(0, 0.1, 0.1, 0.1, 0.1, 0.1)。$$

待识别茶叶的各项指标值为

$$B=(0.4, 0.2, 0.1, 0.4, 0.5, 0.6),$$

试确定 B 的属类。

解　利用格贴近度公式计算,可得

$\sigma(B, A1)=0.5, \quad \sigma(B, A2)=0.3, \quad \sigma(B, A3)=0.2, \quad \sigma(B, A4)=0.1, \quad \sigma(B, A5)=0.1,$
因此,按照择近原则,可以将茶叶 B 定为一级茶叶,即与茶叶 $A1$ 属于同一个级别。

另外,也可以编写如下 MATLAB 程序进行计算：

```
A=[0.5 0.4 0.3 0.6 0.5 0.4;
   0.3 0.2 0.2 0.1 0.2 0.2;
   0.2 0.2 0.2 0.1 0.1 0.2;
   0 0.1 0.2 0.1 0.1 0.1;
   0 0.1 0.1 0.1 0.1 0.1];
B=[0.4 0.2 0.1 0.4 0.5 0.6];
```

```
for i=1:m
    x=[A(i,:);i];
    sigma(i)=min([max(min(x)) 1-min(max(x))]);
end
sigma
```

运行程序,得到结果如下:

```
sigma =
    0.5000    0.3000    0.2000    0.1000    0.1000
```

显然,程序运行得到的结果与利用公式直接计算的结果是一致的。

9.4 模糊综合评判

1. 模糊综合评判的基本理论

在日常生活和工作中,无论是产品质量的评级,科技成果的鉴定,还是各种评优评奖等,都属于评判的范畴。如果考虑的因素只有一个,那么只需要给对象一个评价分数,按照分数的高低,就可以将待评判的对象排出优劣的次序。但是一个对象往往具有多重属性,评判该对象必须同时考虑多种因素,这就是综合评判问题。所谓综合评判,就是对受到多种因素制约的事物或对象,做出一个总体的评价。

经典的综合评判有以下两种简单而常用的方法:

(1) 总分法

假设待评判对象受到 m 个因素制约,我们对每一个因素给出一个评分 s_i,计算出待评判对象的总分数:

$$S = \sum_{i=1}^{m} s_i,$$

然后可以按照总分数 S 的大小依次对待评判对象进行排序,例如,高考总分法就是一个例子。

(2) 加权法

根据不同制约因素对待评判对象重要程度的不同,分别赋予相应的权重,令 a_i 表示对第 i 个制约因素的权重,并规定 $\sum_{i=1}^{m} a_i = 1$,于是可以得到待评判对象的总分数为

$$S = \sum_{i=1}^{m} a_i s_i,$$

然后可以按照总分数 S 的大小依次对待评判对象进行排序,例如,学生学分绩点的计算方法。

上述两种方法所得结果都用一个总分数表示,在处理简单问题时容易做到。然而,在实际问题中,我们对事物的评价常常带有模糊性,制约因素的权重及分数很难用一个简单的数值来表示,此时应用模糊数学的方法进行综合评判将会取得更好的实际效果。

2. 模糊综合评判的基本步骤

模糊综合评判通过构造等级模糊子集将反映待评判对象的模糊指标进行量化,即确定隶属度,然后利用模糊数学的方法对待评判对象做出一个总体的评价,这种评价方法能较好

地解决模糊的、因素难以量化的各种问题,具有系统性强、结果清晰的特点。

模糊综合评判的数学模型通常可以分为一级模型和多级模型两类,这里仅介绍一级模型。

应用一级模型进行模糊综合评判,通常可以分为以下几个步骤:

（1）确定待评判对象的因素（指标）集

$$\boldsymbol{U} = \{u_1, u_2, \cdots, u_n\}。$$

注　因素通常是指待评判对象的各种参数指标,它们综合地反映出待评判对象的质量或性能,人们就是根据这些指标对对象进行评判。

（2）建立评判（等级）集

$$\boldsymbol{V} = \{v_1, v_2, \cdots, v_m\}。$$

例如对工业产品,评判集就是等级的集合,一等品,二等品,…。

（3）进行单因素评判,构造单因素评判矩阵（即模糊关系矩阵）

$$\boldsymbol{R} = \begin{bmatrix} r_{11} & r_{12} & \cdots & r_{1m} \\ r_{21} & r_{22} & \cdots & r_{2m} \\ \vdots & \vdots & & \vdots \\ r_{n1} & r_{n2} & \cdots & r_{nm} \end{bmatrix}, \quad 0 \leqslant r_{ij} \leqslant 1, 1 \leqslant i \leqslant n, 1 \leqslant j \leqslant m,$$

其中 r_{ij} 为因素集 $\boldsymbol{U}$ 中的因素 u_i 对于评判集 $\boldsymbol{V}$ 中的等级 v_j 的隶属度。

（4）确定因素（指标）的权重向量

$$\boldsymbol{A} = \{a_1, a_2, \cdots, a_n\}。$$

注　由于对 $\boldsymbol{U}$ 中各因素有不同的侧重,需要对每个因素分别赋以不同的权重,它们可以表示为 $\boldsymbol{U}$ 上的一个模糊子集,并且规定 $\sum\limits_{i=1}^{n} a_i = 1$。

（5）进行综合评判

在得到评判矩阵 $\boldsymbol{R}$ 与 $\boldsymbol{A}$ 之后,则综合评判结果为

$$\boldsymbol{B} = \boldsymbol{A} \circ \boldsymbol{R} = (a_1, a_2, \cdots, a_n) \circ \begin{bmatrix} r_{11} & r_{12} & \cdots & r_{1m} \\ r_{21} & r_{22} & \cdots & r_{2m} \\ \vdots & \vdots & & \vdots \\ r_{n1} & r_{n2} & \cdots & r_{nm} \end{bmatrix} \overset{\text{def}}{=} \{b_1, b_2, \cdots, b_m\},$$

$\boldsymbol{B}$ 是 $\boldsymbol{V}$ 上的一个模糊子集,其中算子"$\circ$"为模糊合成算子。在实际问题中,为了综合考虑各个因素所起的作用,均衡兼顾所有因素,通常取成下列运算:

$$b_j = \bigvee_{i=1}^{n} (a_i \wedge r_{ij}), \quad j = 1, 2, \cdots, m。$$

它表示对各个因素进行加权平均。若评判结果 $\sum\limits_{j=1}^{m} b_j \neq 1$,则应将它归一化。

在模糊综合评判的上述步骤中,建立单因素评判矩阵 $\boldsymbol{R}$ 和确定权重向量 $\boldsymbol{A}$ 是两个关键步骤,一般没有通用的方法可以采用,实际中通常根据统计实验或专家评分等方法得到。

例 9.11　某平原产粮区进行耕作制度改革,制定了甲（三种三收）、乙（两茬平作）、丙（两年三熟）3 种方案。主要评价指标选取 5 项:粮食亩产量、农产品质量、每亩用工量、每亩纯收入、对生态平衡影响程度。根据当地实际情况,这 5 个因素的权重分别为 0.2,0.1,0.15,0.3,0.25,其评价等级如表 9.1 所示。

表 9.1　三种耕作方案的评价指标

评分	亩产量/kg	产品质量/级	亩用工量/工日	亩纯收入/元	生态平衡影响程度/级
5	550~600	1	<20	≥130	1
4	500~550	2	20~30	110~130	2
3	450~500	3	30~40	90~110	3
2	400~450	4	40~50	70~90	4
1	350~400	5	50~60	50~70	5
0	<350	6	>60	<50	6

经过典型调查,并应用各种参数进行计算预测,发现 3 种方案的 5 项指标可达到表 9.2 中的结果。

表 9.2　三种方案的预测指标

方案	亩产量/kg	产品质量/级	亩用工量/工日	亩纯收入/元	生态平衡影响程度/级
甲	592.5	3	55	72	5
乙	529	2	38	105	3
丙	412	1	32	85	2

请问究竟应该选择哪种耕作方案?

解　下面采用模糊综合评判的方法进行求解。

1) 确定因素集及相应的权重向量

因素集:$U=\{u_1,u_2,u_3,u_4,u_5\}$,其中 u_1="粮食亩产量",u_2="农产品质量",$u_3=$"每亩用工量",u_4="每亩纯收入",u_5="对生态平衡影响程度"。

权重向量:$A=[0.2,0.1,0.15,0.3,0.25]$。

2) 确定评判集

评判集:$V=\{v_1,v_2,v_3\}$,其中 v_1="方案甲",v_2="方案乙",v_3="方案丙"。

3) 建立评判矩阵

因素与方案之间的关系,可以通过建立隶属度函数来表示:

(1)"粮食亩产量"u_1 的隶属度函数(亩产量越高越好):

$$C_1(u_1)=\begin{cases}0, & u_1\leqslant 350,\\[2mm]\dfrac{u_1-350}{600-350}, & 350<u_1<600,\\[2mm]1, & u_1\geqslant 600。\end{cases}$$

将三种方案的"粮食亩产量"数据分别代入该隶属度函数,得到

$$r_{11}=C_1(u_{1甲})=\frac{592.5-350}{600-350}=0.97,$$

$$r_{12}=C_1(u_{1乙})=\frac{529-350}{600-350}=0.716,$$

$$r_{13} = C_1(u_{1丙}) = \frac{412-350}{600-350} = 0.248,$$

故 $\boldsymbol{r}_1 = [r_{11}, r_{12}, r_{13}] = [0.97, 0.716, 0.248]$。

（2）"农产品质量" u_2 的隶属度函数（等级越小越好）：

$$C_2(u_2) = \begin{cases} 1, & u_2 \leqslant 1, \\ 1 - \dfrac{u_2-1}{6-1}, & 1 < u_2 < 6, \\ 0, & u_2 \geqslant 6, \end{cases}$$

将三种方案的"农产品质量"数据分别代入该隶属度函数，得到

$$r_{21} = C_2(u_{2甲}) = 1 - \frac{3-1}{6-1} = 0.6,$$

$$r_{22} = C_2(u_{2乙}) = 1 - \frac{2-1}{6-1} = 0.8,$$

$$r_{23} = C_2(u_{2丙}) = 1,$$

故 $\boldsymbol{r}_2 = [r_{21}, r_{22}, r_{23}] = [0.6, 0.8, 1]$。

（3）"每亩用工量" u_3 的隶属度函数（每亩用工量越少越好）：

$$C_3(u_3) = \begin{cases} 1, & u_3 \leqslant 20, \\ 1 - \dfrac{u_3-20}{60-20}, & 20 < u_3 < 60, \\ 0, & u_3 \geqslant 60, \end{cases}$$

将三种方案的"每亩用工量"数据分别代入该隶属度函数，得到

$$r_{31} = C_3(u_{3甲}) = 1 - \frac{55-20}{60-20} = 0.125,$$

$$r_{32} = C_3(u_{3乙}) = 1 - \frac{38-20}{60-20} = 0.55,$$

$$r_{33} = C_3(u_{3丙}) = 1 - \frac{32-20}{60-20} = 0.7,$$

故 $\boldsymbol{r}_3 = [r_{31}, r_{32}, r_{33}] = [0.125, 0.55, 0.7]$。

（4）"每亩纯收入" u_4 的隶属度函数（每亩纯收入越高越好）：

$$C_4(u_4) = \begin{cases} 0, & u_4 \leqslant 50, \\ \dfrac{u_4-50}{130-50}, & 50 < u_4 < 130, \\ 1, & u_1 \geqslant 130, \end{cases}$$

将三种方案的"每亩纯收入"数据分别代入该隶属度函数，得到

$$r_{41} = C_4(u_{4甲}) = \frac{72-50}{130-50} = 0.275,$$

$$r_{42} = C_4(u_{4乙}) = \frac{105-50}{130-50} = 0.6875,$$

$$r_{43} = C_4(u_{4丙}) = \frac{85-50}{130-50} = 0.4375,$$

故 $r_4 = [r_{41}, r_{42}, r_{43}] = [0.275, 0.6875, 0.4375]$。

（5）"对生态平衡影响程度"u_5的隶属度函数（等级越低越好）：

$$C_5(u_5) = \begin{cases} 1, & u_5 \leqslant 1, \\ 1 - \dfrac{u_5 - 1}{6 - 1}, & 1 < u_5 < 6, \\ 0, & u_5 \geqslant 6, \end{cases}$$

将三种方案的"对生态平衡影响程度"数据分别代入该隶属度函数，得到

$$r_{51} = C_5(u_{5甲}) = 1 - \frac{5-1}{6-1} = 0.2,$$

$$r_{52} = C_5(u_{5乙}) = 1 - \frac{3-1}{6-1} = 0.6,$$

$$r_{53} = C_5(u_{5丙}) = 1 - \frac{2-1}{6-1} = 0.8,$$

故 $r_5 = [r_{51}, r_{52}, r_{53}] = [0.2, 0.6, 0.8]$，从而评判矩阵为

$$R = \begin{bmatrix} r_1 \\ r_2 \\ r_3 \\ r_4 \\ r_5 \end{bmatrix} = \begin{bmatrix} 0.97 & 0.716 & 0.248 \\ 0.6 & 0.8 & 1 \\ 0.125 & 0.55 & 0.7 \\ 0.275 & 0.6875 & 0.4375 \\ 0.2 & 0.6 & 0.8 \end{bmatrix}.$$

4）进行模糊综合评判

为了兼顾各个方案，这里采用加权平均算子计算总评价 $B = A \circ R$，并对 B 进行归一化处理，最后再根据最大隶属度原则做出判断。

评判结果可以通过编写如下 MATLAB 程序进行计算得到。

```
A = [0.2 0.1 0.15 0.3 0.25];
R = [0.97 0.716 0.248;
    0.6 0.8 1;
    0.125 0.55 0.7;
    0.275 0.6875 0.4375;
    0.2 0.6 0.8];
[n, m] = size(R);
B = zeros(1, m);
for j = 1:m
    B(j) = sum(A. * R(:, j)');      %计算评判结果
end
B = B./sum(B)                       % 评判结果归一化
```

运行程序，得到结果如下：

```
B =
    0.2452    0.4004    0.3544
```

因此，最终评价结果为：耕作方案乙最优，方案丙次之，方案甲最差。

习题 9

1. 设 $R = \begin{bmatrix} 1 & 0.1 & 0.2 & 0.3 \\ 0.1 & 1 & 0.1 & 0.2 \\ 0.2 & 0.1 & 1 & 0.1 \\ 0.3 & 0.2 & 0.1 & 1 \end{bmatrix}$，求传递闭包 $t(R)$，并作聚类图。

2. 设有 A、B、C、D、E、F 共 6 个地区，其空气、水、土壤、农作物等 4 个方面受到了不同程度的污染，有关指标如下：$A = (5,5,3,2)$、$B = (2,3,4,5)$、$C = (5,5,2,3)$、$D = (1,5,3,1)$、$E = (2,4,5,1)$、$F = (3,4,4,5)$。试选定适当公式计算它们两两之间的相似关系，并做模糊聚类分析。

3. 设有四种产品，它们的指标分别为：$X_1 = (37,38,12,16,13,12)$、$X_2 = (69,73,74,22,64,17)$、$X_3 = (73,86,49,27,68,39)$、$X_4 = (57,58,64,84,63,28)$。试用相关系数法建立相似矩阵，并用传递闭包法进行模糊聚类。

4. 设 A、B、C、D 四人面貌"彼此相像"的模糊关系为

$$R = \begin{bmatrix} 1 & 0.5 & 0.4 & 0.8 \\ 0.5 & 1 & 0.7 & 0.5 \\ 0.4 & 0.7 & 1 & 0.6 \\ 0.8 & 0.5 & 0.6 & 1 \end{bmatrix},$$

采用传递闭包法进行分类，并画出聚类图。

5. 对某个国家不同的三个民族 A、B、C 的身高 x_1、坐高 x_2、鼻深 x_3 和鼻高 x_4 进行抽样调查获得样本的聚类中心，结果如表 9.3 所示。现测得某人的 $x_1 = 162.23$，$x_2 = 84.34$，$x_3 = 22.11$，$x_4 = 47.56$，试识别这个人应该属于哪个民族。

表 9.3　某国家三个不同民族身高、坐高、鼻深、鼻高聚类中心

民族	身高 x_1/cm	坐高 x_2/cm	鼻深 x_3/cm	鼻高 x_4/cm
A	164.51	86.43	25.49	51.24
B	160.53	81.47	23.84	48.62
C	158.17	81.16	21.44	46.72

6. 人们对服装的评价(喜欢程度)受花色、样式等多个因素影响，且往往又受主观因素影响。在衣服的综合评判中取 $U = ($花色，样式，耐穿程度，价格$)$，$V = ($很欢迎，比较欢迎，不太欢迎，不欢迎$)$，根据调查得到单因素评判分别为 $u_1 = (0.2,0.1,0.5,0.2)$，$u_2 = (0.6,0,0.3,0.1)$，$u_3 = (0,0.3,0.5,0.2)$，$u_4 = (0.2,0.3,0.5,0)$。如果有一类顾客对各个因素所持的权重分别为 $A = (0.2,0.1,0.5,0.2)$，请对这类顾客作综合评判。

图　　论

　　图论(graph theory)是应用数学的一部分,它提供了一种对很多实际问题简单而有效的建模方式。图论是以图为研究对象,图是反映某些事物之间的联系,在图中点表示具体事物,以连接两点的线段表示两个事物之间特定的联系。图论算法在数学建模竞赛中起着很重要的作用,很多竞赛题都涉及图论的基本思想和方法,比如灾情巡视的最佳路径问题、乘公交看奥运问题、交巡警服务平台的设置与调度等。这些问题都可以转化为图论问题,然后用图论的基本算法加以解决。

　　本章内容安排如下:10.1 节简单介绍图的相关概念;10.2 节介绍图的矩阵描述;10.3 节归纳了可以用图论方法解决的常见问题;10.4 节介绍最短路径的问题;10.5 节介绍最小生成树问题;10.6 节介绍匹配问题;10.7 节介绍网络最大流问题。

10.1　图的相关概念

　　定义 10.1(图的基本概念)　图 G 是由非空顶点集 $V=\{v_1,v_2,\cdots,v_n\}$ 以及边集 $E=\{e_1,e_2,\cdots,e_m\}$ 所组成,记作 $G=(V,E)$。

　　若将边 e 表示为 $e=[v_i,v_j]$,称 v_i 和 v_j 是边 e 的顶点,而称边 e 为顶点 v_i 或 v_j 的关联边。若顶点 v_i 和 v_j 与同一条边关联,则称顶点 v_i 和 v_j 相邻;若边 e_i 和 e_j 具有公共的顶点,称边 e_i 和 e_j 相邻。

　　定义 10.2(简单图)　如果边 e 的两个顶点相重,则称该边为**环**。如果两个点之间多于一条边,称为**多重边**,对无环、无多重边的图称为**简单图**。

　　图 10.1 中边 e_1 为环。e_4 和 e_5 为多重边。

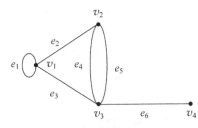

图 10.1　环、多重边

定义 10.3(无向图和有向图) 根据边有无方向,图分为**无向图**和**有向图**。有向图的边去掉方向后所得的图称为原有向图的**基础图**(或底图)。

定义 10.4(赋权图) 在一些实际问题抽象出来的图中,在边上附加一些数字来刻画此边,称为该边的**权**,此时该图称为**赋权图**。

定义 10.5(路径、回路和最短路径) 在图 $G=(V,E)$ 中,若从顶点 u 出发,沿着一些边到达 v,则这些边的序列(或点的序列)称为**路径**,若路径中的第一个顶点 u 和最后一个顶点 v 重合,称此路径为**回路**。

边不重复的路径称为**简单路径**,顶点不重复的路径称为**基本路径**。

路径所含边的条数称为该路径的**长度**。

如果存在顶点 u 到 v 的路径,则称从 u 到 v **可达**。如果 u 到 v 可达,则从 u 到 v 的路径中长度最短的路径称为**最短路径**;如果 u 到 v 不可达,则记 u 到 v 的路径的长度 $d(u,v)=\infty$。

定义 10.6(连通图) 如果无向图 G 的任意两个顶点都可达,则称 G 为**连通图**。

有向图的连通性复杂一些:若 G 中任意两顶点间都相互可达,则称 G 是**强连通**;若 G 中任意两顶点间至少有一个顶点可达另一个顶点,则称 G 是**单向连通**(简称**单连通**);若 G 的基础图是连通的,则称 G 是**弱连通的**;否则称 G 是**非连通图**。

定义 10.7(子图和支撑子图(部分图)) 给定图 $G_1=(V_1,E_1)$ 和图 $G_2=(V_2,E_2)$,如果 $V_1\subseteq V_2$ 且 $E_1\subseteq E_2$,则称 G_1 是 G_2 的一个**子图**。其中,如果 $V_1=V_2$ 且 $E_1\subseteq E_2$,则称 G_1 是 G_2 的一个**支撑子图**或者称为**部分图**。

10.2 图的矩阵描述

1. 邻接矩阵

设图 $G=(V,E)$,$|V|=n$ 表示图 G 的点数,$|E|=m$ 表示图 G 的边数,邻接矩阵 $W=(\omega_{ij})_{n\times n}$ 为表示顶点之间相邻关系的矩阵,其中:

当 G 为非赋权图时,

$$\omega_{ij}=\begin{cases}1, & \text{当且仅当点 } v_i \text{ 与 } v_j \text{ 之间有关联边,}\\ 0 \text{ 或 } \infty, & \text{其他;}\end{cases}$$

当 G 为赋权图时,有

$$\omega_{ij}=\begin{cases}\text{权值}, & \text{当且仅当 } v_i \text{ 与 } v_j \text{ 之间有关联边,}\\ 0 \text{ 或 } \infty, & \text{其他。}\end{cases}$$

在邻接矩阵中,非零或非无穷大的元素的个数即为边数 $|E|=m$。对于无向图,邻接矩阵是对称图,对于有向图,邻接矩阵通常是非对称的。

例 10.1 求图 10.2 所示有向图的邻接矩阵。

解 根据邻接矩阵的定义,可求得该有向图的邻接矩阵为

	v_1	v_2	v_3	v_4
v_1	0	1	1	0
v_2	0	0	1	1
v_3	0	0	0	1
v_4	1	0	0	0

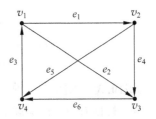

图 10.2　例 10.1 中的有向图

简单图的邻接矩阵具有如下性质:

性质　设 n 阶简单图 G 的顶点集 $V=\{v_1,v_2,\cdots,v_n\}$，W 是图 G 的邻接矩阵，则 W 的 k 次幂 $W^k(k=1,2,\cdots,n)$ 中矩阵元素 $\omega_{ij}^{(k)}$ 等于 G 中从 v_i 到 v_j 的长度为 k 的路径的数量。

例 10.2　观察图 10.2 所示有向图邻接矩阵 W 及其 $W^k(k=1,2,3,4)$。

解　由例 10.1 可知该有向图的邻接矩阵 W 为

$$W=\begin{pmatrix} 0 & 1 & 1 & 0 \\ 0 & 0 & 1 & 1 \\ 0 & 0 & 0 & 1 \\ 1 & 0 & 0 & 0 \end{pmatrix},$$

以及 W 的 $k(k=2,3,4)$ 次幂分别为

$$W^2=\begin{pmatrix} 0 & 0 & 1 & 2 \\ 1 & 0 & 0 & 1 \\ 1 & 0 & 0 & 0 \\ 0 & 1 & 1 & 0 \end{pmatrix},W^3=\begin{pmatrix} 2 & 0 & 0 & 1 \\ 1 & 1 & 1 & 0 \\ 0 & 1 & 1 & 0 \\ 0 & 0 & 1 & 2 \end{pmatrix},W^4=\begin{pmatrix} 1 & 2 & 2 & 0 \\ 0 & 1 & 2 & 2 \\ 0 & 0 & 1 & 2 \\ 2 & 0 & 0 & 1 \end{pmatrix},$$

其中，W^3 中元素 $\omega_{11}^{(3)}=2$ 表示从顶点 v_1 回到顶点 v_1 且长度为 3 的路径的条数有两条:一条是 e_1,e_5,e_3，另一条是 e_2,e_6,e_3。

2. 邻接矩阵的稀疏矩阵表示法

稀疏矩阵是指矩阵中零元素很多、非零元素很少的矩阵。对于稀疏矩阵，只要存放非零元素的行标、列标、非零元素的值即可。

例如图 10.2 的邻接矩阵

$$W=\begin{pmatrix} 0 & 1 & 1 & 0 \\ 0 & 0 & 1 & 1 \\ 0 & 0 & 0 & 1 \\ 1 & 0 & 0 & 0 \end{pmatrix},$$

可以稀疏表示为:$(1,2)1$;$(1,3)1$;$(2,3)1$;$(2,4)1$;$(3,4)1$;$(4,1)1$。

3. 关联矩阵

设无向图 $G=(V,E)$，$|V|=n$ 表示顶点数，$|E|=m$ 表示边数，关联矩阵表示顶点 $v_i(i=1,2,\cdots,n)$ 与边 $e_j(j=1,2,\cdots,m)$ 之间关联次数 $M(G)=(m_{ij})_{n\times m}$，其中

$$m_{ij}=\begin{cases} 2, & \text{当且仅当 } v_i \text{ 是边 } e_j \text{ 的两个端点,} \\ 1, & \text{当且仅当 } v_i \text{ 是边 } e_j \text{ 的一个端点,} \\ 0, & \text{当且仅当 } v_i \text{ 不是边 } e_j \text{ 的端点。} \end{cases}$$

类似地，有向图的关联矩阵 $M(G)=(m_{ij})_{n\times m}$ 的元素 m_{ij} 定义为

$$m_{ij} = \begin{cases} 1, & \text{当且仅当 } v_i \text{ 是有向边 } e_j \text{ 的始点,} \\ -1, & \text{当且仅当 } v_i \text{ 是有向边 } e_j \text{ 的终点,} \\ 0, & \text{当且仅当 } v_i \text{ 不是边 } e_j \text{ 的端点。} \end{cases}$$

例 10.3　求图 10.2 所示有向图的关联矩阵。

解　根据有向图的关联矩阵的定义,可求得该有向图的关联矩阵为

	e_1	e_2	e_3	e_4	e_5	e_6
v_1	1	1	-1	0	0	0
v_2	-1	0	0	1	1	0
v_3	0	-1	0	-1	0	1
v_4	0	0	1	0	-1	-1

4. 图的可达矩阵

设有图 $G = (V, E)$,顶点集 $V = \{v_1, v_2, \cdots, v_n\}$,定义矩阵 $\boldsymbol{P} = (p_{ij})_{n \times n}$,其中

$$p_{ij} = \begin{cases} 0, & v_i \text{ 不可达到 } v_j, \\ 1, & v_i \text{ 可达到 } v_j, \end{cases}$$

称该矩阵为图 G 的**可达矩阵**。

可通过以下方法从邻接矩阵计算得到可达矩阵:

首先,求出

$$\boldsymbol{B}_n = \boldsymbol{W} + \boldsymbol{W}^2 + \cdots + \boldsymbol{W}^n;$$

其次,把矩阵不为 0 的元素改为 1,而为 0 的元素不变,做这样改变得到的新矩阵即为图 G 的可达矩阵 $\boldsymbol{P}$。

例 10.4　计算图 10.2 所示有向图的可达矩阵 $\boldsymbol{P}$。

解　由例 10.2 已知图 G 的 $\boldsymbol{W}$ 及其 $\boldsymbol{W}^2, \boldsymbol{W}^3, \boldsymbol{W}^4$,从而得

$$\boldsymbol{B}_4 = \boldsymbol{W} + \boldsymbol{W}^2 + \boldsymbol{W}^3 + \boldsymbol{W}^4 = \begin{pmatrix} 3 & 3 & 4 & 3 \\ 2 & 2 & 4 & 4 \\ 1 & 1 & 2 & 3 \\ 3 & 1 & 2 & 3 \end{pmatrix},$$

于是得到图 G 的可达矩阵

$$\boldsymbol{P} = \begin{pmatrix} 1 & 1 & 1 & 1 \\ 1 & 1 & 1 & 1 \\ 1 & 1 & 1 & 1 \\ 1 & 1 & 1 & 1 \end{pmatrix}。$$

这说明图 10.2 为连通图。

10.3　图论能解决的常见问题

为了便于将实际问题转化为图论问题进行求解,先对图论中的常见问题类型进行归纳,然后在接下来的章节中,对其中一些问题的求解方法进一步详细介绍。

1. 欧拉图问题

图论来源于一个实际问题——七桥问题。18 世纪东普鲁士哥尼斯堡被普列戈尔河分为四块,它们通过七座桥相互连接(见图 10.3)。当时该城的市民热衷于这样一个游戏:一个散步者怎样才能从某块陆地出发,经每座桥一次且仅一次回到出发点。

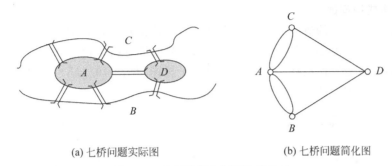

(a) 七桥问题实际图　　　　　　　　　　(b) 七桥问题简化图

图 10.3　七桥问题实际图和简化图

七桥问题抽象出来就是寻找图中经过所有边且每边仅通过一次的通路(或者回路)的问题,该问题称为**欧拉图**(Euler graph)**问题**。

具有这种回路的图称为欧拉图(Euler graph),具有这种通路而无这种回路的图称为**半欧拉图**。

2. 哈密顿图问题

哈密顿图问题就是在图中寻找经过所有顶点且仅能经过一次(不要求经过所有的边)的通路(或者回路)的问题。具有这种回路的图称为**哈密顿圈**。如果图上有一条经过所有顶点的通路(非回路),称该图具有**哈密顿通路**。

最简单的哈密顿圈就是哈密顿提出的问题:地球上有二十个城市构成一个正十二面体,怎样做到不重复地走遍每一个城市回到出发地?

需要注意欧拉图与哈密顿图问题的区别。欧拉图问题强调每条边经过且经过一次,顶点可以重复。而哈密顿图问题强调每个顶点经过且仅能经过一次,而不要求经过所有的边。

3. 旅行商问题

一名推销员准备前往若干城市推销产品。如何为他(她)设计一条最短的旅行路线(从驻地出发,经过每个城市恰好一次,最后返回驻地)? 这一问题的研究历史十分悠久,通常称之为**旅行商问题**(traveling salesman problem,TSP)。

旅行商问题更一般的描述就是在一个赋权图中,要求寻找每个顶点恰好经历一次并且权值之和最小的回路。用图论的术语说,**旅行商问题就是在一个赋权图中,寻找一个权值之和最小的哈密顿圈**。

4. 中国邮递员问题

一名邮递员负责投递某个街区的邮件。如何为他(她)设计一条最短的投递路线(从邮局出发,经过投递区内每条街道至少一次,最后返回邮局)? 由于这一问题是我国管梅谷教授 1960 年首先提出的,所以国际上称之为**中国邮递员问题**(Chinese postman problem,CPP)。

中国邮递员问题更一般的描述就是在一个赋权图中,要求寻找每条边至少经历一次并且权值之和最小的回路。

5. 最短路问题

最短路问题(shortest path problem,SPP)一般归为两类:一类是在给定赋权图 G 中求某个顶点到其他顶点的最短路径。另一类是求赋权图中每对顶点间的最短路径。最短路问题是重要的最优化问题之一,应用背景广泛,研究此问题具有广泛的实用价值。

6. 最小生成树问题

树是图论中最重要的概念之一。所谓**树**就是无圈的连通图,如图 10.4(a)所示。树具有以下几个特点:n 个顶点的树必有 $n-1$ 条边;树的任意两个顶点之间,恰有且仅有一条路径。比如将北斗七星连接在一起就可形成一个树图(见图 10.4(b))。树是无圈的,但不相邻的两个点之间加一条边,恰好得到一个圈。

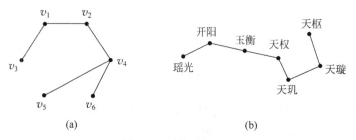

图 10.4 树图的示例

给定一个连通的 G,如果 G' 是 G 的支撑子图(部分图),同时 G' 又是树,那么称 G' 是 G 的支撑树(部分树)。通常图 G 的支撑树是不唯一的,例如图 10.5 中(b)和(c)都是连通(a)的支撑树。

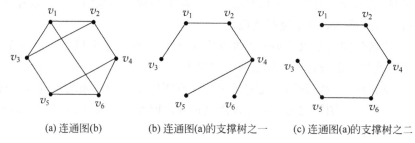

(a) 连通图(b)   (b) 连通图(a)的支撑树之一   (c) 连通图(a)的支撑树之二

图 10.5 连通图的支撑树

进一步,如果 G 是一个连通的赋权图,要寻找出 G 的总长最小的部分树,这样的问题称为最小支撑树问题(最小部分树问题)。

有许多实际问题可以转化为最小部分树问题。比如,某一地区有若干个主要城市,现准备修建高速公路把这些城市连接起来,使得从其中任何一个城市都可以经高速公路直接或间接到达另一个城市。假定已经知道了任意两个城市之间修建高速公路的成本,那么应如何决定在哪些城市间修建高速公路,使得总成本最小。

7. 匹配问题

最著名的图的匹配问题(assignment problem)就是婚配问题:在一个集合中,有 m 个女生,s 个男生,设集合 $S_1,S_2,\cdots,S_m$ 分别代表每个女生喜欢的男生的集合(当然一个女生可以喜欢多个男生),问有没有可能最终令这 m 个女生都能够和自己心仪的男生结婚?该问题称为最大匹配问题。

人员分配问题也属于匹配问题。某公司准备分派 n 名工人 $x_1, x_2, \cdots, x_n$ 做 n 件工作 $y_1, y_2, \cdots, y_n$，如果每位工人对各种工作的效率（回报）是已知的，如何分配这些工人使得总效率（回报）达到最大。该问题称为求最优匹配问题。

8. 网络最大流问题

所谓网络最大流问题，就是考虑从发点 v_s 经过中间点到达收点 v_t，如何使得收点 v_t 收到的流量最大。一个实际例子是，将地区 s 的天然气通过管道运输到地区 t，中间有若干中转站，如果地区与中转站之间的连接以及管道容量是已知的，如何安排天然气运输，使得从地区 s 到地区 t 的流量最大。

10.4 最短路径问题

最短路径问题是图论研究的经典问题，有广泛的应用背景和实用价值。这里分别介绍两指定顶点间最短路径和每对顶点的最短路径问题。

1. 两指定顶点间最短路径

赋权图 $G = (V, E, W)$，其中 $V = \{v_1, v_2, \cdots, v_n\}$ 是顶点集，$E = \{e_1, e_2, \cdots, e_m\}$ 为边集，$W = (\omega_{ij})_{n \times n}$ 为邻接矩阵。ω_{ij} 表示顶点 v_i 到顶点 v_j 的距离，若顶点 v_i 到顶点 v_j 无路，则 $\omega_{ij} = \infty$。下面介绍从一个顶点 u_0 到其他顶点的最短路径算法。

迪克斯特拉（Dijkstra）算法是目前公认的两指定顶点间最短路径的经典算法。迪克斯特拉算法的基本思想是：先循环遍历出每个顶点 v 与起点 u_0 的距离 $d(u_0, v)$（若 u_0 与 v 不相邻，$d(u_0, v) = \infty$），得到距离 u_0 的最近点 A；然后计算点 A 与其余顶点 v 的距离，若 u_0 经最近点 A 到达 v 的距离小于当前 $d(u_0, v)$，将顶点 v 到 u_0 的距离 $d(u_0, v)$ 更新为 u_0 到点 A 的距离与点 A 到达 v 的距离之和

$$d(u_0, A) + d(A, v),$$

此时 $d(u_0, v)$ 表示 u_0 直接到 v 的距离和 u_0 经最近点 A 到达 v 的距离中的最小值。接着求更新后的 $d(u_0, v)$ 的最小值，得到距离 u_0 的次近点 B，并计算点 B 与其余顶点 v 的距离。若 u_0 经次近点 B 到达 v 的距离小于 $d(u_0, v)$，再将顶点 v 到 u_0 的距离 $d(u_0, v)$ 更新为 u_0 到点 B 的距离与点 B 到达 v 的距离之和

$$d(u_0, B) + d(B, v),$$

如此循环 $n-1$ 次，依次从近及远寻找 u_0 到图 G 各顶点的最短路径和距离。

迪克斯特拉（Dijkstra）算法流程如下：

步骤 1 令 $d(u_0, u_0) = 0$，对于 $v \neq u_0$，令 $d(u_0, v) = \infty$，$S_0 = \{u_0\}$，$i = 0$。

步骤 2 对每个 $v \in \overline{S}_i$，即 $(V \backslash S_i)$，用

$$\min_{u \in S_i} \{d(u_0, v), d(u_0, u) + \omega(uv)\}$$

代替 $d(u_0, v)$，这里 $\omega(uv)$ 表示顶点 u 和 v 之间的权值，当 u, v 不相邻时，$\omega(uv) = \infty$。计算 $\min_{v \in \overline{S}_i} \{d(u_0, v)\}$，把达到这个最小值的一个顶点记为 u_{i+1}，令 $S_{i+1} = S_i \bigcup \{u_{i+1}\}$。

步骤 3 若 $i = |V| - 1$，则停止；若 $i < |V| - 1$，则用 $i+1$ 代替 i，转步骤 2。

算法结束时，从 u_0 到各顶点 v 的最短距离由最后更新得到的 $d(u_0, v)$ 给出。为了得

到各顶点 v 到 u_0 最短距离 $d(u_0, v)$ 的路径,每次对 $d(u_0, v)$ 更新后,需要记录 v 的上一个顶点 u。

例 10.5　某公司在六个城市中有分公司,每两个城市直接航程票价记在下述矩阵的 (i, j) 位置上(∞ 表示无直接航路)。请帮助该公司设计一张从城市 c_1 到城市 c_4 间票价最低的路线图。

$$
\begin{bmatrix}
0 & 50 & \infty & 40 & 25 & 10 \\
50 & 0 & 15 & 20 & \infty & 25 \\
\infty & 15 & 0 & 10 & 20 & \infty \\
40 & 20 & 10 & 0 & 10 & 25 \\
25 & \infty & 20 & 10 & 0 & 55 \\
10 & 25 & \infty & 25 & 55 & 0
\end{bmatrix}
$$

解　编写 MATLAB 程序如下:

```
%起点 u0 到终点 v0
u0＝1;v0＝4;
%邻接矩阵录入
W＝zeros(6);
W(1,2)＝50;W(1,3)＝inf;W(1,4)＝40;W(1,5)＝25;W(1,6)＝10;
W(2,3)＝15;W(2,4)＝20;W(2,5)＝inf;W(2,6)＝25;
W(3,4)＝10;W(3,5)＝20;W(3,6)＝inf;
W(4,5)＝10;W(4,6)＝25;
W(5,6)＝55;
W＝W＋W';
W(find(W==0))＝inf;
n＝size(W,1);                        %顶点数量
S0(1:n) ＝ 0;S0(u0)＝1;              %S0 记录标过号的顶点,标过号的顶点记为 1
distance(1:n) ＝ inf;distance(u0) ＝ 0;   %初始化每个顶点到起点 u0 的距离
parent(1:n) ＝ 0; %parent 记录每个顶点获得 distance 时的路径上前一顶点的标号
u＝u0;                               %u 当前标号的顶点,初始为起点 u0
for i ＝ 1: n－1
    id＝find(S0==0);                 %查找未标号的顶点
    for v ＝ id
        if  W(u, v) ＋ distance(u) < distance(v)
            distance(v) ＝ distance(u) ＋ W(u, v);   %修改标号值
            parent(v) ＝ u;          %记录当前 v 到 u0 的最短路径中 v 的上一顶点
        end
    end
    temp＝distance;
    temp(S0==1)＝inf;                %已标号点的距离换成无穷
    [t, u] ＝ min(temp);             %找这次迭代中最小的顶点的标号
    S0(u) ＝ 1;                      %标记这次迭代中最小的顶点
end
%记录 u0 到 v0 的最短路径
path_v0 ＝ [];
if parent(v0) ～＝ 0                 %说明存在 u0 到 v0 的路径
    t ＝ v0;
    path_v0 ＝ [v0];
```

```
        while t ~= u0
            p = parent(t);
            path_v0 = [p path_v0];          %从终点出发,逐点回溯上一顶点,从而确定最短路径
            t = p;
        end
    end
    distance_v0 = distance(v0)
    path_v0
```

则城市 c_1 到城市 c_4 的最短距离为

distance_v0 =35

最短路径

path_v0 =1 64

也就是经城市 c_6 中转,可以获得城市 c_1 到城市 c_4 的最短距离(最低票价)。但是也可以很容易发现路径 $c_1 \to c_5 \to c_4$ 也是城市 c_1 到城市 c_4 的最短路径(最低票价)。

例 10.6 一老汉带了一只狼、一只羊、一棵白菜,想要从南岸过河到北岸,河上只有一条独木舟,每次除了人以外,只能带一样东西;另外,如果人不在,狼就要吃羊,羊就要吃白菜,问应该怎样安排渡河,才能做到既把所有东西都运过河去,并且在河上来回次数最少?

解 为了用图论的方法解决此问题,首先给出图的顶点的定义。设图的顶点 v_i 表示河岸的两边所有可能出现的状态。河的一边所有可能出现状态有五种: $v_1 =$(人,狼,羊,菜), $v_2 =$(人,狼,羊), $v_3 =$(人,狼,菜), $v_4 =$(人,羊,菜), $v_5 =$(人,羊)。河岸的一边不可能出现诸如(人,狼)状态,否则另一边就会出现诸如(羊,菜)的状态,这是不允许的。而河的另一边也存在完全相同的五种状态,分别记为: $v_6 =$(人,狼,羊,菜), $v_7 =$(人,狼,羊), $v_8 =$(人,狼,菜), $v_9 =$(人,羊,菜), $v_{10} =$(人,羊)。

其次给出图的边的定义。设图的边 e_{ij} 表示由状态 v_i 经一次渡河到状态 v_j,这样可以得到图 $G=(V,E)$,其中顶点集 $V=\{v_1,v_2,\cdots,v_{10}\}$,边集合 $E=\{e_{ij}\}$, $i,j=1,2,\cdots$, 10(见图 10.6)。为了求把所有东西都运过河去的最少回次,设连接边 e_{ij} 的权值为 1,这样该问题就转化为求状态 v_1 到状态 v_6 的最短路径问题。

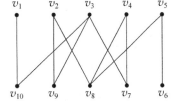

图 10.6 过河问题的图

据此建立邻接矩阵的稀疏表达: $\omega_{1,10}=1,\omega_{2,8}=1,\omega_{2,9}=1,\omega_{3,7}=1,\omega_{3,9}=1,\omega_{3,10}=1,\omega_{4,7}=1,\omega_{4,8}=1,\omega_{5,6}=1,\omega_{5,8}=1,\omega_{6,5}=1,\omega_{7,3}=1,\omega_{7,4}=1,\omega_{8,2}=1,\omega_{8,4}=1,\omega_{8,5}=1,\omega_{9,2}=1,\omega_{9,3}=1,\omega_{10,1}=1,\omega_{10,3}=1$。

按例 10.5 的方法,可以得到最短路径为 $v_1 \to v_{10} \to v_3 \to v_9 \to v_2 \to v_8 \to v_5 \to v_6$。

2. 每对顶点间最短路径

迪克斯特拉(Dijkstra)算法只计算一个起点到其余顶点的最短距离,为了计算赋权图中每对顶点之间的最短路径,可以循环调用迪克斯特拉(Dijkstra)算法,得到每个顶点到其他顶点的最短路径。除此之外,另一种算法即弗洛伊德(Floyd)算法也可以计算每对顶点之间最短路径。

对于赋权图 $G=(V,E,\boldsymbol{W})$,其中 $V=\{v_1,v_2,\cdots,v_n\}$ 是顶点集, $E=\{e_1,e_2,\cdots,e_n\}$ 为

边集，$\boldsymbol{W}=(\omega_{ij})_{n\times n}$ 为邻接矩阵，其中

$$\omega_{ij}=\begin{cases}\text{权值}, & \text{当且仅当 } v_i \text{ 与 } v_j \text{ 之间有关联边},\\ \infty, & \text{当且仅当 } v_i \text{ 与 } v_j \text{ 之间没有关联边},\\ 0, & i=j.\end{cases}$$

弗洛伊德(Floyd)算法的基本思想是邻接矩阵 $\boldsymbol{W}$ 提供每对顶点不经过中间节点而直接相邻的距离，将其视为每对顶点最短距离 $\boldsymbol{D}=(d_{ij})(i,j=1,2,\cdots,n)$ 的初始值 $d_{ij}=\omega_{ij}(i,j=1,2,\cdots,n)$。逐点搜索每一个顶点 $v_k(k=1,2,\cdots,n)$，当 v_k 出现在顶点 v_i 到 v_j 的路径上时使得 v_i 到 v_j 之间的距离变短 $d_{ik}+d_{kj}<d_{ij}$，则对 v_i 到 v_j 的最短距离进行更新：$d_{ij}=d_{ik}+d_{kj}$，更新后的 d_{ij} 是当前搜索的顶点 v_i 到 v_j 的最短距离。重复这一过程，最后搜索完所有顶点 v_k 时，d_{ij} 就是顶点 v_i 到 v_j 的最短距离。

弗洛伊德(Floyd)算法会产生一个矩阵序列 $\boldsymbol{D}_1,\boldsymbol{D}_2,\cdots,\boldsymbol{D}_k,\cdots,\boldsymbol{D}_n$，其中 $\boldsymbol{D}_k$ 的元素 $D_k(i,j)$ 表示从顶点 v_i 直接到 v_j 和点 v_i 经过 $v_1,v_2,\cdots,v_k$ 中的点到达 v_j 的路径的最短距离。搜索到每对顶点 v_i 和 v_j 之间最短路径所包含的中间顶点，从而得到两点之间最短距离矩阵 $\boldsymbol{D}=(d_{ij})$。

弗洛伊德(Floyd)算法步骤如下：

步骤 1　设每对顶点的最短距离矩阵 $\boldsymbol{D}=(d_{ij})$ 的初始化：$\boldsymbol{D}=\boldsymbol{W}$；

步骤 2　循环迭代 $(k=1,2,\cdots,n)$ 更新最短距离矩阵 $\boldsymbol{D}=(d_{ij})$，若 $d_{ik}+d_{kj}<d_{ij}$，则更新 d_{ij}：

$$d_{ij}=d_{ik}+d_{kj}.$$

当 $k=n$ 时，$\boldsymbol{D}=(d_{ij})$ 即为各顶点间的最短距离。

例 10.7　用 Floyd 算法求例 10.5 中城市 c_1 与城市 c_4 之间票价最低的路线图。

解　编写 MATLAB 程序如下：

```
%顶点数
n=6;
%邻接矩阵
W=zeros(n);
W(1,2)=50;W(1,4)=40;W(1,5)=25;W(1,6)=10;
W(2,3)=15;W(2,4)=20;W(2,6)=25; W(3,4)=10;W(3,5)=20;
W(4,5)=10;W(4,6)=25; W(5,6)=55;
W=W+W';
%每对顶点最短距离矩阵及其初始化
D=W;
D(D==0)=inf; %把所有零元素替换成无穷
D([1:n+1:n^2])=0; %对角线元素替换成零
%记录每对顶点获得最短距离时编号最大的中间顶点
%若顶点 i 和顶点 j 之间最短距离无中间顶点,mediate(i,j)==0
mediate=zeros(n);
for k=1:n %按顶点编号从小到顺序进行逐点搜索
    for i=1:n
        for j=1:n
            if D(i,j)>D(i,k)+D(k,j)
                D(i,j)=D(i,k)+D(k,j);
                mediate(i,j)=k;
```

```
            end
        end
      end
  end
```

得到每对顶点之间最短距离矩阵和最短距离编号最大中间节点矩阵为

$$
D =
\begin{array}{cccccc}
0 & 35 & 45 & 35 & 25 & 10 \\
35 & 0 & 15 & 20 & 30 & 25 \\
45 & 15 & 0 & 10 & 20 & 35 \\
35 & 20 & 10 & 0 & 10 & 25 \\
25 & 30 & 20 & 10 & 0 & 35 \\
10 & 25 & 35 & 25 & 35 & 0
\end{array}
$$

$$
\text{mediate} =
\begin{array}{cccccc}
0 & 6 & 5 & 5 & 0 & 0 \\
6 & 0 & 0 & 0 & 4 & 0 \\
5 & 0 & 0 & 0 & 0 & 4 \\
5 & 0 & 0 & 0 & 0 & 0 \\
0 & 4 & 0 & 0 & 0 & 1 \\
0 & 0 & 4 & 0 & 1 & 0
\end{array}
$$

由 $D(1,4)=35$(或 $D(4,1)=35$),可知城市 c_1 与城市 c_4 之间最低票价为 35,而由 mediate$(1,4)=5$ 可知城市 c_5 为城市 c_1 与城市 c_4 之间获得最低票价的中转城市,而 mediate$(1,5)=0$,mediate$(4,5)=0$ 说明城市 c_1 与城市 c_5 以及城市 c_4 与城市 c_5 都可以直达。城市 c_1 与城市 c_4 之间最低票价的路径为 $c_1 \rightarrow c_5 \rightarrow c_4$。

最后需要指明,在赋权图中,最短路径指的是两顶点之间的权值总和最小的路径;在非赋权图中,边的权值都默认为 1,最短路径指的是两顶点之间边数最少的路径。

10.5 最小生成树问题

最小生成树问题就是在连通无向图中求解权最小的生成树。最小生成树问题常用解法有 Prim 算法和 Kruskal 算法。这里只介绍 Prim 算法。

Prim 算法的步骤如下:

步骤 1 输入一个加权连通图 $G=(V,E,W)$,其中顶点集合为 V,边集合为 E,邻接矩阵为 W;

步骤 2 最小生成树的初始化:树的顶点集初始化为 $V_{tree}=\{v_i\}$,其中 v_i 为集合 V 中的任一顶点(起始点),通常取为 v_1,树的边集合的初始化为 $E_{tree}=\{\}$,即为空集;

步骤 3 重复下列操作,直到 $V_{tree}=V$:

(1) 在边集 E 中选取权值最小的边 (u,v),其中 $u\in V_{tree}$,而 $v\notin V_{tree}$,也就是 $v\in U$,$U=V-V_{tree}$。如果存在多条满足前述条件即具有相同权值的边,则可任意选取其中之一;

(2) 将 v 加入集合 V_{tree} 中,将边 (u,v) 加入集合 E_{tree} 中。

例 10.8 某公司要为一个客户设计一个有 9 个通信站点的局部网络,使其造价最低。这 9 个站点的直角坐标为 $v_1(0,15),v_2(5,20),v_3(16,24),v_4(20,20),v_5(33,25),v_6(23,$

$11),v_7(35,7),v_8(25,0),v_9(10,3)$。任意两个通信站点之间的线路费用正比于这两个站点间的直角折线距离 $d=|x_1-x_2|+|y_1-y_2|$。假设不允许通信线在非站点处连接,问如何布线才能使通信站的线路费用最低?

解 为了用图论的方法解决该问题,设 9 个站点组成图的顶点集 $V=\{v_1,v_2,\cdots,v_9\}$,每对顶点都彼此相邻,组成边集 $E=\{e_{ij}\}$,$i,j=1,2,\cdots,9$,由于不允许通信线在非站点处连接,任意两个通信站点之间的线路费用正比于这两个站点间的直角折线距离,因此可设每条边的权值为对应两点 (x_i,y_i) 和 (x_j,y_j) 之间的直角折线距离

$$\omega_{ij}=|x_i-x_j|+|y_i-y_j|。$$

相应的邻接矩阵为 $\boldsymbol{W}=(\omega_{ij})_{9\times9}$,从而得到一个连通赋权图 $G=(V,E,\boldsymbol{W})$。很显然,要求如何布线才能使通信站的线路费用最低,即求该连通赋权图 $G=(V,E,\boldsymbol{W})$ 的最小生成树。

利用最小生成树的 Prim 解法编写 MATLAB 程序如下:

```
%计算邻接矩阵
x=[0,5,16,20,33,23,35,25,10];
y=[15,20,24,20,25,11,7,0,3];
for i=1:9
    for j=1:9
        W(i,j)=abs(x(i)-x(j))+abs(y(i)-y(j));
    end
end
n=length(W);%顶点数
V=1:1:n;%顶点集
Vtree=[1];%最小生成树顶点集的初始化
U=setdiff(V,Vtree);
Etree=[];%最小生成树边集的初始化
Distance=[];%最小生成树边的距离的初始化
while size(Vtree)~=n
    temp=W(Vtree,U);%当前选入树的顶点与还未选入的顶点的邻接矩阵
    %%%%%寻找当前最小边(u,v)
    Dmin=min(temp(:));
    [u_temp,v_temp]=find(temp==Dmin);
    u=Vtree(u_temp(1));v=U(v_temp(1));%最小边不唯一
    %%%%%寻找当前最小边(u,v)
    Etree=[Etree,[u;v]];
    Distance=[Distance,Dmin];
    Vtree=[Vtree,v];U(find(U==v))=[];
end
```

运行程序得最小生成树为

```
Etree =
1    2    3    4    6    6    3    8
2    3    4    6    8    7    5    9
Distance =
10   15    8   12   13   16   18   18
```

即布线线路为 $(v_1,v_2),(v_2,v_3),(v_3,v_4),(v_4,v_6),(v_6,v_8),(v_6,v_7),(v_3,v_5),(v_8,v_9)$ 时,线路总长度达到最小 110。铺设线路如图 10.7 所示。

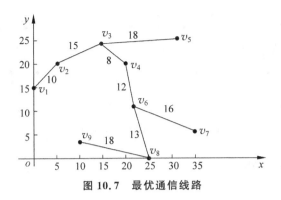

图 10.7 最优通信线路

10.6 匹配问题

为了将婚配问题、人员分配等匹配问题转化为图论问题进行求解,先给出一些图的有关定义,然后分别介绍婚配问题和人员分配问题的求解方法。

1. 图论描述匹配问题

定义 10.8(二分图和完全二分图) 若图的顶点集为两个非空子集 X 和 Y,并且每条边有一个顶点在 X 中,另一个顶点在 Y 中,则称此图为**二分图**(或称偶图)。进一步,若 X 的每个顶点都与 Y 的每个顶点相连,则称为**完全二分图**(或完全偶图)(图 10.8)。

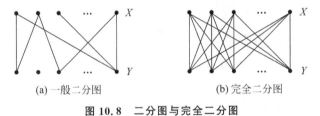

(a) 一般二分图　　　　(b) 完全二分图

图 10.8 二分图与完全二分图

二分图记为 $G=(X,Y,E)$,其中 E 为边集,可以用边矩阵 $\boldsymbol{A}=(a_{ij})_{m\times n}$ 来描述,其中,

$$a_{ij}=\begin{cases}1, & x_i \text{ 和 } y_j \text{ 相邻},\\ 0, & x_i \text{ 和 } y_j \text{ 不相邻},\end{cases}$$

$$m=|X|, n=|Y|。$$

当二分图的边具有权值时,边矩阵 $\boldsymbol{A}=(a_{ij})_{m\times n}$ 的元素

$$a_{ij}=\begin{cases}\omega_{ij}, & x_i \text{ 和 } y_j \text{ 相邻},\\ 0, & x_i \text{ 和 } y_j \text{ 不相邻}。\end{cases}$$

定义 10.9(匹配) 设 M 是二分图 $G=(X,Y,E)$ 中边集 E 的子集,如果 M 中任何两边都不邻接,则称 M 是图 G 的一个**匹配**,并且称 $|M|$ 为 G 的**匹配数**。

根据匹配的定义,边集 M 是二分图 $G=(X,Y,E)$ 的匹配,M 中任意两条边都不依附于同一个顶点。如图 10.9(a)中建立的一个二分图 G,那么图 10.9(b)和(c)所示的边集 $M_1=\{(x_3,y_2),(x_5,y_4)\}$ 和 $M_2=\{(x_3,y_1),(x_4,y_2),(x_5,y_4)\}$ 为 G 的一个匹配。

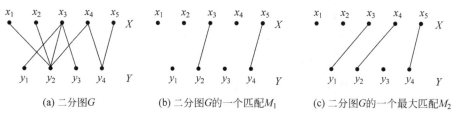

图 10.9 二分图 G 匹配的定义

定义 10.10（完全匹配） 如果一个匹配 M 将 G 中所有顶点都配成对，则称 M 为 G 的**完全匹配**。

定义 10.11（最大匹配） 若在图 G 中不存在另一个匹配 M'，使得 $|M'| > |M|$，则称 M 为一个**最大匹配**。

图 10.9(c) 中所示的匹配就是图 10.9(a) 的二分图的一个最大匹配，但是该匹配并非完全匹配。

2. 婚配问题的求解

将女生设为顶点集 X，男生设为顶点集 Y，将每个女生喜欢的男生连接在一起，得到边集 E，从而建立一个二分图 G（图 10.10）。寻找图 G 的完美匹配或者最大匹配，就能判断 m 个女生是否都能够和自己心仪的男生结婚。

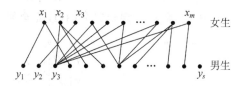

图 10.10 婚配问题生成的二分图

为了给出婚配问题求解思路，首先要给出增广路径的定义。

定义 10.12（增广路径） 设 M 为二分图 $G = (X, Y, E)$ 已知的一个匹配，若 P 是图 G 中一条连通两个 M 未匹配顶点的路径（P 的起点在 X 集，终点在 Y 集，反之亦可），路径 P 属于 M 的边和不属于 M 的边（即已匹配和待匹配的边）在 P 上交替出现，则称 P 为相对于 M 的一条**增广路径**。

在图 10.11(c) 中所示的路径 $(x_4, y_3), (y_3, x_2), (x_2, y_1), (y_1, x_1), (x_1, y_2)$ 即为图(a)所示二分图 G 相对于图(b)所示一个匹配 $M(x_1, y_1), (x_2, y_3), (x_3, y_4)$ 的一条增广路径 P。这是因为 P 的起止点 x_4 和 y_2 是 M 未匹配的顶点，连通这两个顶点的路径中不属于 M 的边 $(x_4, y_3), (x_2, y_1), (x_1, y_2)$ 和属于 M 的边 $(y_3, x_2), (y_1, x_1)$ 交替出现。

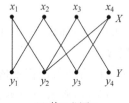 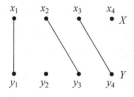 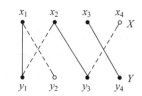

(a) 某二分图 G (b) 图(a)的一个匹配 M (c) 图(a)相对于 M 的一条增广路径

图 10.11 增广路径的含义

增广路径 P 是一条"交错路"。它的第一条边和最后一条边不属于 M,而中间的边是属于和不属于 M 的边交错。由于 P 的起点和终点分别在 X 集和 Y 集,P 有奇数条边。

在图 10.11 中还可以注意到,在增广路径 P 中不属于 M 的边 (x_4, y_3),(x_2, y_1),(x_1, y_2)比属于 M 的边 (y_3, x_2),(y_1, x_1) 多一条。若把 M 中属于路径 P 的边去掉后,加入路径 P 中不属于 M 的边,就可以得到图 G 的一个新匹配 $M'(x_4, y_3)$,(x_2, y_1),(x_1, y_2) 和 (x_3, y_4)(如图 10.12 所示,这个新匹配的匹配数 $|M'|$ 一定大于原匹配 M 的匹配数 $|M|$。

这就是求婚配问题的 Hungarian 算法的思路。

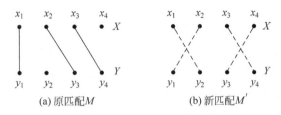

图 10.12 Hungarian 的思路

3. 人员分配问题求解

某公司准备分派 n 名工人 $x_1, x_2, \cdots, x_n$ 做 n 件工作 $y_1, y_2, \cdots, y_n$,如果每位工人对各种工作的效率(回报)是已知的,如何分配这些工人使得总效率(回报)达到最大。为了能用图论的方式表达人员分配问题,考虑一个赋权二分图 (X, Y),其中顶点集 X 表示工人 $X = \{x_1, x_2, \cdots, x_n\}$,顶点集 Y 表示工作 $Y = \{y_1, y_2, \cdots, y_n\}$,边集表示工人所能胜任的工作,而边 (x_i, y_j) 的权 $\omega_{ij} = \omega(x_i, y_j)$ 表示工人 x_i 做工作 y_j 的效率。显然人员分配问题等价于在赋权二分图 (X, Y) 中寻找一个最大权值的完全匹配。

人员分配问题的解法是库恩(Kuhn)于 1955 年提出的,他引用了匈牙利数学家康尼格一个关于矩阵中 0 元素的定理:矩阵中独立 0 元素(位于不同行不同列的 0 元素)的最多个数等于能覆盖所有 0 元素的最少直线数。这种解法也称为 Hungarian 解法。

下面通过一个实例讲解,说明 Hungarian 的解题思路和步骤。

例 10.9 有一份中文说明书,需翻译成英、日、德、俄四种文字,分别记作 E、J、G、R。现有甲、乙、丙、丁四人进行翻译,他们将中文说明书翻译成不同语种的说明书所需时间如表 10.1 所示。问应该如何进行人员分配使得总时间最少?

表 10.1 例 10.9 工作分配耗时表

人员	任 务			
	E	J	G	R
甲	2	15	13	4
乙	10	4	14	15
丙	9	14	16	13
丁	7	8	11	9

解　第一步,使分配问题的耗费矩阵经行和列的变化后,在各行各列中都出现 0 元素。①从耗费矩阵的每行元素减去该行最小元素;②再从所得耗费矩阵的每列元素中减去该列的最小元素:

$$(c_{ij})=\begin{bmatrix} 2 & 15 & 13 & 4 \\ 10 & 4 & 14 & 15 \\ 9 & 14 & 16 & 13 \\ 7 & 8 & 11 & 9 \end{bmatrix}\begin{matrix} 2 \\ 4 \\ 9 \\ 7 \end{matrix} \rightarrow \begin{bmatrix} 0 & 13 & 11 & 2 \\ 6 & 0 & 10 & 11 \\ 0 & 5 & 7 & 4 \\ 0 & 1 & 4 & 2 \end{bmatrix} \rightarrow \begin{bmatrix} 0 & 13 & 7 & 0 \\ 6 & 0 & 6 & 9 \\ 0 & 5 & 3 & 2 \\ 0 & 1 & 0 & 0 \end{bmatrix} \overset{\text{def}}{=\!=}(b_{ij})$$

$$\begin{matrix} & 0 & 0 & 4 & 2 \end{matrix}$$

第二步,经第一步变换后,耗费矩阵中每行每列都已有了 0 元素,需进一步圈出 4 个独立的 0 元素。①圈出独立 0 元素 b_{22},这因为 $b_{22}=0$ 表明乙最胜任 J 任务;而 J 任务最适合乙;②圈出 b_{31},因为 (b_{ij}) 的第三行只有 $b_{31}=0$,说明丙最胜任 E 任务;划去 b_{11} 和 b_{41},这是因为任务 E 已经安排合适人选;③圈出 b_{43},划掉 b_{44};④圈出 b_{14}:

$$(b_{ij})=\begin{bmatrix} 0 & 13 & 7 & 0 \\ 6 & ① & 6 & 9 \\ 0 & 5 & 3 & 2 \\ 0 & 1 & 0 & 0 \end{bmatrix}=\begin{bmatrix} \cancel{0} & 13 & 7 & 0 \\ 6 & ① & 6 & 9 \\ ① & 5 & 3 & 2 \\ \cancel{0} & 1 & 0 & 0 \end{bmatrix}=\begin{bmatrix} \cancel{0} & 13 & 7 & 0 \\ 6 & ① & 6 & 9 \\ ① & 5 & 3 & 2 \\ \cancel{0} & 1 & ① & \cancel{0} \end{bmatrix}=\begin{bmatrix} \cancel{0} & 13 & 7 & ① \\ 6 & ① & 6 & 9 \\ ① & 5 & 3 & 2 \\ \cancel{0} & 1 & ① & \cancel{0} \end{bmatrix}$$

第三步,被圈 0 元素对应位置为 1,其余置为 0,得到最优分配方案:

$$\begin{matrix} & \begin{matrix} E & J & G & R \end{matrix} \\ \boldsymbol{X}= & \begin{matrix} 甲 \\ 乙 \\ 丙 \\ 丁 \end{matrix}\begin{bmatrix} 0 & 0 & 0 & 1 \\ 0 & 1 & 0 & 0 \\ 1 & 0 & 0 & 0 \\ 0 & 0 & 1 & 0 \end{bmatrix} \end{matrix}$$

分配问题的最优解有这样的性质:若从耗费矩阵的每行(列)各元素中分别减去该行(列)的最小元素,得到新矩阵,那么新矩阵求得的最优解和原耗费矩阵求得的最优解相同。利用这个性质,在新矩阵中找到独立的 0 元素,则解矩阵中对应的独立 0 元素位置取为 1,其他元素取为 0,这就是分配问题的最优解。

接下来,给出 Hungarian 算法求人员分配问题的基本步骤。

步骤 1　将耗费矩阵 $\boldsymbol{C}=(c_{ij})_{n\times n}$ 的每行元素减去该行最小元素,再从所得耗费矩阵的每列元素中减去该列的最小元素,使得每行、每列都至少出现一个 0 元素,得到等价的耗费矩阵 $\boldsymbol{B}=(b_{ij})$。

步骤 2　圈 0 元素。从含 0 元素最少的行(或列)中圈出一个 0 元素(这个 0 元素所在列为该行(列)0 元素所在列(行)的 0 元素个数最小的列),划去这个 0 元素所在行、所在列。重复此步,若这样能圈出 n 个独立 0 元素(不同行不同列的 0 元素),转步骤 4;否则转步骤 3。

步骤 3　调整耗费矩阵。作最少的直线覆盖 $\boldsymbol{B}$ 的所有 0 元素,在 $\boldsymbol{B}$ 中没有被覆盖的矩阵 $\boldsymbol{D}$ 中找出最小数 d,$\boldsymbol{D}$ 中所有数都减去 d,$\boldsymbol{B}$ 中两条直线相交处的数都加 d,组成新的等价耗费矩阵 $\boldsymbol{B}$,返回步骤 2。

步骤 4　令被圈 0 元素对应位置的 $b_{ij}=1$,其余位置置为 0,得到一种最优分配。

例 10.10 利用 Hungarian 算法求表 10.2 所示耗费矩阵的分配问题的最小解。

表 10.2　例 10.10 工作分配耗费表

人员	任　务				
	A	B	C	D	E
甲	12	7	9	7	9
乙	8	9	6	6	6
丙	7	17	12	14	9
丁	15	14	6	6	10
戊	4	10	7	10	9

解　首先,将这个耗费矩阵进行步骤 1 的变换:

$$
\begin{array}{c}
\text{min}\\
\begin{bmatrix}
12 & 7 & 9 & 7 & 9\\
8 & 9 & 6 & 6 & 6\\
7 & 17 & 12 & 14 & 9\\
15 & 14 & 6 & 6 & 10\\
4 & 10 & 7 & 10 & 9
\end{bmatrix}
\begin{matrix}7\\6\\7\\6\\4\end{matrix}
\rightarrow
\begin{bmatrix}
5 & 0 & 2 & 0 & 2\\
2 & 3 & 0 & 0 & 0\\
0 & 10 & 5 & 7 & 2\\
9 & 8 & 0 & 0 & 4\\
0 & 6 & 3 & 6 & 5
\end{bmatrix}
\overset{\text{def}}{=}\boldsymbol{B}_{\circ}\\
0\ \ 0\ \ 0\ \ 0\ \ 0
\end{array}
$$

然后,按步骤 2 圈 0 元素:

(1) 计算每行 0 元素个数,从其中一个 0 元素最少行中圈出一个 0 元素,划掉该 0 元素所在行和所在列,并计算剩余矩阵中每行的 0 元素个数。在这里圈出的 0 元素为 c_{31}:

$$
\begin{bmatrix}
5 & 0 & 2 & 0 & 2\\
2 & 3 & 0 & 0 & 0\\
⓪ & 10 & 5 & 7 & 2\\
9 & 8 & 0 & 0 & 4\\
0 & 6 & 3 & 6 & 5
\end{bmatrix}
\begin{matrix}2\\3\\1\\2\\1\end{matrix}
\rightarrow
\begin{bmatrix}
5 & 0 & 2 & 0 & 2\\
2 & 3 & 0 & 0 & 0\\
⓪ & 10 & 5 & 7 & 2\\
9 & 8 & 0 & 0 & 4\\
0 & 6 & 3 & 6 & 5
\end{bmatrix}
\begin{matrix}2\\3\\ \\2\\0\end{matrix}
\ _{\circ}
$$

(2) 从剩余矩阵选择一个 0 元素最少行,这里选择第一行,这是第一行的 0 元素有两个 c_{12} 和 c_{14},但 c_{12} 所在列的 0 元素总数(只有一个)少于 c_{14} 所在列的 0 元素总数(3 个),因此圈出 0 元素 c_{12},并划掉 c_{12} 所在行和所在列:

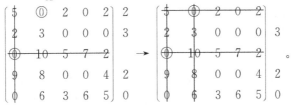

(3) 重复上述过程,可依次圈出 0 元素 c_{43} 和 0 元素 c_{24}:

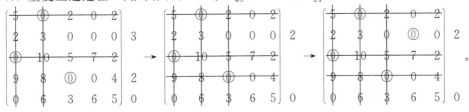

经过步骤 2 只能圈出 4 个 0 元素,因此需要进行步骤 3。

步骤 3 是对耗费矩阵 B 进行调整,以便增加 0 元素:作最少的直线覆盖所有 B 的所有 0 元素,在没有被直线覆盖的部分中找出最小元素 d,没有被覆盖的部分减去 d,在两条直线相交处的数都加上 d。

$$B = \begin{bmatrix} 5 & 0 & 2 & 0 & 2 \\ 2 & 3 & 0 & 0 & 0 \\ 0 & 10 & 5 & 7 & 2 \\ 9 & 8 & 0 & 0 & 4 \\ 0 & 6 & 3 & 6 & 5 \end{bmatrix} \rightarrow \begin{bmatrix} 5 & 0 & 2 & 0 & 2 \\ 2 & 3 & 0 & 0 & 0 \\ 0 & 10 & 5 & 7 & 2 \\ 9 & 8 & 0 & 0 & 4 \\ 0 & 6 & 3 & 6 & 5 \end{bmatrix} \rightarrow \begin{bmatrix} 5 & 0 & 2 & 0 & 2 \\ 2 & 3 & 0 & 0 & 0 \\ 0 & 8 & 3 & 5 & 0 \\ 9 & 8 & 0 & 0 & 4 \\ 0 & 4 & 1 & 4 & 3 \end{bmatrix} \rightarrow \begin{bmatrix} 7 & 0 & 2 & 0 & 2 \\ 4 & 3 & 0 & 0 & 0 \\ 0 & 8 & 3 & 5 & 2 \\ 11 & 8 & 0 & 0 & 4 \\ 0 & 4 & 1 & 4 & 3 \end{bmatrix}。$$

经调整后的耗费矩阵 B 返回步骤 2,重新圈 0,得到如下结果:

$$\begin{bmatrix} 7 & ⓪ & 2 & \emptyset & 2 \\ 4 & 3 & \emptyset & ⓪ & \emptyset \\ \emptyset & 8 & 3 & 5 & ⓪ \\ 11 & 8 & ⓪ & \emptyset & 4 \\ ⓪ & 4 & 1 & 4 & 3 \end{bmatrix}。$$

具有 $n=5$ 个独立 0 元素,这就得到了最优解,相应的解矩阵为

$$\begin{bmatrix} 0 & 1 & 0 & 0 & 0 \\ 0 & 0 & 0 & 1 & 0 \\ 0 & 0 & 0 & 0 & 1 \\ 0 & 0 & 1 & 0 & 0 \\ 1 & 0 & 0 & 0 & 0 \end{bmatrix}。$$

由解矩阵得最优指派方案:甲-B;乙-D;丙-E;丁-C;戊-A。

10.7　网络最大流问题

最大流问题(maximum flow problem)是一种组合最优化问题,就是要研究如何充分利用装置的能力,使得运输的流量最大,以取得最好的效果。这里,首先介绍网络的基本概念,然后介绍网络最大流问题,最后介绍最小费用最大流问题。

1. 网络的基本概念

首先给出网络和流量的概念。

定义 10.13　给定一个图 $D=(V,E)$,其中 $V=\{v_1,v_2,\cdots,v_n\}$ 为顶点集,并在 V 指定一个点记为发点 v_s,另一个点记为收点 v_t,$E=\{e_1,e_2,\cdots,e_n\}$ 为边集,并对每条边 $(v_i,v_j)\in E$ 对应有一个 $c(v_i,v_j)\geqslant 0$(通常简写为 c_{ij}),称为边的容量。通常把这样的图称为一个网络,记作 $D=(V,E,C)$,其中 $C=(c_{ij})$ 表示每条边的容量。

根据边是否有方向,网络可分为无向网络和有向网络。

在边集 E 上定义一个函数 $f=(f_{ij})=(f(v_i,v_j))$,称为网络 D 的**流**,并称 $f_{ij}=f(v_i,v_j)$ 为从顶点 v_i 流入顶点 v_j 边的**流量**。

记 $f^-(v_i)=\sum\limits_{j:(v_i,v_j)\in A} f_{ij}$ 表示从顶点 v_i 流出的所有流量;$f^+(v_i)=\sum\limits_{j:(v_j,v_i)\in A} f_{ji}$ 表

示流入顶点 v_i 的所有流量。若 f 进一步满足：

① 容量限制条件：对每条边 $(v_i, v_j) \in E$，$0 \leqslant f_{ij} \leqslant c_{ij}$。

② 平衡条件：

对中间点，流出量等于流入量，即对于 $v \in V \setminus \{v_s, v_t\}$，有

$$f^+(v) = f^-(v)。$$

对于发点 v_s，记

$$f^-(v_s) - f^+(v_s) \stackrel{\text{def}}{=} \text{flow}。$$

此时发点 v_s 的流入量 $f^+(v_s) = 0$，$v(f)$ 称为这个可行流的流量，即发点的净输出量。

对于收点 v_t：

$$f^-(v_t) - f^+(v_t) \stackrel{\text{def}}{=} -\text{flow}。$$

此时收点 v_t 的流出量 $f^-(v_t) = 0$，则称 f 为网络 D 的**可行流**。

2. 网络最大流问题

最大流问题可以写成如下的线性规划模型：

$$\max \text{flow}$$

$$\text{s.t.} \ f^-(v_i) - f^+(v_i) = \begin{cases} \text{flow}, & i = s, \\ -\text{flow}, & i = t, \\ 0, & i \neq s, t, \end{cases}$$

$$0 \leqslant f_{ij} \leqslant c_{ij}, \quad \forall (v_i, v_j) \in A。$$

例 10.11 由两家工厂 x_1 和 x_2 生产同一种商品，通过图 10.13 所示网络运送到市场 y_1, y_2 和 y_3，其中图 10.13 中数字为路径的最大容量。试确定从工厂到市场所能运送的最大流量。

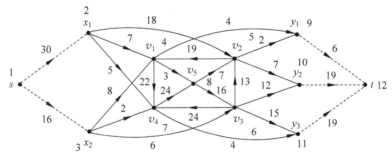

图 10.13 例 10.11 工厂到市场的网络结果图

解 为了将问题归纳为从一个发点到一个收点的网络最大流问题，增加节点 s 和 t，将节点 s 看作发点，它通往节点 x_1 和 x_2，其容量分别是从 x_1 和 x_2 能流出的最大容量 30 和 16；将节点 t 看作收点，市场 y_1, y_2 和 y_3 通往 t 的容量分别是 6，19 和 19。于是该问题转化成从节点 s 经过该网络之后到达节点 t 的最大网络流问题，LINGO 语言实现如下：

```
model:
sets:
nodes/s, x1, x2, v1, v2, v3, v4, v5, y1, y2, y3, t/;
arcs(nodes, nodes):c, f;
```

```
endsets
data:
c=0;!容量;
enddata
calc:
c(1,2)=30;c(1,3)=16;
c(2,4)=7;c(2,5)=18;c(2,7)=5;
c(3,4)=8;c(3,6)=6;c(3,7)=2;
c(4,7)=22;c(4,8)=3;c(4,9)=4;
c(5,4)=19;c(5,9)=2;c(5,10)=7;
c(6,5)=13;c(6,7)=24;c(6,10)=12;c(6,11)=15;
c(7,8)=24;c(7,11)=4;
c(8,5)=7;c(8,6)=16;
c(9,12)=6;
c(10,12)=19;
c(11,12)=19;
endcalc
n=@size(nodes);!顶点个数;
max=flow;
@for(nodes(i)|i#ne#1 #and# i#ne#n:
        @sum( nodes(j):f(i,j) )=@sum( nodes(j):f(j,i) ));!当 1<i<n 时,i 点流出量等于流入量;
@sum(nodes(i):f(1,i))=flow;!发点净流出量;
@sum(nodes(i):f(i,n))=flow;!收点净流入量;
@for(arcs:@bnd(0,f,c));
end
```

运算可得,从工厂 x_1 和 x_2 送到市场 y_1,y_2 和 y_3 的最大网络流为 39。

3. 最小费用最大流问题

给定网络 $D=(V,E,C)$,每条边上除了已给容量 c_{ij} 外,还给了费用 $b_{ij} \geqslant 0$。所谓最小费用最大流问题就是从发点到收点的流量达到最大的情况,使得流的总输送费用达到最小,即 $\sum\limits_{(v_i,v_j) \in A} b_{ij} f_{ij}$ 取最小值。

最小费用最大流问题可以归结为两个线性规划问题,首先用网络最大流问题所述的线性规划模型求出最大流量 $\text{flow}_{\max}$,然后用如下的线性规划模型求出最大流对应的最小费用。

$$\max \sum_{(v_i,v_j) \in A} b_{ij} f_{ij},$$

$$\text{s.t.} \ f^-(v_i)-f^+(v_i)=\begin{cases} \text{flow}_{\max}, & i=s, \\ -\text{flow}_{\max}, & i=t, \\ 0, & i \neq s,t, \end{cases}$$

$$0 \leqslant f_{ij} \leqslant c_{ij}, \quad \forall (v_i,v_j) \in A,$$

其中 $\text{flow}_{\max}$ 为网络最大流量。

例 10.12 现需要将城市 s 的石油通过管道运送到城市 t,中间有 4 个中转站 v_1,v_2,v_3 和 v_4,由于输油管道的长短不一或地质等原因,每条管道上运输费用也不相同。图 10.14 给出了城市与中转站的连接、管道的容量和单位运费,其中第 1 个数字是网络的容量,第 2 个数字是网络的单位费用。请求出该网络的最大流,并考虑在网络的最大输出情况下,其输送费用最低的运送方式。

解 首先求出该网络的最大流。

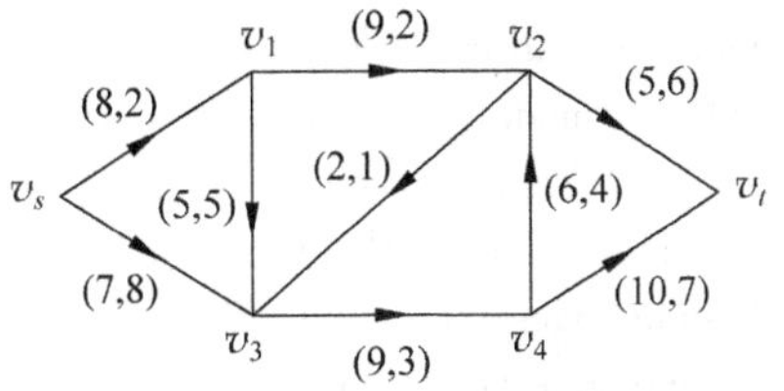

图 10.14 例 10.12 石油管道网络结构图

```
model:
sets:
nodes/s,1,2,3,4,t/;
arcs(nodes,nodes):c,f;
endsets
data:
c=0;
enddata
calc:
c(1,2)=8;c(1,4)=7;
c(2,3)=9;c(2,4)=5;
c(3,4)=2;c(3,6)=5;
c(4,5)=9;c(5,3)=6;c(5,6)=10;
endcalc
n=@size(nodes);!顶点个数;
max=flow;
@for(nodes(i)|i#ne#1 #and# i#ne#n:
        @sum(nodes(j):f(i,j) )=@sum(nodes(j):f(j,i)));!当1<i<n时,i点流出量等于流入量;
@sum(nodes(i):f(1,i))=flow;!发点净流出量;
@sum(nodes(i):f(i,n))=flow;!收点净流入量;
@for(arcs:@bnd(0,f,c));
end
```

计算得出该网络的最大流为 14。接下来,为了求最低运费以及运输方式,编写如下 LINGO 程序:

```
model:
sets:
nodes/s,1,2,3,4,t/;
arcs(nodes,nodes):c,b,f;
endsets
data:
c=0;!容量;
b=0;!单位费用;
flowmax=14;!已计算出的最大流;
enddata
calc:
c(1,2)=8;c(1,4)=7;
c(2,3)=9;c(2,4)=5;
c(3,4)=2;c(3,6)=5;
c(4,5)=9;c(5,3)=6;c(5,6)=10;
b(1,2)=2;b(1,4)=8;
b(2,3)=2;b(2,4)=5;
b(3,4)=1;b(3,6)=6;
```

```
b(4,5)=3;b(5,3)=4;b(5,6)=7;
endcalc
n=@size(nodes);!顶点个数;
min=@sum(arcs:b*f);
@for(  nodes(i)|i#ne#1 #and# i#ne#n:
      @sum( nodes(j):f(i,j))=@sum( nodes(j):f(j,i) )
  );!当1<i<n时,i点流出量等于流入量;
@sum(nodes(i):f(1,i))=flowmax;!发点净流出量;
@sum(nodes(i):f(i,n))=flowmax;!收点净流入量;
@for(arcs:@bnd(0,f,c));
end
```

计算可得该网络运输最大流量 14 的最低总运费为 205,其中网络中流量分别为: $f(s,1)=8.000000$, $f(s,3)=6.000000$, $f(1,2)=7.000000$, $f(1,3)=1.000000$, $f(2,3)=2.000000$, $f(2,t)=5.000000$, $f(3,4)=9.000000$, $f(4,2)=0.000000$, $f(4,t)=9.000000$。

习题 10

1. 某台机器可连续工作 4 年,也可以每年年末卖掉,换一台新的。已知各年初购置一台新机器的价格及不同役龄机器年末的处理价如表 10.3 所示。又已知新机器第一年运行及维修费用为 0.3 万元,使用 1～3 年后机器每年的运行及维修费用分别为 0.8 万元、1.5 万元和 2.0 万元,试转化为最短路径问题确定该机器的最优更新策略,使得 4 年内用于更换、购买及运行维修的总费用为最省。

表 10.3　机器价格表

工作年限	第 1 年	第 2 年	第 3 年	第 4 年
年初购置价/万元	2.5	2.6	2.8	3.1
使用了 j 年的机器处理价/万元	2	1.6	1.3	1.1

2. 某人每天从住处 v_1 开车至工作单位 v_7 上班,图 10.15 中各箭头旁的数字为该人开车上班时在各条路线上不会遭遇到交通拥堵的可能性,试问该人应选择哪一条通道,使他从家至工作单位的路上遇到堵车的可能性最小。

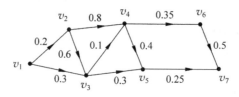

图 10.15　某人上班交通线路图

3. 已知 8 个村镇,相互间距离如表 10.4 所示,已知 1 号村镇离水源最近为 5km,问从水源经 1 号村镇铺设输水管道将各村镇连接起来,应如何铺设使输水管道最短(为便于管理和维修,水管要求在各村镇处分开)。

表 10.4 8个村镇距离分布表

村镇	2	3	4	5	6	7	8
1	1.5	2.5	1	2	2.5	3.5	1.5
2		1	2	1	3	2.5	1.8
3			2.5	2	2.5	2	1
4				2.5	1.5	1.5	1
5					3	1.8	1.5
6						0.8	1
7							0.5

4. 已知有 6 台机床 $x_1, x_2, \cdots, x_6$，6 个零件 $y_1, y_2, \cdots, y_6$。机床 x_1 可加工零件 y_1；机床 x_2 可加工零件 y_1, y_2；机床 x_3 可加工零件 y_1, y_2, y_3；机床 x_4 可加工零件 y_2；机床 x_5 可加工零件 y_2, y_3, y_4；机床 x_6 可加工零件 y_2, y_5, y_6。现在要求制定一个加工方案，使一台机床可加工一个零件，一个零件只在一台机床上加工，要求尽可能多地安排零件的加工。试把这个问题转化为网络最大流的问题，求出能满足上述条件的加工方案。

多元统计模型

第11章

数
学
建
模
实
用
教
程

在实际问题研究中,多变量问题是经常会遇到的。多元统计分析就是运用数理统计方法处理多变量(或多指标)问题的一种数学方法。多元统计分析的内容非常丰富,本章主要介绍几种常用的多元统计方法。11.1节介绍主成分分析的基本思想和求解步骤;11.2节介绍因子分析的数学模型及基本思想;11.3节介绍聚类分析中两种常见的聚类方法:系统聚类法和动态聚类法;11.4节主要介绍多元回归分析中线性回归模型的建立、检验及预测;11.5节介绍三种常用的判别分析方法:距离判别法、贝叶斯(Bayes)判别法和费希尔(Fisher)判别法。

11.1 主成分分析

主成分分析(principal component analysis,PCA)也称主分量分析,是由皮尔逊(Pearson)于1901年提出的。在实际问题中,变量(指标)太多往往增加分析问题的难度和复杂度,而且多个变量之间往往也存在一定程度的相关性。主成分分析的目标就是通过线性变换的方式,把多个变量综合成少数几个新变量,同时这几个新变量能反映原始变量的绝大部分信息。当第一个线性组合(称为第一个综合变量或第一主成分)不能提取更多的信息时,再考虑用第二个线性组合继续进行提取(称为第二个综合变量或第二主成分),……,直到所提取的信息与原变量相差不多时为止。

例如,有一项著名的工作是英国统计学家斯特格(Scott)在1961年对城镇发展水平的研究。他对157个城镇进行了调查,得到了57个反映城镇发展水平的原始变量。在进行主成分分析后,他以95%的精度用5个新的综合变量取代57个原始变量,对问题的研究从原来的57维降到了5维,从而使问题得到了简化。

11.1.1 主成分分析的基本思想及计算

1. 主成分分析的基本思想

设 $x_1, x_2, \cdots, x_p$ 为实际问题中所涉及的 p 个原始变量(指标),考虑如下线性变换:

$$\begin{cases} y_1 = a_{11}x_1 + a_{12}x_2 + \cdots + a_{1p}x_p = \boldsymbol{a}_1^{\mathrm{T}}\boldsymbol{x}, \\ y_2 = a_{21}x_1 + a_{22}x_2 + \cdots + a_{2p}x_p = \boldsymbol{a}_2^{\mathrm{T}}\boldsymbol{x}, \\ \vdots \\ y_m = a_{m1}x_1 + a_{m2}x_2 + \cdots + a_{mp}x_p = \boldsymbol{a}_m^{\mathrm{T}}\boldsymbol{x}, \end{cases} \tag{11.1}$$

其中 $\boldsymbol{x}=[x_1,x_2,\cdots,x_p]^{\mathrm{T}}, \boldsymbol{a}_i=[a_{i1},a_{i2},\cdots,a_{ip}]^{\mathrm{T}}, i=1,2,\cdots,m, m<p$。

易知

$$D(y_i)=D(\boldsymbol{a}_i^{\mathrm{T}}\boldsymbol{x})=\boldsymbol{a}_i^{\mathrm{T}}\boldsymbol{\Sigma}\boldsymbol{a}_i, \quad i=1,2,\cdots,m,$$

$$\mathrm{Cov}(y_i,y_j)=\mathrm{Cov}(\boldsymbol{a}_i^{\mathrm{T}}\boldsymbol{x},\boldsymbol{a}_j^{\mathrm{T}}\boldsymbol{x})=\boldsymbol{a}_i^{\mathrm{T}}\boldsymbol{\Sigma}\boldsymbol{a}_j, \quad i=1,2,\cdots,m,$$

其中，$D(\cdot)$ 表示方差运算，$\mathrm{Cov}(\cdot)$ 表示协方差运算，$\boldsymbol{\Sigma}$ 为 x 的协方差矩阵。

如果用第一个综合变量 y_1 代表原来 p 个原始变量 $x_1,x_2,\cdots,x_p$，则 y_1 要尽可能地反映原 p 个原始变量的信息，即

$$D(y_1)=\boldsymbol{a}_1^{\mathrm{T}}\boldsymbol{\Sigma}\boldsymbol{a}_1 \tag{11.2}$$

的值达到最大。使式(11.2)达到最大必须加上某种限制，否则 $\boldsymbol{a}_1$ 可选择无穷大而使式(11.2)没有意义，通常限定

$$\boldsymbol{a}_1^{\mathrm{T}}\boldsymbol{a}_1=1, \tag{11.3}$$

在此约束条件下，求 $\boldsymbol{a}_1$ 使 $D(y_1)$ 最大，这时新变量 y_1 称为第一主成分。

如果第一主成分 y_1 不足以代表原来 p 个原始变量的信息，就需要求第二个综合变量 y_2，使 y_2 代表原变量的信息次于 y_1，即在约束条件 $\boldsymbol{a}_2^{\mathrm{T}}\boldsymbol{a}_2=1$ 下，求 $\boldsymbol{a}_2$ 使得 $D(y_2)=\boldsymbol{a}_2^{\mathrm{T}}\boldsymbol{\Sigma}\boldsymbol{a}_2$ 的值达到最大，同时还需满足：$D(y_2)\leqslant D(y_1)$ 且 $\mathrm{Cov}(y_1,y_2)=0$（即 y_2 代表原变量的信息次于 y_1，且 y_1 和 y_2 的代表信息不重叠），这时新变量 y_2 称为第二主成分。以此类推，便可得到 m 个主成分 $y_1,y_2,\cdots,y_m$，使得它们代表的信息与原变量信息差不多。

综上所述，主成分分析的主要思想就是：寻找较少的综合变量 $y_1,y_2,\cdots,y_m(m<p)$ 代表原来 p 个原始变量 $x_1,x_2,\cdots,x_p$，这些综合变量既能尽可能地反映原来变量所反映的信息，同时它们之间又是彼此独立的。

2. 主成分的计算

定理 11.1　设 $\boldsymbol{x}=[x_1,x_2,\cdots,x_p]^{\mathrm{T}}$，其协方差矩阵为 $\boldsymbol{\Sigma}$，设 $\boldsymbol{\Sigma}$ 的特征值和其对应的正交单位特征向量分别为 $\lambda_1\geqslant\lambda_2\geqslant\cdots\geqslant\lambda_m\geqslant 0(m<p)$ 及 $\boldsymbol{a}_1,\boldsymbol{a}_2,\cdots,\boldsymbol{a}_m$，则 $\boldsymbol{x}$ 的第 i 主成分为

$$y_i=\boldsymbol{a}_i^{\mathrm{T}}\boldsymbol{x},$$

且 $D(y_i)=\lambda_i, i=1,2,\cdots,m$。

定理 11.1 表明，求主成分的问题可转化为求 x 的协方差矩阵 $\boldsymbol{\Sigma}$ 的特征值和其对应的单位化特征向量问题。

3. 主成分个数的确定

为确定主成分的个数，下面介绍主成分的贡献率及累计贡献率。称

$$\lambda_k\Big/\sum_{i=1}^{p}\lambda_i \tag{11.4}$$

为第 k 主成分 y_k 的贡献率，称

$$\sum_{i=1}^{m} \lambda_i \bigg/ \sum_{i=1}^{p} \lambda_i \qquad (11.5)$$

为 m 个主成分 $y_1, y_2, \cdots, y_m$ 的累计贡献率。

贡献率的大小反映了第 k 个主成分 y_k 对原始变量 $x_1, x_2, \cdots, x_p$ 所含信息量保留的多少，而累计贡献率的大小则反映了前 m 个主成分 $y_1, y_2, \cdots, y_m$ 对原始变量 $x_1, x_2, \cdots, x_p$ 所含信息量保留的多少。在实际应用中，通常取 m 使前 m 个主成分的累计贡献率达到 80% 以上即可。这样用前 m 个主成分 $y_1, y_2, \cdots, y_m$ 代替原始变量 $x_1, x_2, \cdots, x_p$，不仅能使变量的维数降低，而且还能保留大量原始变量的信息。

11.1.2　主成分分析的基本步骤

以上讨论是在协方差矩阵 $\boldsymbol{\Sigma}$ 已知的情况下，得到的主成分。在实际问题中，协方差矩阵 $\boldsymbol{\Sigma}$ 通常是未知的，这时需要通过样本来估计协方差矩阵。为消除量纲的影响，首先需要对样本进行标准化处理，标准化数据的样本协方差矩阵 $\boldsymbol{\Sigma}$ 即为原始数据的样本相关矩阵 $\boldsymbol{R}$。于是，求主成分的步骤可归纳为：

(1) 将原始数据标准化；

(2) 计算相关系数阵 $\boldsymbol{R}$；

(3) 求 $\boldsymbol{R}$ 的特征值 $\lambda_1 \geqslant \lambda_2 \geqslant \cdots \geqslant \lambda_p \geqslant 0$ 和对应的特征向量 $\boldsymbol{a}_1, \boldsymbol{a}_2, \cdots, \boldsymbol{a}_p$；

(4) 由累计贡献率确定主成分的个数 $m (m < p)$，并给出主成分的具体形式：

$$y_1 = \boldsymbol{a}_1^{\mathrm{T}} \boldsymbol{z}, \quad y_2 = \boldsymbol{a}_2^{\mathrm{T}} \boldsymbol{z}, \quad \cdots, \quad y_m = \boldsymbol{a}_m^{\mathrm{T}} \boldsymbol{z},$$

其中 $\boldsymbol{z}$ 为原始变量 $\boldsymbol{x}$ 的标准化；

(5) 对所选主成分作解释。

例 11.1　为了分析我国其中 28 个省、市、自治区的经济效益，选择了 9 个指标（变量）做分析，这 9 个指标是：100 元固定资产原值实现值 x_1（单位：%），100 元固定资产原值实现利税 x_2（单位：%），100 元资金实现利税 x_3（单位：%），100 元工业总产值实现利税 x_4（单位：%），100 元销售收入实现利税 x_5（单位：%），每吨标准煤实现工业产值 x_6（单位：元），每千瓦时电力实现工业产值 x_7（单位：元），全员劳动生产率 x_8（单位：元/（人·年）），100 元流动资金实现产值 x_9（单位：元）。对这 28 个省、市、自治区按照这 9 个指标收集数据，得原始数据如表 11.1 所示。试对经济效益指标进行主成分分析。

表 11.1　28 个省、市和自治区经济效益指标数据表

城市	x_1	x_2	x_3	x_4	x_5	x_6	x_7	x_8	x_9
北京	119.29	30.98	29.92	25.97	15.48	2178	3.41	21006	296.7
天津	143.98	31.59	30.21	21.94	12.29	2852	4.29	20254	363.1
河北	94.8	17.2	17.95	18.14	9.37	1167	2.03	12607	322.2
山西	65.8	11.08	11.06	12.15	16.84	8.82	1.65	10166	284.7
内蒙古	54.79	9.24	9.54	16.86	6.27	894	1.8	7564	225.4
辽宁	94.51	21.12	22.83	22.35	11.28	1416	2.36	13.386	311.7
吉林	80.49	13.36	13.76	16.6	7.14	1306	2.07	9400	274.1
黑龙江	75.86	15.82	16.67	20.86	10.37	1267	2.26	9830	267
上海	187.79	45.9	39.77	24.44	15.09	4346	4.11	31246	418.6

续表

城市	x_1	x_2	x_3	x_4	x_5	x_6	x_7	x_8	x_9
江苏	205.96	27.65	22.58	13.42	7.81	3202	4.69	23377	407.2
浙江	207.46	33.06	25.78	15.94	9.28	3811	4.19	22054	385.5
安徽	110.78	20.7	20.12	18.69	6.6	1468	2.23	12578	341.1
福建	122.76	22.52	19.93	18.34	8.35	2200	2.63	12164	301.2
江西	94.94	14.7	14.18	15.49	6.69	1669	2.24	10463	274.4
山东	117.58	21.93	20.89	18.65	9.1	1820	2.8	17829	331.1
河南	85.98	17.3	17.18	20.12	7.67	1306	1.89	11247	276.5
湖北	103.96	19.5	18.48	18.77	9.16	1829	2.75	15745	308.9
湖南	104.03	21.47	21.28	20.63	8.72	1272	1.98	13161	309
广东	136.44	23.64	20.83	17.33	7.85	2959	3.71	16259	334
广西	100.72	22.04	20.9	21.88	9.67	1732	2.13	12441	296.4
四川	84.73	14.35	14.17	16.93	7.96	1310	2.34	11703	242.5
贵州	59.05	14.48	14.35	24.53	8.09	1068	1.32	9710	206.7
云南	73.72	21.91	22.7	29.72	9.38	1447	1.94	12517	295.8
陕西	78.02	13.13	12.57	16.83	9.19	1731	2.08	11369	220.3
甘肃	59.62	14.07	16.24	23.59	11.34	926	1.13	13084	246.8
青海	51.66	8.32	8.26	16.11	7.05	1055	1.31	9246	176.49
宁夏	52.95	8.25	8.82	15.57	6.58	834	1.12	10406	245.4
新疆	60.29	11.26	13.14	18.68	8.39	1041	2.9	10983	266

解 （1）原始数据标准化。从原始数据表可以看出，9个指标数据的量级有很大差别，必须先进行标准化处理。将表 11.1 中的原始指标值 a_{ij} 标准化为

$$\tilde{a}_{ij} = \frac{a_{ij} - \bar{x}_j}{s_j}, \quad i = 1, 2, \cdots, 28, j = 1, 2, \cdots, 9,$$

其中，$\bar{x}_j, s_j$ 分别为第 j 个指标 x_j 的样本均值与样本标准差。

令

$$z_j = \frac{x_j - \bar{x}_j}{s_j}, \quad j = 1, 2, \cdots, 9,$$

则 z_j 为标准化指标变量。

（2）计算相关系数矩阵 $\boldsymbol{R}$。相关系数矩阵 $\boldsymbol{R} = (r_{ij})_{9 \times 9}$，其中

$$r_{ij} = \frac{\sum\limits_{k=1}^{28} \tilde{a}_{ki} \cdot \tilde{a}_{kj}}{27}, \quad i = 1, 2, \cdots, 9, j = 1, 2, \cdots, 9。$$

（3）利用 $\boldsymbol{R}$ 计算特征值和特征向量。利用 MATLAB 软件可算出 $\boldsymbol{R}$ 的前三个特征值分别为 $\lambda_1 = 6.1499, \lambda_2 = 1.4729, \lambda_3 = 0.6974$。如果取第一个主成分，其累计贡献率为 $\lambda_1 / \sum\limits_{i=1}^{9} \lambda_i = 68.33\%$，如果取前面 2 个主成分，其累计贡献率为 $(\lambda_1 + \lambda_2) / \sum\limits_{i=1}^{9} \lambda_i = 84.70\%$。由于这 2 个主成分的累计贡献率为 84.70%，说明基本上保留了原来指标的信息，这样由原来的 9 个指标转化为 2 个新指标，起到了降维的作用。

编写 MATLAB 程序如下：

```
load shuju.txt                      %把原始数据保存在纯文本文件 shuju.txt 中
hy＝zscore(shuju);                   %对数据进行标准化处理
r＝corrcoef(hy);                     %计算相关系数矩阵
[vec1, lamda, rate]＝pcacov(r);      %lamda 表示 r 的特征值,rate 为每个主成分的贡献率
ctr＝cumsum(rate);                   %计算累计贡献率
```

利用 MATLAB 可得相关系数矩阵 **R** 的特征根及其贡献率,如表 11.2 所示。

表 11.2　主成分分析结果

序号	特征根	贡献率	累计贡献率
1	6.1499	68.3321	68.3320
2	1.4729	16.3655	84.6975
3	0.6975	7.7491	92.4466
4	0.3179	3.5314	95.9780
5	0.1901	2.1116	98.0896
6	0.1161	1.2894	99.3790
7	0.0292	0.3235	99.7025
8	0.0243	0.2703	99.9728
9	0.0024	0.0272	100.0000

由于第一、二主成分的累计贡献率已达 84.70%,故只需取 2 个主成分。前 2 个特征根对应的特征向量见表 11.3。

表 11.3　标准化变量的前 2 个主成分对应的特征向量

	z_1	z_2	z_3	z_4	z_5	z_6	z_7	z_8	z_9
y_1	0.3756	0.3934	0.3753	0.0935	0.1746	0.3721	0.3616	0.3513	0.3626
y_2	−0.2595	0.1344	0.2653	0.7113	0.4913	−0.1650	−0.2254	−0.0524	−0.1268

由表 11.3 可得 2 个主成分分别为

$$y_1 = 0.3756z_1 + 0.3934z_2 + \cdots + 0.3626z_9,$$

$$y_2 = -0.2595z_1 + 0.1344z_2 + \cdots - 0.1268z_9 。$$

以上两个主成分的意义可由线性组合中系数较大的几个指标的综合意义来确定。第一主成分的线性组合中除变量 x_4 和 x_5 外,其余变量的系数相当,所以第一主成分可以看成变量 $x_1, x_2, x_3, x_6, x_7, x_8, x_9$ 的综合反映,它代表了投入产出效果。第二主成分的线性组合只有变量 x_4, x_5 系数较大,所以第二主成分的经济意义由 x_4, x_5 两个变量综合反映,它代表了产出对国家的贡献。

11.2　因子分析

因子分析(factor analysis, FA)是斯皮尔曼(Spearman)于 1904 年提出的,并用此方法来进行智力测验得分的统计分析。目前因子分析在心理学、社会学、经济学等学科中取得了成功的应用,是多元统计分析中典型方法之一。因子分析也是一种降维、简化数据的方

法。不同于主成分分析,因子分析法是在一组具有内部依赖关系的数据中,找出几个影响原始数据的潜在变量,这几个潜在变量称为"因子",能反映原来变量的主要信息,又可以探讨原始数据的基本结构。原始的变量是可观测的显在变量,而因子一般是不可观测的潜在变量。

例如,在企业形象或品牌形象的研究中,消费者可以通过一个由 24 个指标构成的评价体系,来评价百货商场的 24 个方面的优劣。但消费者真正关心的只是三个方面:商店的环境、商店的服务和商品的价格。这三个方面除了商品价格外,商店的环境和商店的服务都是客观存在的、抽象的影响因素,都不便于直接测量。因子分析方法可以通过可观测的显在 24 个指标进行间接反映,找出反映商店环境、商店服务水平和商品价格的三个潜在的因子,对商店进行综合评价。

11.2.1 因子分析模型

1. 数学模型

因子分析模型的一般形式为

$$
\begin{cases}
x_1 = a_{11}F_1 + a_{12}F_2 + \cdots + a_{1m}F_m + \varepsilon_1, \\
x_2 = a_{21}F_1 + a_{22}F_2 + \cdots + a_{2m}F_m + \varepsilon_2, \\
\qquad\qquad\qquad \vdots \\
x_p = a_{p1}F_1 + a_{p2}F_2 + \cdots + a_{pm}F_m + \varepsilon_p,
\end{cases}
\tag{11.6}
$$

其中,$x_1, x_2, \cdots, x_p$ 为 p 个观测变量,$F_1, F_2, \cdots, F_m (m \leqslant p)$ 称为公共因子。模型中的 a_{ij} 称为因子"载荷",表示第 i 个观测变量 x_i 在第 j 个因子 F_j 上的负荷。ε_i 称为 x_i 的特殊因子,表示每个变量独自具有的因素,是不能被前 m 个公共因子包含的部分。

式(11.6)的矩阵形式为

$$
\boldsymbol{X} = \boldsymbol{A}\boldsymbol{F} + \boldsymbol{\varepsilon},
\tag{11.7}
$$

其中,

$$
\boldsymbol{X} = \begin{bmatrix} x_1 \\ x_2 \\ \vdots \\ x_p \end{bmatrix}, \quad
\boldsymbol{F} = \begin{bmatrix} F_1 \\ F_2 \\ \vdots \\ F_m \end{bmatrix}, \quad
\boldsymbol{A} = \begin{bmatrix} a_{11} & a_{12} & \cdots & a_{1m} \\ a_{21} & a_{22} & \cdots & a_{2m} \\ \vdots & \vdots & & \vdots \\ a_{p1} & a_{p2} & \cdots & a_{pm} \end{bmatrix}, \quad
\boldsymbol{\varepsilon} = \begin{bmatrix} \varepsilon_1 \\ \varepsilon_2 \\ \vdots \\ \varepsilon_p \end{bmatrix},
$$

$\boldsymbol{F}$ 称为公共因子向量,矩阵 $\boldsymbol{A}$ 称为因子载荷矩阵。

通常因子分析模型(11.6)需满足如下条件:

(1) $m \leqslant p$;

(2) $E(\boldsymbol{F}) = 0, E(\boldsymbol{\varepsilon}) = 0$;

(3) $\mathrm{Cov}(\boldsymbol{F}, \boldsymbol{\varepsilon}) = 0$,即公共因子与特殊因子不相关;

(4) $D(F) = \begin{bmatrix} 1 & & & 0 \\ & 1 & & \\ & & \ddots & \\ 0 & & & 1 \end{bmatrix} = I_m$,即各个公共因子互不相关且方差为 1;

$$(5)\ D(\boldsymbol{\varepsilon}) = \begin{bmatrix} \sigma_1^2 & & & 0 \\ & \sigma_2^2 & & \\ & & \ddots & \\ 0 & & & \sigma_p^2 \end{bmatrix} \stackrel{\text{def}}{=} \boldsymbol{D_\varepsilon},\ 即各个特殊因子互不相关。$$

令 $\boldsymbol{\Sigma}$ 为 $\boldsymbol{X}$ 的协方差矩阵,则 $\boldsymbol{\Sigma} = \mathrm{Cov}(\boldsymbol{X}) = \mathrm{Cov}(\boldsymbol{AF} + \boldsymbol{\varepsilon})$,易知

$$\boldsymbol{\Sigma} = \boldsymbol{AA}^{\mathrm{T}} + \boldsymbol{D_\varepsilon}。 \tag{11.8}$$

若 $\boldsymbol{X}$ 作了标准化处理,则协方差矩阵 $\boldsymbol{\Sigma}$ 就是相关矩阵 $\boldsymbol{R} = (r_{ij})$,即

$$\boldsymbol{R} = \boldsymbol{AA}^{\mathrm{T}} + \boldsymbol{D_\varepsilon}。 \tag{11.9}$$

由式(11.9)可得到原始变量 $\boldsymbol{X}$ 的协方差矩阵 $\boldsymbol{\Sigma}$(或相关矩阵 $\boldsymbol{R}$)与因子载荷矩阵 $\boldsymbol{A}$ 的关系。

2. 因子载荷矩阵的相关结论

1)因子载荷矩阵不是唯一的

设 $\boldsymbol{T}$ 为任一 m 阶正交矩阵,令 $\boldsymbol{A}^* = \boldsymbol{AT}$,$\boldsymbol{F}^* = \boldsymbol{T}^T \boldsymbol{F}$,则因子模型式(11.7)可表示为

$$\boldsymbol{X} = \boldsymbol{A}^* \boldsymbol{F}^* + \boldsymbol{\varepsilon}。 \tag{11.10}$$

易知式(11.10)满足因子模型的条件,所以 $\boldsymbol{A}^*$ 也为因子载荷矩阵,且

$$\boldsymbol{\Sigma} = \boldsymbol{A}^* (\boldsymbol{A}^*)^{\mathrm{T}} + \boldsymbol{D_\varepsilon}。 \tag{11.11}$$

由于因子载荷矩阵不唯一,所以在实际的应用中,通常通过因子旋转,使得新的因子具有更好的实际意义。

2)因子载荷 a_{ij} 的统计意义

对于因子模型 $x_i = a_{i1}F_1 + a_{i2}F_2 + \cdots + a_{im}F_m + \varepsilon_i (i = 1, 2, \cdots, p)$,原始变量 x_i 与公共因子 F_j 的协方差为

$$\begin{aligned} \mathrm{Cov}(x_i, F_j) &= \mathrm{Cov}(a_{i1}F_1 + a_{i2}F_2 + \cdots + a_{im}F_m + \varepsilon_i, F_j) \\ &= \mathrm{Cov}(a_{i1}F_1 + a_{i2}F_2 + \cdots + a_{im}F_m, F_j) + \mathrm{Cov}(\varepsilon_i, F_j) \\ &= a_{ij}。 \end{aligned}$$

若对变量 x_i 作标准化处理,则 $\mathrm{Var}(x_i) = 1$,于是 x_i 与 F_j 的相关系数

$$r_{x_i, F_j} = \frac{\mathrm{Cov}(x_i, F_j)}{\sqrt{D(x_i)}\ \sqrt{D(F_j)}} = \mathrm{Cov}(x_i, F_j) = a_{ij}。 \tag{11.12}$$

从式(11.12)可知,因子载荷 a_{ij} 为 x_i 与 F_j 的相关系数,反映了第 i 个变量 x_i 与第 j 个因子 F_j 的密切程度和相对重要性。相关系数 a_{ij} 绝对值越大,则变量 x_i 对公共因子 F_j 的依赖程度越大,变量 x_i 对公共因子 F_j 的相对重要性越强。

3)公共因子 F_j 方差贡献的统计意义

称因子载荷矩阵 $\boldsymbol{A}$ 第 j 行元素的平方和为公共因子 F_j 对所有变量 $\boldsymbol{X}$ 的方差贡献,即

$$g_j^2 \stackrel{\text{def}}{=} \sum_{i=1}^{p} a_{ij}^2, \quad j = 1, 2, \cdots, m。 \tag{11.13}$$

g_j^2 是衡量每一个公共因子相对重要性的一个尺度。g_j^2 越大,表示公共因子 F_j 对变量 $\boldsymbol{X}$ 的贡献越大,说明该因子的重要程度越高。

4)变量共同度的统计意义

称因子载荷矩阵 $\boldsymbol{A}$ 第 i 行元素的平方和为变量 x_i 的共同度,即

$$h_i^2 \stackrel{\text{def}}{=} \sum_{j=1}^{m} a_{ij}^2, \quad i = 1, 2, \cdots, p. \tag{11.14}$$

根据因子分析模型,有

$$
\begin{aligned}
D(x_i) &= D(a_{i1}F_1 + a_{i2}F_2 + \cdots + a_{im}F_m + \varepsilon_i) \\
&= D(a_{i1}F_1) + D(a_{i2}F_2) + \cdots + D(a_{im}F_m) + D(\varepsilon_i) \\
&= a_{i1}^2 + a_{i2}^2 + \cdots + a_{im}^2 + \sigma_i^2 \\
&= h_i^2 + \sigma_i^2.
\end{aligned}
$$

上式表明变量 x_i 的方差由两部分组成:第一部分为共同度 h_i^2,它描述了全部公共因子对变量 x_i 的总方差所作的贡献,反映了公共因子对变量 x_i 的影响程度;第二部分为特殊因子 ε_i 对变量 x_i 的方差的贡献,称为个性方差。若对变量 x_i 作标准化处理,则有

$$h_i^2 + \sigma_i^2 = 1. \tag{11.15}$$

上式说明,若 $\sum_{j=1}^{m} a_{ij}^2$ 非常接近 1,σ_i^2 非常小,则说明从原变量空间到公共因子空间的转化效果好,即因子分析的效果好。

11.2.2 因子载荷矩阵的求解

为了建立因子分析模型,需要估计因子载荷矩阵 $\boldsymbol{A} = (a_{ij})$ 和特殊因子方差 σ_i^2。通常的估计方法有主成分法、主因子法和极大似然法。

1. 主成分法

设样本相关系数矩阵 $\boldsymbol{R}$ 的特征值为 $\lambda_1 \geqslant \lambda_2 \geqslant \cdots \geqslant \lambda_p \geqslant 0$,对应的单位特征向量为 $\boldsymbol{u}_1$, $\boldsymbol{u}_2, \cdots, \boldsymbol{u}_p$,则

$$\boldsymbol{R} = \sum_{i=1}^{p} \lambda_i \boldsymbol{u}_i \boldsymbol{u}_i^{\mathrm{T}}.$$

当后 $p - m \, (m < p)$ 个特征值 $\lambda_{m+1}, \cdots, \lambda_p$ 较小时,$\boldsymbol{R}$ 可近似分解为

$$\boldsymbol{R} \approx \sum_{i=1}^{m} \lambda_i \boldsymbol{u}_i \boldsymbol{u}_i^{\mathrm{T}} + \boldsymbol{D}_{\boldsymbol{\varepsilon}}$$

$$= [\sqrt{\lambda_1}\,\boldsymbol{u}_1, \sqrt{\lambda_2}\,\boldsymbol{u}_2, \cdots, \sqrt{\lambda_m}\,\boldsymbol{u}_m] \begin{bmatrix} \sqrt{\lambda_1}\,\boldsymbol{u}_1^{\mathrm{T}} \\ \sqrt{\lambda_1}\,\boldsymbol{u}_2^{\mathrm{T}} \\ \vdots \\ \sqrt{\lambda_1}\,\boldsymbol{u}_m^{\mathrm{T}} \end{bmatrix} + \boldsymbol{D}_{\boldsymbol{\varepsilon}}$$

$$= \boldsymbol{A}\boldsymbol{A}^{\mathrm{T}} + \boldsymbol{D}_{\boldsymbol{\varepsilon}},$$

其中,$\boldsymbol{D}_{\boldsymbol{\varepsilon}} = \operatorname{diag}(\sigma_1^2, \sigma_2^2, \cdots, \sigma_p^2)$。

由上式可知,因子载荷矩阵 $\boldsymbol{A}$ 可表示为

$$\boldsymbol{A} = [\sqrt{\lambda_1}\,\boldsymbol{u}_1, \sqrt{\lambda_2}\,\boldsymbol{u}_2, \cdots, \sqrt{\lambda_m}\,\boldsymbol{u}_m]. \tag{11.16}$$

特殊因子方差可用 $\boldsymbol{R} - \boldsymbol{A}\boldsymbol{A}^{\mathrm{T}}$ 的对角元素来估计,即

$$\sigma_i^2 = r_{ii} - \sum_{j=1}^{m} a_{ij}^2 \, 。 \tag{11.17}$$

2. 主因子法

主成分法在求因子载荷矩阵时,忽略了特殊因子的方差。主因子法是对主成分法的修正。

记

$$\boldsymbol{R}^* = \boldsymbol{A}\boldsymbol{A}^{\mathrm{T}} = \boldsymbol{R} - \boldsymbol{D}_\varepsilon \, ,$$

称 $\boldsymbol{R}^*$ 为约相关系数矩阵,由式(11.9)可知,矩阵 $\boldsymbol{R}^*$ 对角线上的元素为 $h_i^2 = 1 - \sigma_i^2$。

如果已知特殊因子方差的初始估计 $(\hat{\sigma}_i)^2, i = 1, 2, \cdots, p$,则共同度的估计为 $(\hat{h}_i)^2 = 1 - (\hat{\sigma}_i)^2$。

于是有

$$\boldsymbol{R}^* = \boldsymbol{R} - \boldsymbol{D}_\varepsilon = \begin{bmatrix} (\hat{h}_1)^2 & r_{12} & \cdots & r_{1p} \\ r_{21} & (\hat{h}_2)^2 & \cdots & r_p \\ \vdots & \vdots & & \vdots \\ r_{p1} & r_{p2} & \cdots & (\hat{h}_p)^2 \end{bmatrix} = \boldsymbol{A}\boldsymbol{A}^{\mathrm{T}} \, 。$$

计算 $\boldsymbol{R}^*$ 的前 m 个特征值为 $\lambda_1^* \geqslant \lambda_2^* \geqslant \cdots \geqslant \lambda_m^*$ 和相应的单位特征向量 $\boldsymbol{u}_1^*, \boldsymbol{u}_2^*, \cdots, \boldsymbol{u}_m^*$,则因子载荷矩阵 $\boldsymbol{A}$ 可表示为

$$\boldsymbol{A} = \left[\sqrt{\lambda_1^*}\, \boldsymbol{u}_1^*, \sqrt{\lambda_2^*}\, \boldsymbol{u}_2^*, \cdots, \sqrt{\lambda_m^*}\, \boldsymbol{u}_m^* \right] \, 。$$

从以上分析可知,利用主因子方法求解因子载荷矩阵取决于特殊因子的方差的初始估计。

3. 极大似然法

当公共因子 $\boldsymbol{F}$ 和特殊因子 $\boldsymbol{\varepsilon}$ 均服从正态分布,或在大样本的情形下,极大似然法能给出比主因子法更好的因子载荷矩阵和特殊因子方差的估计。利用 MATLAB 工具箱的 factoran 命令可得最大似然法的因子载荷矩阵和特殊因子方差的估计。

11.2.3　因子旋转

因子载荷矩阵求出之后,还必须对得到的公共因子进行合理的解释。有时直接根据特征值和特征向量求得的因子载荷矩阵难以看出公共因子的含义。例如,可能有些变量在多个公共因子上都有较大的载荷,有些公共因子对许多变量的载荷也不小(说明它对多个变量都有较明显的影响作用),这种因子模型很难对因子的实际背景进行合理的解释,此时必须通过因子旋转的方法,使得每个变量仅在一个公共因子上的载荷较大,在其他的公共因子上的载荷较小,这时,公共因子的含义就可以通过载荷大小作出合理的说明。

因子旋转的方法有正交旋转和斜交旋转两类。正交旋转就是对载荷矩阵 $\boldsymbol{A}$ 作一正交变换,即右乘正交矩阵 $\boldsymbol{T}$,使得 $\boldsymbol{A}\boldsymbol{T}$ 有更显著的实际意义。根据正交矩阵 $\boldsymbol{T}$ 的不同选取方式,将构造出不同的正交旋转方法。实际中,我们常用的方法是最大方差旋转法。MATLAB 工具箱有专门的函数 rotatefactors 可以对载荷矩阵进行旋转。

11.2.4 因子得分

在因子分析模型 $X=AF+\varepsilon$ 中,若不考虑特殊因子的影响,当 $m=p$ 且因子载荷矩阵 A 可逆,则 $F=A^{-1}X$,即可以从每个样品的指标值 X 估计出其在因子 F 上的值,其值简称为该样品的因子得分。但是因子分析模型在实际应用中要求 $m<p$,因此,无法精确计算出因子的得分情况,只能对因子得分进行估计。估计因子得分的方法有很多,1939 年汤姆森 (Thompson)给出了一个回归的方法,称为汤姆森回归法。下面简单介绍此回归法的思想。

汤姆森回归法

假设公共因子对 p 个原始变量作回归,即

$$F_j=b_{j0}+b_{j1}x_1+b_{j2}x_2+\cdots+b_{jp}x_p, \quad j=1,2,\cdots,m,$$

若 F_j 和 x_i 作了标准化,则回归常数项 $b_{j0}=0$,于是因子得分函数可以表示为

$$\hat{F}_j=b_{j1}x_1+b_{j2}x_2+\cdots+b_{jp}x_p, \quad j=1,2,\cdots,m。 \tag{11.18}$$

由式(11.12)和式(11.18)可知

$$\begin{aligned}
a_{ij}=r_{x_i,\hat{F}_j}&=E(x_i\hat{F}_j)\\
&=E[x_i(b_{j1}x_1+b_{j2}x_2+\cdots+b_{jp}x_p)]\\
&=b_{j1}r_{i1}+b_{j2}r_{i2}+\cdots+b_{jp}r_{ip}, \quad i=1,2,\cdots,p;j=1,2,\cdots,m。
\end{aligned} \tag{11.19}$$

式(11.19)的矩阵形式为

$$A=RB^{\mathrm{T}}, \tag{11.20}$$

其中

$$B=\begin{bmatrix} b_{11} & b_{12} & \cdots & b_{1p} \\ b_{21} & b_{22} & \cdots & b_{2p} \\ \vdots & \vdots & & \vdots \\ b_{m1} & b_{m2} & \cdots & b_{mp} \end{bmatrix}, \quad R=\begin{bmatrix} r_{11} & r_{12} & \cdots & r_{1p} \\ r_{21} & r_{22} & \cdots & r_{2p} \\ \vdots & \vdots & & \vdots \\ r_{p1} & r_{p2} & \cdots & r_{pp} \end{bmatrix}。$$

由式(11.18)和式(11.20),有

$$\hat{F}=\begin{bmatrix} \hat{F}_1 \\ \hat{F}_2 \\ \vdots \\ \hat{F}_m \end{bmatrix}=\begin{bmatrix} b_{11}x_1+b_{12}x_2+\cdots+b_{1p}x_p \\ b_{21}x_1+b_{22}x_2+\cdots+b_{2p}x_p \\ \vdots \\ b_{m1}x_1+b_{m2}x_2+\cdots+b_{mp}x_p \end{bmatrix}=BX=A^{\mathrm{T}}R^{-1}X,$$

因此,因子得分的估计为

$$\hat{F}=A^{\mathrm{T}}R^{-1}X。 \tag{11.21}$$

11.2.5 因子分析的基本步骤

在实际问题中,协方差矩阵 Σ 是未知的,我们需要通过样本来估计协方差矩阵。为消除量纲的影响,首先需要对样本进行标准化处理,标准化数据的样本协方差矩阵即为原始数据的样本相关矩阵 R。于是,因子分析的步骤可归纳为

(1) 将原始数据标准化；

(2) 计算相关系数阵 $\boldsymbol{R}$；

(3) 计算 $\boldsymbol{R}$ 的特征值和相应的特征向量,确定因子个数和因子载荷矩阵；

(4) 考虑因子载荷矩阵的旋转,增强因子的解释力；

(5) 计算每个因子对每个样本的得分,便于问题的进一步分析。

例 11.2　现有二次大战以来的奥林匹克十项全能(百米跑成绩 x_1,跳远成绩 x_2,铅球成绩 x_3,跳高成绩 x_4,400m 跑成绩 x_5,百米跨栏成绩 x_6,铁饼成绩 x_7,撑竿跳远成绩 x_8,标枪成绩 x_9,1500m 跑成绩 x_{10})150 组数据的样本相关矩阵

$$
\boldsymbol{R} = \begin{bmatrix}
1 & 0.59 & 0.35 & 0.34 & 0.63 & 0.40 & 0.28 & 0.20 & 0.11 & -0.07 \\
0.59 & 1 & 0.42 & 0.51 & 0.49 & 0.52 & 0.31 & 0.36 & 0.21 & 0.09 \\
0.35 & 0.42 & 1 & 0.38 & 0.19 & 0.36 & 0.73 & 0.24 & 0.44 & -0.08 \\
0.34 & 0.51 & 0.38 & 1 & 0.29 & 0.46 & 0.27 & 0.39 & 0.17 & 0.18 \\
0.63 & 0.49 & 0.19 & 0.29 & 1 & 0.34 & 0.17 & 0.23 & 0.13 & 0.39 \\
0.40 & 0.52 & 0.36 & 0.46 & 0.34 & 1 & 0.32 & 0.33 & 0.18 & 0.01 \\
0.28 & 0.31 & 0.73 & 0.27 & 0.17 & 0.32 & 1 & 0.24 & 0.34 & -0.02 \\
0.20 & 0.36 & 0.24 & 0.39 & 0.23 & 0.33 & 0.24 & 1 & 0.24 & 0.17 \\
0.11 & 0.21 & 0.44 & 0.17 & 0.13 & 0.18 & 0.34 & 0.24 & 1 & -0.02 \\
-0.07 & 0.09 & -0.08 & 0.18 & 0.39 & 0.01 & -0.02 & 0.17 & -0.02 & 1
\end{bmatrix},
$$

试从样本相关矩阵 $\boldsymbol{R}$ 出发,作因子分析,并解释因子的含义。

解　计算相关系数矩阵 $\boldsymbol{R}$ 的前 4 个特征值分别为 3.7865,1.5247,1.1042,0.9082,其余 6 个特征值均较小,且这 4 个公共因子对样本方差的累计贡献率为 73%。因此,本例选取 4 个主因子(即 $m=4$)。

利用主成分估计方法求出了因子载荷的估计,如表 11.4 所示。

表 11.4　因子分析表

变量	F_1	F_2	F_3	F_4	共同度
1	0.69	0.21	−0.53	0.18	0.839
2	0.79	0.18	−0.19	−0.10	0.702
3	0.70	−0.53	0.05	0.18	0.809
4	0.67	0.13	0.15	−0.39	0.648
5	0.62	0.55	−0.10	0.42	0.870
6	0.69	0.05	−0.14	−0.35	0.616
7	0.62	−0.52	0.11	0.24	0.725
8	0.54	0.09	0.43	−0.42	0.658
9	0.43	−0.459	0.35	0.24	0.565
10	0.15	0.609	0.649	0.304	0.892
累计贡献率	0.379	0.531	0.642	0.732	

从表 11.4 中可以看到,10 个共同度都比较大,表明了这 4 个公共因子解释了每个变量的方差的绝大部分。但是上述 4 个公共因子只有第一个因子 F_1 在所有的变量上有较大的正载荷,可以称 F_1 为一般运动因子,其他的 3 个因子不太容易解释。于是,我们对以上因

子载荷矩阵考虑最大方差旋转增强因子的解释力,旋转后的因子载荷矩阵估计如表 11.5 所示。

表 11.5 因子分析表

变量	F_1	F_2	F_3	F_4	共同度
1	0.885^*	-0.136	-0.112	-0.157	0.839
2	0.632^*	-0.193	-0.006	-0.516^*	0.702
3	0.245	-0.825^*	-0.141	-0.222	0.809
4	0.239	-0.151	0.077	-0.750^*	0.648
5	0.793^*	-0.077	0.473	-0.100	0.870
6	0.404	-0.153	-0.159	-0.635^*	0.616
7	0.185	-0.815^*	-0.067	-0.145	0.725
8	-0.038	-0.178	0.216	-0.760^*	0.658
9	-0.047	-0.733^*	0.117	-0.112	0.566
10	0.041	0.047	0.934^*	-0.114	0.892
累计贡献率	0.213	0.416	0.538	0.732	

从表 11.4 和表 11.5 可以看到,通过旋转,因子载荷量值发生了改变,但因子对变量的共同度没有改变,即因子旋转不影响因子对变量的拟合优度。通过因子旋转,公共因子有了较为明确的含义。从表 11.5 容易看出:

(1) 百米跑成绩 x_1,跳远成绩 x_2 和 400m 跑成绩 x_5 这些需要爆发力的项目在因子 F_1 上有较大的载荷,因此 F_1 可解释为短跑速度因子。

(2) 铅球成绩 x_3,铁饼成绩 x_7 和标枪成绩 x_9 在因子 F_2 上有较大的载荷,因此 F_2 可解释为爆发性臂力因子。

(3) 跳远成绩 x_2,跳高成绩 x_4,百米跨栏成绩 x_6 和撑竿跳远成绩 x_8 在因子 F_4 上有较大的载荷,因子 F_4 可解释为爆发性腿力因子。

(4) 1500m 跑成绩 x_{10} 在因子 F_3 上有较大的载荷,因此 F_3 可解释为长跑耐力因子。

以上因子分析表明,十项得分可归结于短跑速度、爆发性臂力、爆发性腿力和长跑耐力这 4 个方面(即 4 个因子),而且经旋转得到的因子基本属性与田径运动中的传统分类是一致的。

计算的 MATLAB 程序如下:

```
load R.txt          %相关系数数据保存在纯文本文件 R.txt 中并载入 MATLAB
r=R;
[vec1,lamda,rate]=pcacov(r);
f1=repmat(sign(sum(vec1)),size(vec1,1),1);
vec2=vec1.*f1;
f2=repmat(sqrt(lamda)',size(vec2,1),1);
a=vec2.*f2;
num=4;
am=a(:,1:num);
[bm,t]=rotatefactors(am,'method','varimax');
degree1=sum(am.^2,2);
contr1=sum(a.^2);
rate1=contr1(1:num)/sum(contr1);
ctr1=cumsum(rate1);
```

```
bt=[bm, a(:,[num+1:end])];
degree2=sum(bm.^2,2);
contr2=sum(bt.^2);
rate2=contr2(1:num)/sum(contr2);
ctr2=cumsum(rate2);
```

11.2.6　主成分分析与因子分析的比较

（1）主成分分析和因子分析都是多元统计分析中的一种降维方式；

（2）主成分分析和因子分析的计算方法相似，但因子分析是主成分分析的推广；

（3）主成分分析仅仅是变量变换，而因子分析需要构造因子模型；

（4）主成分分析提取的主成分不一定具有明确的含义，而因子分析中的公因子有一定的含义；

（5）因子分析可以判定主要影响因素，找出问题本质。

11.3　聚类分析

聚类分析（cluster analysis，CA）又称为群分析，是研究样品或指标分类问题的一种多元统计方法。所谓类，也就是指相似元素的集合。聚类分析的原则是尽可能保证类别相同的数据之间具有较高的相似性，而类别不同的数据之间具有较低的相似性。聚类分析的方法有很多，本书中主要介绍系统聚类法和动态聚类法。

11.3.1　聚类统计量

1. 样本间距离

设 $\boldsymbol{x}=[x_1,x_2,\cdots,x_p]^{\mathrm{T}}$ 和 $\boldsymbol{y}=[y_1,y_2,\cdots,y_p]^{\mathrm{T}}$ 为 p 维样本点，对样本进行分类可以用样本间的距离来刻画。在聚类分析中，常用的样本间距离有如下几种。

（1）绝对值距离

$$d(\boldsymbol{x},\boldsymbol{y})=\sum_{i=1}^{p}\mid x_i-y_i\mid_{\circ} \tag{11.22}$$

（2）欧几里得（Euclid）距离

$$d(\boldsymbol{x},\boldsymbol{y})=\Big(\sum_{i=1}^{p}(x_i-y_i)^2\Big)^{\frac{1}{2}}_{\circ} \tag{11.23}$$

（3）闵可夫斯基（Minkowski）距离

$$d(\boldsymbol{x},\boldsymbol{y})=\Big(\sum_{i=1}^{p}(x_i-y_i)^q\Big)^{\frac{1}{q}},\quad q\geqslant 1_{\circ} \tag{11.24}$$

（4）切比雪夫（Chebyshev）距离

$$d(\boldsymbol{x},\boldsymbol{y})=\max_{1\leqslant i\leqslant p}\mid x_i-y_i\mid_{\circ} \tag{11.25}$$

（5）马氏（Mahalanobis）距离

$$d(\boldsymbol{x},\boldsymbol{y})=\sqrt{(\boldsymbol{x}-\boldsymbol{y})^{\mathrm{T}}\boldsymbol{\Sigma}^{-1}(\boldsymbol{x}-\boldsymbol{y})}, \tag{11.26}$$

其中，Σ 为总体协方差矩阵。

马氏距离又称为广义欧氏距离，与以上其他四种距离不同的是：马氏距离不受量纲的影响，而且能避免变量相关性的干扰，是以上其他四种距离的一种改进。

2. 相似性

除了利用距离来对样本进行分类外，还可以利用样本间的相关性对样本进行分类。常用的相似性度量有如下几种。

（1）夹角余弦

$$r_{xy}^{(1)} = \frac{\sum_{i=1}^{p} x_i y_i}{\sqrt{\sum_{i=1}^{p} x_i^2} \sqrt{\sum_{i=1}^{p} y_i^2}}。 \tag{11.27}$$

（2）相关系数

$$r_{xy}^{(2)} = \frac{\sum_{i=1}^{p} (x_i - \bar{x})(y_i - \bar{y})}{\sqrt{\sum_{i=1}^{p} (x_i - \bar{x})^2} \sqrt{\sum_{i=1}^{p} (y_i - \bar{y})^2}}。 \tag{11.28}$$

11.3.2 系统聚类法

系统聚类法是目前国内外使用较多的一种聚类方法，其基本思想是：先将每个样本归为一类；然后定义类与类之间的距离，将聚类最短的两类合并为一个新的类；再计算新的类与其他类之间的距离，将聚类最短的两类合并为一个新类。如此下去，每次缩小一类，直到所有样本合并为一个类为止。按照以上思想，系统聚类法的聚类过程可用一个聚类图展示出来。系统聚类的一般步骤如下：

（1）将每个样本归为一类；

（2）计算样本两两之间的距离；

（3）将距离最近的两类合并为一个新的类；

（4）若类的个数为1，转入步骤（5），否则转步骤（3）；

（5）画聚类图；

（6）根据给定的分类个数，确定分类。

由于计算类与类的距离方法不同，就产生了不同的聚类法，下面介绍常用的几种。设 G_1, G_2 是两个类，则可以用下面的方法来度量它们之间的距离。

1. 最短距离法

$$D(G_1, G_2) = \min_{\substack{\boldsymbol{x}_i \in G_1 \\ \boldsymbol{y}_j \in G_2}} \{d(\boldsymbol{x}_i, \boldsymbol{y}_j)\}。 \tag{11.29}$$

2. 最长距离法

$$D(G_1, G_2) = \max_{\substack{\boldsymbol{x}_i \in G_1 \\ \boldsymbol{y}_j \in G_2}} \{d(\boldsymbol{x}_i, \boldsymbol{y}_j)\}。 \tag{11.30}$$

3. 质心法

$$D(G_1, G_2) = d(\bar{\boldsymbol{x}}, \bar{\boldsymbol{y}}), \tag{11.31}$$

其中, $\bar{\boldsymbol{x}} = \dfrac{1}{n_1} \sum\limits_{\boldsymbol{x}_i \in G_i} \boldsymbol{x}_i$, $\bar{\boldsymbol{y}} = \dfrac{1}{n_2} \sum\limits_{\boldsymbol{y}_j \in G_j} \boldsymbol{y}_j$ 分别为 G_1, G_2 的质心, n_1, n_2 分别为 G_1, G_2 中的样本点个数。

4. 类平均法

$$D(G_1, G_2) = \frac{1}{n_1 n_2} \sum_{\boldsymbol{x}_i \in G_1} \sum_{\boldsymbol{y}_j \in G_2} d(\boldsymbol{x}_i, \boldsymbol{y}_j)。 \tag{11.32}$$

5. 离差平方和法

记

$$D_1 = \sum_{\boldsymbol{x}_i \in G_1} (\boldsymbol{x}_i - \bar{\boldsymbol{x}})^{\mathrm{T}} (\boldsymbol{x}_i - \bar{\boldsymbol{x}}), \quad D_2 = \sum_{\boldsymbol{y}_j \in G_2} (\boldsymbol{y}_j - \bar{\boldsymbol{y}})^{\mathrm{T}} (\boldsymbol{y}_j - \bar{\boldsymbol{y}}),$$

$$D_{12} = \sum_{\boldsymbol{z}_k \in G_1 \cup G_2} (\boldsymbol{z}_k - \bar{\boldsymbol{z}})^{\mathrm{T}} (\boldsymbol{z}_k - \bar{\boldsymbol{z}}),$$

则 G_1 和 G_2 的离差平方和定义为

$$D(G_1, G_2) = D_{12} - D_1 - D_2, \tag{11.33}$$

其中, $\bar{\boldsymbol{z}}$ 为 $G_1 \cup G_2$ 的质心。

例 11.3　设有 6 个样本, 每个样本只测量一个指标, 分别记为 $X_1 = \{1\}$, $X_2 = \{2\}$, $X_3 = \{5\}$, $X_4 = \{7\}$, $X_5 = \{9\}$, $X_6 = \{10\}$, 试用最短距离法将它们分类, 并画出聚类图。

解　(1) 令每个样本归为一类, 采用绝对值距离计算样本距离, 用矩阵 $D_{(0)}$ 表示, 见表 11.6。

表 11.6　第一次聚类过程中类距表

	G_1	G_2	G_3	G_4	G_5	G_6
G_1	0					
G_2	1	0				
G_3	4	3	0			
G_4	6	5	2	0		
G_5	8	7	4	2	0	
G_6	9	8	5	3	1	0

(2) 将最近的两类合并为一个新的类, $D_{(0)}$ 中最小值是 $D_{12} = D_{56} = 1$, 于是将 G_1 和 G_2 合并成一个新类 G_7, G_5 和 G_6 合并成 G_8, 并利用最短距离公式计算新类 $G_7 = \{X_1, X_2\}$ 和 $G_8 = \{X_5, X_6\}$ 与其他类 $G_3 = \{X_3\}$, $G_4 = \{X_4\}$ 的距离, 用矩阵 $D_{(1)}$ 表示, 见表 11.7。

表 11.7　第二次聚类过程中类距表

	G_7	G_3	G_4	G_8
G_7	0			
G_3	3	0		
G_4	5	2	0	
G_8	7	4	2	0

（3）在 $D_{(1)}$ 中最小值是 $D_{34}=D_{48}=2$，于是将 G_3，G_4 和 G_8 合并成新类 G_9，并利用最短距离公式计算新类 $G_9=\{X_3,X_4,X_5,X_6\}$ 与 $G_7=\{X_1,X_2\}$ 的距离，用矩阵 $D_{(2)}$ 表示，见表 11.8。

表 11.8　聚类过程中类距表

	G_7	G_9
G_7	0	
G_9	3	0

（4）将 $G_7=\{X_1,X_2\}$ 和 $G_9=\{X_3,X_4,X_5,X_6\}$ 合并成 G_{10}，这时所有的 6 个样品聚为一类，其过程终止。画出上述过程的聚类图 11.1。

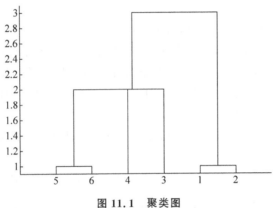

图 11.1　聚类图

编制 MATLAB 程序如下：

```
a=[1;2;5;7;9;10];
y=pdist(a,'cityblock');
ys=squareform(y);
z=linkage(y);
dendrogram(z);
T=cluster(z,'maxclust',3);
for i=1:3
    tm=find(T==i);
    tm=reshape(tm,1,length(tm));
    fprintf('第%d类的有%s\n',i,int2str(tm));
end
```

由以上分析可知，将 6 个样本分为两类：一类为 $\{X_1,X_2\}$，另一类为 $\{X_3,X_4,X_5,X_6\}$，这个分类跟实际样本是吻合的。

11.3.3　动态聚类法

系统聚类法的特点是样本一旦划入某个类中，就不发生变化，这就要求分类比较准确；另一方面，当样本容量较大时，需要占据非常大的计算机内存空间，这给应用带来一定的困难。为了弥补系统聚类法的不足，产生了动态聚类法。动态聚类法的主要思想是：先指定好类数,接着对样本进行粗略分类,然后按照某种原则对分类进行修正,直至分类比较合理为止。K-均值法是一种应用比较广泛的快速聚类法,本文主要介绍该方法。K-均值法是麦奎因(MacQueen)于 1967 年提出的,该方法的基本思想是将每一个样品分配给最近质心的类中,具体步骤如下:

(1) 将所有的样品任意分成 K 个类,并计算这 K 个类的质心;

(2) 对分类进行修正,通过欧氏距离将某个样本划入当前离质心最近的类中,并对获得样本与失去样本的类重新计算其质心;

(3) 重复步骤(2),直到所有的样品都不能再分配时为止。

K-均值法和系统聚类法一样,都是以距离的远近亲疏为标准进行聚类,但是两者的不同之处是:系统聚类对不同的类数产生一系列的聚类结果,而 K-均值法只能产生指定类数的聚类结果。

下面通过一个具体问题说明 K-均值法的计算过程。

例 11.4　设有 4 个样本,每个样本测量两个指标,分别记为 $X_1=[5,3]$,$X_2=[-1,1]$,$X_3=[1,-2]$,$X_4=[-3,-2]$,试将 4 个样本采用 k-均值法($k=2$)分为两类。

解　第一步,将样本随机分成两类,例如 $\{X_1,X_2\}$ 和 $\{X_3,X_4\}$,计算这两个类的质心坐标分别为:$[2,2]$ 和 $[-1,-2]$。

第二步,计算每个样本到质心的距离,并重新分离。计算 X_1 到这两类质心的欧式距离平方:

$$D^2(X_1,\{X_1,X_2\})=(5-2)^2+(3-2)^2=10,$$
$$D^2(X_1,\{X_3,X_4\})=(5+1)^2+(3+2)^2=61。$$

由于 X_1 到 $\{X_1,X_2\}$ 的距离小于到 $\{X_3,X_4\}$ 的距离,因此 X_1 不用重新分配。计算 X_2 到两类质心的欧式距离平方:

$$D^2(X_2,\{X_1,X_2\})=(-1-2)^2+(1-2)^2=10,$$
$$D^2(X_2,\{X_3,X_4\})=(-1+1)^2+(1+2)^2=9。$$

由于 X_2 到 $\{X_1,X_2\}$ 的距离大于到 $\{X_3,X_4\}$ 的距离,因此 X_2 要分配给 $\{X_3,X_4\}$ 类,得到新的聚类是 $\{X_1\}$ 和 $\{X_2,X_3,X_4\}$。重新计算新的两类 $\{X_1\}$ 和 $\{X_2,X_3,X_4\}$ 的质心坐标,其质心坐标分别为:$[5,3]$ 和 $[-1,-1]$。

第三步,再次检查每个样本,以决定是否需要重新分类。计算各样品到各质心的距离平方,得结果见表 11.9。

表 11.9　样品到质心的距离平方

聚类	样品到质心的距离平方			
	X_1	X_2	X_3	X_4
X_1	0	40	41	89
X_2,X_3,X_4	52	4	5	5

从表 11.9 可知,每个样品都已经分配给距离中心最近的类,因此聚类过程到此结束。最终得到 $K=2$ 的聚类结果是 $\{X_1\}$ 独自成一类,$\{X_2,X_3,X_4\}$ 聚成一类。样品的散点图和聚类质心如图 11.2 所示。

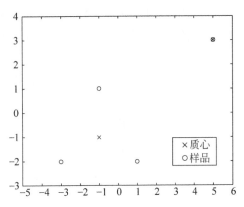

图 11.2 样品散点图和聚类质心位置

编制 MATLAB 程序如下：

```
data=[5 3;-1 1;1 -2;-3 -2];
K=2;                          %类数
[Idx,C]=kmeans(data,K);      % Idx 表示各点分类结果,C 表示各类质心位置
figure;
plot(C(:,1),C(:,2),'kx');
hold on;
scatter(data(:,1),data(:,2),'ko');
legend('质心','样品');
axis([-5 6 -3 4])
```

11.4 多元回归分析

回归分析是研究变量间的相关关系的数据分析方法,揭示变量间的内在规律,并用于预测、控制等领域。该方法把变量分为因变量和自变量,只有一个自变量的回归分析称为一元回归分析,多于一个自变量的回归分析称为多元回归分析。按回归模型可分为线性回归分析和非线性回归分析。本文主要讨论多元回归分析。

11.4.1 多元线性回归

1. 多元线性回归模型

多元线性回归(multiple linear regression)模型的一般形式为

$$y = \beta_0 + \beta_1 x_1 + \beta_2 x_2 + \cdots + \beta_p x_p + \varepsilon \tag{11.34}$$

其中,$\beta_0, \beta_1, \cdots, \beta_p$ 为未知参数,称为回归系数。y 为因变量,$x_1, x_2, \cdots, x_p$ 为自变量,ε 为随机误差,且 $\varepsilon \sim N(0, \sigma^2)$。当 $p=1$ 时,式(11.34)称为一元线性回归模型,当 $p>1$ 时,式(11.34)称为多元线性回归模型。

若我们有 n 组观测数据 $(x_{i1}, x_{i2}, \cdots, x_{ip}; y_i), i=1,2,\cdots,n$,将其观测值代入式(11.34)可得如下样本多元线性回归模型：

$$
\begin{cases}
y_1 = \beta_0 + \beta_1 x_{11} + \beta_2 x_{12} + \cdots + \beta_p x_{1p} + \varepsilon_1, \\
y_2 = \beta_0 + \beta_1 x_{21} + \beta_2 x_{22} + \cdots + \beta_p x_{2p} + \varepsilon_2, \\
\qquad\qquad\qquad\qquad\qquad\qquad\vdots \\
y_n = \beta_0 + \beta_1 x_{n1} + \beta_2 x_{n2} + \cdots + \beta_p x_{np} + \varepsilon_n。
\end{cases}
\tag{11.35}
$$

式(11.35)的矩阵形式为

$$
\boldsymbol{Y} = \boldsymbol{X}\boldsymbol{\beta} + \boldsymbol{\varepsilon} ,
\tag{11.36}
$$

其中,$\boldsymbol{Y} = \begin{bmatrix} y_1 \\ y_2 \\ \vdots \\ y_n \end{bmatrix}$,$\boldsymbol{X} = \begin{bmatrix} 1 & x_{11} & x_{12} & \cdots & x_{1p} \\ 1 & x_{21} & x_{22} & \cdots & x_{2p} \\ \vdots & \vdots & \vdots & & \vdots \\ 1 & x_{n1} & x_{n2} & \cdots & x_{np} \end{bmatrix}$,$\boldsymbol{\beta} = \begin{bmatrix} \beta_0 \\ \beta_1 \\ \vdots \\ \beta_p \end{bmatrix}$,$\boldsymbol{\varepsilon} = \begin{bmatrix} \varepsilon_1 \\ \varepsilon_2 \\ \vdots \\ \varepsilon_n \end{bmatrix}$。

2. 回归参数的估计

(1) 回归系数 $\boldsymbol{\beta}$ 的最小二乘估计

回归系数 $\boldsymbol{\beta}$ 的最小二乘估计应使得观测值 y_i 与估计值 $\hat{y}_i$ 之间的残差平方和,即

$$
Q(\boldsymbol{\beta}) = \sum_{i=1}^{n} (y_i - \hat{y}_i)^2 = \sum_{i=1}^{n} (y_i - \beta_0 - \beta_1 x_{i1} - \cdots - \beta_p x_{ip})^2
$$

达到最小。

由函数求极值点的方法可得回归系数 $\boldsymbol{\beta}$ 的最小二乘估计值为

$$
\hat{\boldsymbol{\beta}} = (\boldsymbol{X}^{\mathrm{T}}\boldsymbol{X})^{-1} \boldsymbol{X}^{\mathrm{T}}\boldsymbol{Y},
\tag{11.37}
$$

于是,多元线性回归方程可表示为

$$
\hat{y} = \hat{\beta}_0 + \hat{\beta}_1 x_1 + \hat{\beta}_2 x_2 + \cdots + \hat{\beta}_p x_p。
\tag{11.38}
$$

(2) 未知参数 σ^2 的估计

由式(11.38)可求得观测值 y_i 的估计 $\hat{y}_i$,于是参数 σ^2 的一个无偏估计为

$$
\hat{\sigma}^2 = \frac{\displaystyle\sum_{i=1}^{n} (y_i - \hat{y}_i)^2}{n - p - 1}。
\tag{11.39}
$$

3. 回归方程的显著性检验

通过 n 组观测数据 $(x_{i1}, x_{i2}, \cdots, x_{ip}; y_i)$,可得多元线性回归方程式(11.38)。但还需对所求回归方程进行检验,检验因变量 y 和自变量 $x_1, x_2, \cdots, x_p$ 是否存在显著的线性关系。

回归方程显著性检验(F 检验法)步骤如下:

步骤 1　提出假设

$$
H_0: \beta_0 = \beta_1 = \cdots = \beta_p = 0; \quad H_1: \beta_i (i = 0, 1, \cdots, p), 不全为 0。
$$

步骤 2　构造 F 统计量

$$
F = \frac{S_R / p}{Q_e / (n - p - 1)} \sim F(p, n - p - 1),
$$

其中,$S_R = \sum_{i=1}^{n} (\hat{y}_i - \bar{y})^2$ 称为回归平方和,$Q_e = \sum_{i=1}^{n} (\hat{y}_i - y_i)^2$ 称为残差平方和。

步骤 3　给定显著性水平 α,若 $F > F_\alpha(p, n - p - 1)$,拒绝 H_0,即 $\beta_i (i = 0, 1, \cdots, p)$ 不

全为 0,认为因变量 y 和自变量 $x_1,x_2,\cdots,x_p$ 是存在显著的线性关系,即回归方程是显著的。若 $F \leqslant F_\alpha(p,n-p-1)$,则接受 H_0,认为所求回归方程不显著。

4. 回归系数的显著性检验

为建立一个简单有效的回归方程,需要对所求显著回归方程的系数 β_i 进行显著性检验。

回归系数显著性检验(t 检验法)步骤如下:

(1) 提出假设

$$H_0:\beta_i=0;\ H_1:\beta_i \neq 0, \quad i=0,1,\cdots,p。$$

(2) 构造 t 统计量

$$t=\frac{\hat{\beta}_i / \sqrt{c_{ii}}}{Q_e/(n-p-1)} \sim t(n-p-1),$$

其中,c_{ii} 为矩阵 $(\boldsymbol{X}^\mathrm{T}\boldsymbol{X})^{-1}$ 对角线的第 $i+1$ 个元素。

(3) 给定显著性水平 α,若 $|t|>t_{\alpha/2}(n-p-1)$,拒绝 H_0,即 $\beta_i \neq 0$,认为变量 x_i 对因变量 y 的影响显著。若 $|t| \leqslant t_{\alpha/2}(n-p-1)$,则接受 H_0,认为变量 x_i 对因变量 y 的影响不显著。

11.4.2 多元线性回归的预测

回归方程的一个重要应用就是利用建立好的回归方程进行预测。预测包括点预测和区间预测。

(1) 点预测

对于给定的新自变量 $x_1^*,x_2^*,\cdots,x_p^*$,利用建立好的回归方程式(11.38)可得因变量 y^* 的预测值 $\hat{y}^*$。

(2) 区间估计

y^* 的置信度为 $1-\alpha$ 的置信区间为

$$[\hat{y}^* \pm t_{\alpha/2}(n-p-1)s^2(\hat{y}^*)],$$

其中,$s^2(\hat{y}^*)=\dfrac{Q_e}{n-p-1}[1+(x^*)^\mathrm{T}(\boldsymbol{X}^\mathrm{T}\boldsymbol{X})x^*]$,$\boldsymbol{x}^*=[1,x_1^*,x_2^*,\cdots,x_p^*]$。

例 11.5 某销售公司对库存占用资金情况、广告投入的费用、员工薪酬以及销售额(单位:万元)四方面的 18 个月的数据作了汇总,如表 11.10 所示。该公司试图根据这些数据找到销售额与其他变量之间的关系,以便进行销售额预测并为工作决策提供参考依据。

表 11.10　某销售公司占用资金、广告投入、员工薪酬、销售额　　　　　　　　万元

序　　号	库存占用资金	广告投入	员工薪酬	销售额
1	75.2	30.6	21.2	1090.4
2	77.6	31.3	21.4	1133
3	80.7	33.9	22.9	1242.1
4	76	29.6	21.4	1003.2
5	79.5	32.5	21.5	1283.2

续表

序　号	库存占用资金	广告投入	员工薪酬	销售额
6	81.8	27.9	21.7	1012.2
7	98.3	24.8	21.5	1098.8
8	67.7	23.6	21	826.3
9	74	33.9	22.4	1003.3
10	151	27.7	24.7	1554.6
11	90.8	45.5	23.2	1199
12	102.3	42.6	24.3	1483.1
13	115.6	40	23.1	1407.1
14	125	45.8	29.1	1551.3
15	137.8	51.7	24.6	1601.2
16	175.6	67.2	27.5	2311.7
17	155.2	65	26.5	2126.7
18	174.3	65.4	26.8	2256.5

（1）建立销售额的回归模型；

（2）如果未来某月库存资金额为 150 万元，广告投入预算为 45 万元，员工薪酬总额为 27 万元，试根据建立的回归模型预测该月的销售额。

解　为了确定销售额 y 与库存占用资金 x_1、广告投入 x_2、员工薪酬 x_3 之间的关系，分别作出 y 与 x_1, x_2, x_3 的散点图（见图 11.3）。散点图显示它们之间近似线性关系，于是可设定 y 与 x_1, x_2, x_3 的关系为三元线性回归模型

$$y = \beta_0 + \beta_1 x_1 + \beta_2 x_2 + \beta_3 x_3 + \varepsilon。$$

编制 MATLAB 程序计算出回归模型的系数、系数置信区间与统计量（见表 11.11），并画残差示意图（见图 11.4）。

```
load shuju.txt                    %把原始数据保存在纯文本文件 shuju.txt 中
A=shuju;
[m,n]=size(A);
figure(1)
subplot(3,1,1),plot(A(:,1),A(:,4),'+'),
xlabel('x1(库存资金额)')
ylabel('y(销售额)')
subplot(3,1,2),plot(A(:,2),A(:,4),'*'),
xlabel('x2(广告投入)')
ylabel('y(销售额)')
subplot(3,1,3),plot(A(:,3),A(:,4),'x'),
xlabel('x3(员工薪酬)')
ylabel('y(销售额)')
x=[ones(m,1), A(:,1), A(:,2), A(:,3)];
y=A(:,4)
[b,bint,r,rint,stats]=regress(y,x);
figure(2)
rcoplot(r,rint)
```

程序运行结果为:

```
b =162.0632
   7.2739
  13.9575
  −4.3996
bint =−580.3603   904.4867
       4.3734    10.1743
       7.1649    20.7501
     −46.7796    37.9805
stats =0.9575   105.0867   0.0000000008   10077.9868
```

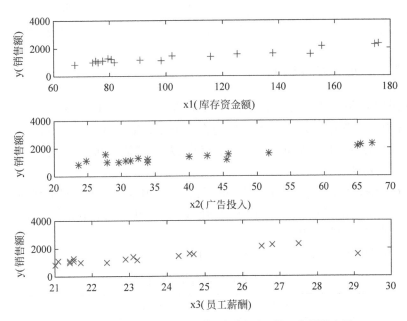

图 11.3   销售额与库存资金额、广告投入、员工薪酬散点图

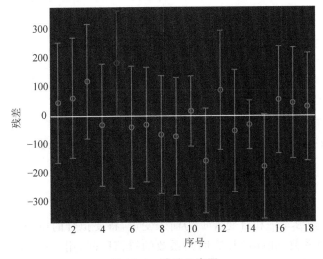

图 11.4   残差示意图

因此,回归模型为:$\hat{y} = 162.0632 + 7.2739x_1 + 13.9579x_2 - 4.3996x_3$。将未来某月库存资金额为 150 万元,广告投入预算为 45 万元,员工薪酬总额为 27 万元,代入所建立的回归模型预测该月的销售额为 1762.4391 万元。

表 11.11 回归模型的系数、系数置信区间与统计量

回归系数	回归系数估计值	回归系数置信区间
β_0	162.0632	$[-580.3603\ \ 904.4867]$
β_1	7.2739	$[4.3734\ \ 10.1743]$
β_2	13.9575	$[7.1649\ \ 20.7501]$
β_3	-4.3996	$[-46.7796\ \ 37.9805]$
$R^2 = 0.9575$	$F = 105.0867$	$p < 0.0001 \qquad s^2 = 10077.9868$

11.4.3 多元非线性回归

非线性回归是指因变量 y 对回归系数 $\beta_0, \beta_1, \cdots, \beta_p$(不是自变量)是非线性的。MATLAB 统计工具箱中实现非线性回归的命令有 nlinfit、nlparci、nlpredci、nlintool,这些命令可以给出拟合的回归系数和置信区间、预测值及其置信区间等。下面通过具体的例子给出这些命令的用法。

例 11.6 炼钢厂出钢时所用盛钢水的钢包,由于钢水对耐火材料的侵蚀,容积不断增大,我们希望找出使用次数与增大容积之间的函数关系,相关实验数据如表 11.12 所示。

(1)建立非线性回归模型;

(2)计算回归模型参数的 95% 的置信区间。

表 11.12 钢包实验数据

使用次数	增大容积	使用次数	增大容积
2	6.42	10	10.49
3	8.20	11	10.59
4	9.58	12	10.60
5	9.50	13	10.80
6	9.70	14	10.60
7	10.00	15	10.90
8	9.93	16	10.76
9	9.99		

解 从所给数据散点图 11.5 可知,次数与增大容积之间的函数关系的数学模型可表示为双曲线模型:

$$\frac{1}{y} = \beta_0 + \frac{\beta_1}{x}。$$

首先以回归系数 β_0, β_1 和自变量 x 为输入变量,将要拟合的模型写成匿名函数。然后用 nlinfit 计算回归系数,nlparci 计算回归系数的置信区间,用 nlpredci 计算预测值及其置信区间,MATLAB 程序如下:

```
x0=[2:16];
y=[6.42;8.2;9.58;9.5;9.7;10;9.93;9.99;10.49;10.59;10.6;10.8;10.6;10.9;10.76];
x=x0';
gangbao=@(beta,t) x./(beta(1)*x+beta(2));        %用匿名函数定义要拟合的函数
beta0=[1 2]';                                     % 回归系数初始值
[beta,r,J]=nlinfit(x,y,gangbao,beta0);
betazhi=nlparci(beta,r,'jacobian',j);            %回归系数的置信区间
[y1,delta]=nlpredci(gangbao,x,beta,r,'jacobian',j);  %y 的预测值和置信区间
plot(x,y,'k+',x,y1,'r')
legend('原始数据','拟合曲线')
```

运行结果如下：

```
beta =
    0.0845
    0.1152
betazhi =
    0.0814    0.0876
0.0934    0.1370
```

运行结果表明，$\beta_0=0.0845$，$\beta_1=0.1152$，非线性回归模型为 $\dfrac{1}{y}=0.0845+\dfrac{0.1152}{x}$，回归系数 β_0 的置信区间为 $[0.0814\quad 0.0876]$，β_1 的置信区间为 $[0.0934\quad 0.1370]$。

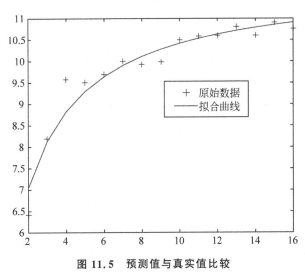

图 11.5　预测值与真实值比较

11.5　判别分析

判别分析（discrimination analysis，DA）是一种比较常用的分类分析方法。判别分析要解决的问题是在一些已知研究对象用某种方法已分成若干类的情况下，来判断新的样本属于已知类别中的哪一类，其基本思路为：利用已有信息构造某个判别准则，依据判别准则得到判别函数，然后利用该函数去判断未知样本属于哪一类。由于不同的判别准则产生不同的判别方法，本节主要介绍三种常用的判别分析方法：距离判别法、贝叶斯（Bayes）判别法

和费希尔(Fisher)判别法。

11.5.1　距离判别法

距离判别法是一种简单、直观的判别方法,其主要思想是:样品与哪个总体"距离"最近,就判断该样本属于哪个总体,因此距离判别法又称为直观判别法。定义样本与总体间的距离是马氏(Mahalanobis)距离。

设总体 G 的均值与协方差矩阵分别为 $\boldsymbol{\mu}$ 和 $\boldsymbol{\Sigma}$,$\boldsymbol{x}$ 是来自总体 G 中的一个样本,则 $\boldsymbol{x}$ 与总体 G 的马氏距离定义为

$$d(\boldsymbol{x},G)=\sqrt{(\boldsymbol{x}-\boldsymbol{\mu})^{\mathrm{T}}\boldsymbol{\Sigma}^{-1}(\boldsymbol{x}-\boldsymbol{\mu})}。$$

本文仅考虑两个总体的距离判别法。

设有两个总体 G_1,G_2,它们的均值分别为 $\boldsymbol{\mu}_1$ 和 $\boldsymbol{\mu}_2$,协方差矩阵分别为 $\boldsymbol{\Sigma}_1$ 和 $\boldsymbol{\Sigma}_2$。判断样本 $\boldsymbol{x}$ 来自哪个总体,需要计算 $\boldsymbol{x}$ 到总体 G_1 和 G_2 的马氏距离 $d(\boldsymbol{x},G_1)$ 和 $d(\boldsymbol{x},G_2)$。于是有如下判别准则:

$$\boldsymbol{x}\in\begin{cases}G_1,& d(\boldsymbol{x},G_1)\leqslant d(\boldsymbol{x},G_2),\\ G_2,& d(\boldsymbol{x},G_1)> d(\boldsymbol{x},G_2)。\end{cases}$$

依据以上判别准则,对于待判断样本 $\boldsymbol{x}$,判别函数 $\omega(\boldsymbol{x})$ 定义为

$$\begin{aligned}\omega(\boldsymbol{x})&=\frac{1}{2}(d^2(\boldsymbol{x},G_2)-d^2(\boldsymbol{x},G_1))\\ &=\frac{1}{2}((\boldsymbol{x}-\boldsymbol{\mu}_2)^{\mathrm{T}}\boldsymbol{\Sigma}_2^{-1}(\boldsymbol{x}-\boldsymbol{\mu}_2)-(\boldsymbol{x}-\boldsymbol{\mu}_1)^{\mathrm{T}}\boldsymbol{\Sigma}_1^{-1}(\boldsymbol{x}-\boldsymbol{\mu}_1))。\end{aligned}\tag{11.40}$$

由判别函数,若 $\omega(\boldsymbol{x})\geqslant 0$,则判断 $\boldsymbol{x}\in G_1$;若 $\omega(\boldsymbol{x})<0$,则判断 $\boldsymbol{x}\in G_2$。

在式(11.40)中,若总体协方差相等,即 $\boldsymbol{\mu}_1\neq\boldsymbol{\mu}_2$,$\boldsymbol{\Sigma}_1=\boldsymbol{\Sigma}_2$,则有

$$\begin{aligned}\omega(\boldsymbol{x})&=(\boldsymbol{x}-\boldsymbol{\mu}_2)^{\mathrm{T}}\boldsymbol{\Sigma}^{-1}(\boldsymbol{x}-\boldsymbol{\mu}_2)-(\boldsymbol{x}-\boldsymbol{\mu}_1)^{\mathrm{T}}\boldsymbol{\Sigma}^{-1}(\boldsymbol{x}-\boldsymbol{\mu}_1)\\ &=\left(\boldsymbol{x}-\frac{\bar{\boldsymbol{\mu}}}{2}\right)^{\mathrm{T}}\boldsymbol{\Sigma}^{-1}(\boldsymbol{\mu}_1-\boldsymbol{\mu}_2),\end{aligned}\tag{11.41}$$

其中,$\bar{\boldsymbol{\mu}}=\dfrac{\boldsymbol{\mu}_1+\boldsymbol{\mu}_2}{2}$,这时 $\omega(\boldsymbol{x})$ 是 $\boldsymbol{x}$ 的线性函数,称为线性判别函数。用线性判别函数进行判别分析非常直观,使用起来最方便,在实际中的应用也最广泛。

在式(11.40)中,若总体协方差不相等,即 $\boldsymbol{\mu}_1\neq\boldsymbol{\mu}_2$,$\boldsymbol{\Sigma}_1\neq\boldsymbol{\Sigma}_2$,$\omega(\boldsymbol{x})$ 仍为 $\boldsymbol{x}$ 的判别函数,此时它为 $\boldsymbol{x}$ 的二次函数。

在实际应用中,总体的均值 $\boldsymbol{\mu}_1,\boldsymbol{\mu}_2$ 和协方差矩阵 $\boldsymbol{\Sigma}_1,\boldsymbol{\Sigma}_2$ 通常是未知的,则用样本的均值和协方差矩阵来代替。设两个总体 G_1,G_2,$\boldsymbol{x}_1^{(1)},\boldsymbol{x}_2^{(1)},\cdots,\boldsymbol{x}_{n_1}^{(1)}$ 是来自总体 G_1 的 n_1 个样本,$\boldsymbol{x}_1^{(2)},\boldsymbol{x}_2^{(2)},\cdots,\boldsymbol{x}_{n_2}^{(2)}$ 是来自总体 G_2 的 n_2 个样本,则样本均值与协方差矩阵为

$$\hat{\boldsymbol{\mu}}_i=\bar{\boldsymbol{x}}^{(i)}=\frac{1}{n_i}\sum_{j=1}^{n_i}\boldsymbol{x}_j^{(i)},\quad i=1,2$$

$$\boldsymbol{S}_i=\frac{1}{n_i-1}\sum_{j=1}^{n_i}(\boldsymbol{x}_j^{(i)}-\bar{\boldsymbol{x}}^{(i)})(\boldsymbol{x}_j^{(i)}-\bar{\boldsymbol{x}}^{(i)})^{\mathrm{T}},\quad i=1,2$$

当 $\boldsymbol{\Sigma}_1 \neq \boldsymbol{\Sigma}_2$ 时,用 $\boldsymbol{S}_1$ 和 $\boldsymbol{S}_2$ 代替式(11.40)中的 $\boldsymbol{\Sigma}_1$ 和 $\boldsymbol{\Sigma}_2$。

当 $\boldsymbol{\Sigma}_1 = \boldsymbol{\Sigma}_2$ 时,用如下等式

$$\hat{\boldsymbol{\Sigma}} = \frac{(n_1-1)\boldsymbol{S}_1 + (n_2-1)\boldsymbol{S}_2}{n_1 + n_2 - 2} \tag{11.42}$$

代替式(11.41)中的 $\boldsymbol{\Sigma}$。

例 11.7 在企业的考核中,可以根据企业的生产经营情况把企业分为优秀企业和一般企业。考核企业经营状况的指标有:资金利润率、劳动生产率和产品净值率,三个指标的均值向量和协方差矩阵如表 11.13 所示。现有两个企业,观测值分别为[7.8,39.1,9.6]和[8.1,34.2,6.9],试判别这两个企业属于哪一类?

表 11.13 企业经营状况的指标的数据

	优秀均值	一般均值	协方差矩阵		
资金利润率	13.5	5.4	68.39	40.24	21.41
劳动生产率	40.7	29.8	40.24	54.58	11.67
产品净值率	10.7	6.2	21.41	11.67	7.90

解 由题可知,两类企业协方差矩阵已知且相等。易知

$$\boldsymbol{\mu}_1 - \boldsymbol{\mu}_2 = \begin{bmatrix} 8.1 \\ 10.9 \\ 4.5 \end{bmatrix}, \quad (\boldsymbol{\mu}_1 + \boldsymbol{\mu}_2)/2 = \begin{bmatrix} 9.45 \\ 35.25 \\ 8.45 \end{bmatrix}, \quad \boldsymbol{\Sigma}^{-1}(\boldsymbol{\mu}_1 - \boldsymbol{\mu}_2) = \begin{bmatrix} -0.60581 \\ 0.25362 \\ 1.83679 \end{bmatrix}.$$

判别函数的常数项为

$$\left(\frac{\boldsymbol{\mu}_1 + \boldsymbol{\mu}_2}{2}\right)^{\mathrm{T}} \boldsymbol{\Sigma}^{-1}(\boldsymbol{\mu}_1 - \boldsymbol{\mu}_2) = \begin{bmatrix} 9.45 & 35.25 & 8.45 \end{bmatrix} \begin{bmatrix} -0.60581 \\ 0.25362 \\ 1.83679 \end{bmatrix} = 18.73596.$$

由式(11.41)可知,线性判别函数为

$$\omega(\boldsymbol{x}) = -0.60581x_1 + 0.25362x_2 + 1.83679x_3 - 18.73596596,$$

其中,x_1, x_2, x_3 分别为企业的资金利润率、劳动生产率和产品净值率三个指标值。

将两组观测值代入上式,有

$$\omega(\boldsymbol{x}_1) = -0.60581 \times 7.8 + 0.25362 \times 39.1 + 1.83679 \times 9.6 - 18.73596$$
$$= 4.0892 > 0,$$

$$\omega(\boldsymbol{x}_2) = -0.60581 \times 8.1 + 0.25362 \times 34.2 + 1.83679 \times 6.9 - 18.73596$$
$$= -2.2956 < 0.$$

由上可知,第一家新企业为优秀企业,第二家新企业为一般企业。

例 11.8 蠓是一种昆虫,分为很多类型,其中有一种名为 Af,是能传播花粉的益虫,称为益蠓。另一种名为 Apf,是会传播疾病的害虫,称为毒蠓,这两种类型的蠓在形态上十分相似,很难区别。现测得 6 只 Apf 和 9 只 Af 蠓虫的触角长度和翅膀长度数据,Apf:[1.14,1.78],[1.18,1.96],[1.20,1.86],[1.26,2.00],[1.28,2.00],[1.30,1.96];Af:[1.24,1.72],[1.36,1.74],[1.38,1.64],[1.38,1.82],[1.38,1.90],[1.40,1.70],[1.48,1.82],[1.54,1.82],[1.56,2.08]。若两类蠓虫服从二维正态分布,协方差矩阵相等,试根据距离判别法判别以下的三个蠓虫[1.24,1.8],[1.29,1.81],[1.43,2.03]

属于哪一类?

解　已知总体协方差矩阵相等但未知,于是用样本协方差矩阵

$$\hat{\boldsymbol{\Sigma}} = \frac{(6-1)\boldsymbol{S}_1 + (9-1)\boldsymbol{S}_2}{6+9-2}$$

代替式(11.41)中的 $\boldsymbol{\Sigma}$,其中 $\boldsymbol{S}_1, \boldsymbol{S}_2$ 分别为蠓虫 Apf 和 Af 的样本协方差矩阵。

易知

$$\hat{\boldsymbol{\mu}}_1 - \hat{\boldsymbol{\mu}}_2 = \begin{bmatrix} -0.1867 \\ 0.1222 \end{bmatrix}, \quad (\hat{\boldsymbol{\mu}}_1 + \hat{\boldsymbol{\mu}}_2)/2 = \begin{bmatrix} 1.3200 \\ 1.8656 \end{bmatrix}, \quad \hat{\boldsymbol{\Sigma}}^{-1} = \begin{bmatrix} 235.4207 & -116.9284 \\ -116.9284 & 132.8076 \end{bmatrix}.$$

由式(11.41)可知,距离判别法的线性判别函数为

$$\omega(\boldsymbol{x}) = 5.8715 - 58.2364x_1 + 38.0587x_2,$$

其中,x_1, x_2 分别为蠓虫的触角长和翅长。

将三组待判蠓虫数据代入上式,有

$$\omega(\boldsymbol{x}_1) = 2.1640 > 0, \quad \omega(\boldsymbol{x}_2) = -0.3673 < 0, \quad \omega(\boldsymbol{x}_3) = -0.1475 < 0.$$

由上可知,待判蠓虫样本 1 属于 Apf 蠓虫,蠓虫样本 2 和 3 属于 Af 蠓虫。

编制 MATLAB 程序如下:

```
Apf=[1.14 1.78;1.18 1.96; 1.20 1.86;1.26 2;1.28 2;1.30 1.96];   %总体 Apf
Af=[1.24 1.72;1.36 1.74;1.38 1.64;1.38 1.82;1.38 1.90;1.40 1.70;1.48 1.82;
1.54 1.82;1.56 2.08];                                           %总体 Af
x=[1.24 1.8;1.29 1.81;1.43 2.03];                               % 输入原始待判数据
m1=mean(Apf);
m2=mean(Af);
s1=cov(Apf);
s2=cov(Af);
s=(5*s1+8*s2)/13;
for i=1:3
    w(i)=(x(i,:)-((m1+m2)/2))*inv(s)*(m1-m2)';
end
```

例 11.9　对于下雨天和非雨天两类天气情况收集如下数据,见表 11.14,试问当 $\boldsymbol{x} = [2,2]^{\mathrm{T}}$ 时是雨天还是非雨天?

表 11.14　两类天气情况的数据表

雨　天		非　雨　天	
温　度　差	温　　度	温　度　差	温　　度
−1.9	3.2	0.2	6.2
−6.9	10.4	−0.1	7.5
5.2	2.0	0.4	14.6
7.3	0.0	2.1	0.8
6.8	12.7	−4.6	4.3
0.9	−15.4	−1.7	10.9
−12.5	−2.5	−2.6	13.1
1.5	1.3	2.6	12.8
3.8	6.8	−2.8	10.0

解 由于本例总体均值和协方差未知,我们用样本均值和协方差矩阵来代替式(11.40)中的 $\boldsymbol{\mu}_1,\boldsymbol{\mu}_2$ 和协方差矩阵 $\boldsymbol{\Sigma}_1,\boldsymbol{\Sigma}_2$。易知

$$\hat{\boldsymbol{\mu}}_1=[0.47,2.06]^{\mathrm{T}}, \quad \hat{\boldsymbol{\mu}}_2=[-0.72,8.91]^{\mathrm{T}}$$

和

$$\hat{\boldsymbol{\Sigma}}_1=\begin{bmatrix} 43.70 & 6.93 \\ 6.93 & 67.13 \end{bmatrix}, \quad \hat{\boldsymbol{\Sigma}}_2=\begin{bmatrix} 5.67 & -0.14 \\ -0.14 & 20.82 \end{bmatrix}。$$

将 $\boldsymbol{x}=[2,2]^{\mathrm{T}}$ 代入以下马氏距离

$$d^2(\boldsymbol{x},G_1)=(\boldsymbol{x}-\hat{\boldsymbol{\mu}}_1)^{\mathrm{T}}\boldsymbol{\Sigma}_1^{-1}(\boldsymbol{x}-\hat{\boldsymbol{\mu}}_1)=0.0552,$$

$$d^2(\boldsymbol{x},G_2)=(\boldsymbol{x}-\hat{\boldsymbol{\mu}}_2)^{\mathrm{T}}\boldsymbol{\Sigma}_2^{-1}(\boldsymbol{x}-\hat{\boldsymbol{\mu}}_2)=3.5561。$$

由于 $\boldsymbol{x}$ 与 G_1 距离小于 $\boldsymbol{x}$ 与 G_2 距离,因此判定 $\boldsymbol{x}=[2,2]^{\mathrm{T}}$ 是雨天。

编制 MATLAB 程序如下:

```
load shuju.txt          %把原始数据保存在纯文本文件 shuju.txt 中并载入 MATLAB
yu=shuju(:,1:2);        %雨天
fyu=shuju(:,3:4);       %非雨天
x=[2 2];                %输入原始待判数据
m1=mean(yu)
m2=mean(fyu)
s1=cov(yu)
s2=cov(fyu)
(x-m1)*inv(s1)*(x-m1)
(x-m2)*inv(s2)*(x-m2)
```

运行结果如下:

```
ans =
    0.0552
ans =
    3.5561
```

11.5.2 贝叶斯判别

距离判别法只要求知道总体的数字特征,简单实用。但是该方法也有它明显的不足之处。第一,判别方法与总体各自出现的概率的大小无关;第二,判别方法与错判之后所造成的损失无关。贝叶斯判别法就是为了解决这些问题而提出的一种判别分析方法,其基本思想为:假设对所研究的总体已有一定的认识(这种认识常用先验概率来描述),然后基于抽取的样本修正已有的先验概率分布,从而得到后验概率分布,最后通过后验概率分布进行统计推断。该判别法能使误判概率平均达到最小。

设有两个总体 G_1,G_2,其中 G_i 的概率密度函数为 $f_i(\boldsymbol{x})$ 且 $f_i(\boldsymbol{x})$ 互不相同。假设 G_i 出现的概率为 q_i(称为先验概率),显然

$$q_i \geqslant 0, \quad q_1+q_2=1。$$

当观测到一个新样品 $\boldsymbol{x}$,可用贝叶斯公式计算它来自第 i 总体的后验概率

$$P(G_i \mid \boldsymbol{x})=\frac{q_i f_i(\boldsymbol{x})}{q_1 f_1(\boldsymbol{x})+q_2 f_2(\boldsymbol{x})}, \quad i=1,2。 \tag{11.43}$$

在不考虑误判损失的情况下,则有如下的判别准则

$$x \in \begin{cases} G_1, & P(G_1 \mid x) \geqslant P(G_2 \mid x), \\ G_2 & P(G_1 \mid x) < P(G_2 \mid x)。 \end{cases} \tag{11.44}$$

若考虑误判损失,记 Ω 为 x 的所有可能观测值的全体,R_1 为根据我们的规则要判为总体 G_1 的那些 x 的全体,R_2 为要判为总体 G_2 的那些 x 的全体,显然 $R_1 \bigcup R_2 = \Omega$,$R_1 \bigcap R_2 = \varnothing$。记 $L(j \mid i)(i, j = 1, 2)(i \neq j)$ 表示将来自总体 G_i 的样本 x 误判为 G_j 的损失,造成损失 $L(j \mid i)(i \neq j)$ 的误判概率为

$$P(j \mid i) = P(x \in R_j \mid x \in R_i) = \int_{R_j} f_i(x)。$$

将上述的误判概率与误判损失结合起来,定义平均误判损失(expected cost of misclassification,ECM)如下:

$$ECM(R_1, R_2) = L(2 \mid 1)P(2 \mid 1)q_1 + L(1 \mid 2)P(1 \mid 2)q_2。$$

一个合理的判别规则是最小化 $ECM(R_1, R_2)$。

可以证明,最小化 $ECM(R_1, R_2)$ 的判别准则为

$$x \in \begin{cases} G_1, & f_1(x)L(2 \mid 1)q_1 \geqslant f_2(x)L(1 \mid 2)q_2, \\ G_2, & f_1(x)L(2 \mid 1)q_1 < f_2(x)L(1 \mid 2)q_2。 \end{cases} \tag{11.45}$$

式(11.45)称为贝叶斯判别准则。

特别地,当总体 G_i 服从正态分布,其均值与协方差矩阵分别为 $\boldsymbol{\mu}_i$ 和 $\boldsymbol{\Sigma}_i$,且 $\boldsymbol{\Sigma}_1 = \boldsymbol{\Sigma}_2 = \boldsymbol{\Sigma}$,可以得到以下的贝叶斯判别准则:

$$x \in \begin{cases} G_1, & \omega_B(x) \geqslant \beta \\ G_2, & \omega_B(x) < \beta, \end{cases} \tag{11.46}$$

其中

$$\omega_B(x) = 2(x - \bar{\boldsymbol{\mu}})^{\mathrm{T}} \boldsymbol{\Sigma}^{-1}(\boldsymbol{\mu}_1 - \boldsymbol{\mu}_2), \tag{11.47}$$

$$\beta = \ln \frac{L(1 \mid 2)q_2}{L(2 \mid 1)q_1}。 \tag{11.48}$$

此时,$\omega_B(x)$ 称为贝叶斯判别函数,不难发现式(11.47)与式(11.41)定义的距离判别法的线性判别函数完全一致。若不考虑样本的先验概率(即 $q_1 = q_2$),也不考虑误判损失(即 $L(1 \mid 2) = L(2 \mid 1)$),这时 $\beta = 0$,贝叶斯判别法为距离判别法。

以上是两个总体时,贝叶斯判别法的基本思路,对于多个总体情形,也有类似的结论。

例 11.10　设有 G_1,G_2 和 G_3 三个总体,其概率密度分别为 $f_1(x)$,$f_2(x)$,$f_3(x)$。欲判断 x_0 属于哪个总体。已知样本 x_0 来自总体 G_1,G_2 和 G_3 的先验概率分别为 $q_1 = 0.05$,$q_2 = 0.65$,$q_3 = 0.30$,属于各个总体的概率密度分别为:$f_1(x_0) = 0.10$,$f_2(x_0) = 0.63$,$f_3(x_0) = 2.4$,在不考虑误判损失的情况下,试根据贝叶斯判别法确定样本 x_0 来自哪个总体?

解　由式(11.43)计算得

$$P(G_1 \mid x_0) = \frac{q_1 f_1(x_0)}{\sum_{i=1}^{3} q_i f_i(x_0)} = \frac{0.05 \times 0.10}{0.05 \times 0.10 + 0.65 \times 0.63 + 0.30 \times 2.4}$$

$$= \frac{0.005}{1.1345} = 0.004,$$

$$P(G_2 \mid \boldsymbol{x}_0) = \frac{q_2 f_2(\boldsymbol{x}_0)}{\sum\limits_{i=1}^{3} q_i f_i(\boldsymbol{x}_0)} = \frac{0.65 \times 0.63}{0.05 \times 0.10 + 0.65 \times 0.63 + 0.30 \times 2.4}$$

$$= \frac{0.4095}{1.1345} = 0.361,$$

$$P(G_3 \mid \boldsymbol{x}_0) = \frac{q_3 f_3(\boldsymbol{x}_0)}{\sum\limits_{i=1}^{3} q_i f_i(\boldsymbol{x}_0)} = \frac{0.30 \times 2.4}{0.05 \times 0.10 + 0.65 \times 0.63 + 0.30 \times 2.4}$$

$$= \frac{0.72}{1.1345} = 0.635。$$

根据贝叶斯判别法式(11.44),判断 $\boldsymbol{x}_0$ 属于总体 G_3。

例 11.11 对例 11.8 的数据,若两类蠓虫服从二维正态分布,协方差矩阵相等,试根据贝叶斯判别法重新判别上述三个蠓虫的类别。

解 利用样本个数的比例,取 Apf 蠓虫的先验概率为 $q_1 = \frac{6}{15} = 0.4$,Af 蠓虫的先验概率为 $q_1 = \frac{9}{15} = 0.6$。考虑到将 Apf 蠓虫误判为 Af 蠓虫的危害更大,令 $L(2 \mid 1) = \alpha L(1 \mid 2)$ $(\alpha > 1)$,于是式(11.48)中的 $\beta = \ln \frac{3}{2\alpha}$,贝叶斯判别准则为

$$\boldsymbol{x} \in \begin{cases} G_1, & \omega_B(\boldsymbol{x}) \geqslant \ln \dfrac{3}{2\alpha}, \\ G_2, & \omega_B(\boldsymbol{x}) < \ln \dfrac{3}{2\alpha}, \end{cases}$$

贝叶斯判别函数

$$\omega_B(\boldsymbol{x}) = \left(\boldsymbol{x} - \frac{\bar{\boldsymbol{\mu}}}{2}\right)^{\mathrm{T}} \hat{\boldsymbol{\Sigma}}^{-1}(\boldsymbol{\mu}_1 - \boldsymbol{\mu}_2) = 5.8715 - 58.2364 x_1 + 38.0587 x_2,$$

其中,x_1, x_2 分别为蠓虫的触角长和翅长。

分别取 $\alpha = 1.3, 1.8, 3$,则 $\beta = 0.1431, -0.1823, -0.6931$。用贝叶斯判别准则对蠓虫进行判别,结果见表 11.15。

表 11.15 不同误判损失下的判别结果

样品序号	触角长	翅长	判别函数值	判别结果 $\alpha = 1.3$	判别结果 $\alpha = 1.8$	判别结果 $\alpha = 3$
1	1.24	1.8	2.1640	Apf	Apf	Apf
2	1.29	1.81	-0.3673	Af	Af	Apf
3	1.43	2.03	-0.1475	Af	Apf	Apf

从表 11.15 可知,当 $\alpha = 1.3$ 时,三个待判样本的贝叶斯判别法的结果与例 11.8 的距离判别法结果一致。当 $\alpha = 1.8$ 时,待判样本 3 被判为 Apf 蠓虫,当 $\alpha = 3$ 时,待判样本 2 和 3 都被判为 Apf 蠓虫,这充分反映了判别方法与错判之后所造成的损失有关,从而说明了贝叶斯判别法比距离判别法更符合实际。

编制程序如下：

```
Apf=[1.14 1.78;1.18 1.96; 1.20 1.86;1.26 2;1.28 2;1.30 1.96];    %总体 Apf
Af=[1.24 1.72;1.36 1.74;1.38 1.64;1.38 1.82;1.38 1.90;1.40 1.70;1.48 1.82;
1.54 1.82;1.56 2.08];                                            %总体 Af
x=[1.24 1.8;1.29 1.81;1.43 2.03];                                % 输入原始待判数据
m1=mean(Apf);
m2=mean(Af);
s1=cov(Apf);
s2=cov(Af);
s=(5 * s1+8 * s2)/13;
alfa=input('alfa=');                                             %从键盘输入 α 值
beta=log(3/(2 * alfa));
for i=1:3
    w(i)=(x(i,:)-((m1+m2)/2)) * inv(s) * (m1-m2)';
        if w(i)> log(1.5/alfa)
            disp(['第',num2str(i),'个蠓虫属于 Apf 类']);
        else
            disp(['第',num2str(i),'个蠓虫属于 Af 类']);
        end;
end
```

11.5.3　费希尔判别

费希尔判别法是费希尔于 1936 年提出来的，该方法是一种基于方差分析的判别方法，该方法对总体的分布没有特定的要求，其主要思想是将表面上不容易分离的多维数据投影到某个方向上，使不同类数据在该方向上投影之间的距离尽可能远，而每一类数据的投影尽可能紧凑。基本方法是首先找到一个线性判别函数，使得类与类之间尽可能分开，而每个类内部的离差最小，然后再选择合适的判别准则，将新的样品进行分类判别。本文仅给出两个总体时，判别函数 $f(\boldsymbol{x})$ 的确定。

设有两个总体 $G_1,G_2,\boldsymbol{x}_1^{(1)},\boldsymbol{x}_2^{(1)},\cdots,\boldsymbol{x}_{n_1}^{(1)}$ 是来自总体 G_1 的 n_1 个样本，$\boldsymbol{x}_1^{(2)},\boldsymbol{x}_2^{(2)},\cdots,$ $\boldsymbol{x}_{n_2}^{(2)}$ 是来自总体 G_2 的 n_2 个样本。

记

$$\bar{\boldsymbol{x}}^{(i)}=\frac{1}{n_i}\sum_{j=1}^{n_i}\boldsymbol{x}_j^{(i)}, \quad i=1,2,$$

$$\boldsymbol{B}=(\bar{\boldsymbol{x}}^{(1)}-\bar{\boldsymbol{x}}^{(2)})(\bar{\boldsymbol{x}}^{(1)}-\bar{\boldsymbol{x}}^{(2)})^{\mathrm{T}}$$

和

$$\boldsymbol{C}=\boldsymbol{C}_1+\boldsymbol{C}_2,$$

其中，$\boldsymbol{C}_i=\sum_{j=1}^{n_i}(\boldsymbol{x}_j^{(i)}-\bar{\boldsymbol{x}}^{(i)})(\boldsymbol{x}_j^{(i)}-\bar{\boldsymbol{x}}^{(i)})^{\mathrm{T}},i=1,2$。

设 2 个多维总体的样本 $\boldsymbol{x}$ 在 $\boldsymbol{a}$ 上的投影为 $f(\boldsymbol{x})=\boldsymbol{a}^{\mathrm{T}}\boldsymbol{x}$，费希尔判别法的思想就是对 2

个多维总体的样本 $\boldsymbol{x}$ 经过投影后成为 2 个一维总体的样本

$$f(\boldsymbol{x}_1^{(1)}) = \boldsymbol{a}^{\mathrm{T}} \boldsymbol{x}_1^{(1)}, \quad \cdots, \quad f(\boldsymbol{x}_{n_1}^{(1)}) = \boldsymbol{a}^{\mathrm{T}} \boldsymbol{x}_{n_1}^{(1)}$$

和

$$f(\boldsymbol{x}_1^{(2)}) = \boldsymbol{a}^{\mathrm{T}} \boldsymbol{x}_1^{(2)}, \quad \cdots, \quad f(\boldsymbol{x}_{n_2}^{(2)}) = \boldsymbol{a}^{\mathrm{T}} \boldsymbol{x}_{n_2}^{(2)}$$

使两个不同总体样本均值 $\overline{f}(\boldsymbol{x})^{(1)} - \overline{f}(\boldsymbol{x})^{(2)}$ 差值越大越好,式中 $\overline{f}(\boldsymbol{x})^{(i)} = \dfrac{1}{n_i} \sum\limits_{j=1}^{n_i} f(\boldsymbol{x}_j^{(i)})$,

$i = 1,2$;并且每个总体内样本的离差平方和越小越好,即 $\sum\limits_{j=1}^{n_1} (f(\boldsymbol{x}_j^{(1)}) - \overline{f}(\boldsymbol{x})^{(1)})^2$ 越小越

好,同样 $\sum\limits_{j=1}^{n_2} (f(\boldsymbol{x}_j^{(2)}) - \overline{f}(\boldsymbol{x})^{(2)})^2$ 越小越好。

依上分析,即寻找 $f(\boldsymbol{x}) = \boldsymbol{a}^{\mathrm{T}} \boldsymbol{x}$,使得

$$\frac{(\overline{f}(\boldsymbol{x})^{(1)} - \overline{f}(\boldsymbol{x})^{(2)})^2}{\sum\limits_{j=1}^{n_1} (f(\boldsymbol{x}_j^{(1)}) - \overline{f}(\boldsymbol{x})^{(1)})^2 + \sum\limits_{j=1}^{n_2} (f(\boldsymbol{x}_j^{(2)}) - \overline{f}(\boldsymbol{x})^{(2)})^2}$$

达到最大。

易知

$$(\overline{f}(\boldsymbol{x})^{(1)} - \overline{f}(\boldsymbol{x})^{(2)})^2 = \boldsymbol{a}^{\mathrm{T}} \boldsymbol{B} \boldsymbol{a},$$

$$\sum_{j=1}^{n_1} (f(\boldsymbol{x}_j^{(1)}) - \overline{f}(\boldsymbol{x})^{(1)})^2 + \sum_{j=1}^{n_2} (f(\boldsymbol{x}_j^{(2)}) - \overline{f}(\boldsymbol{x})^{(2)})^2 = \boldsymbol{a}^{\mathrm{T}} \boldsymbol{C} \boldsymbol{a},$$

于是,费希尔判别准则就是寻找 $f(\boldsymbol{x}) = \boldsymbol{a}^{\mathrm{T}} \boldsymbol{x}$,使得

$$\boldsymbol{a}^* = \max_{\boldsymbol{a}} \frac{\boldsymbol{a}^{\mathrm{T}} \boldsymbol{B} \boldsymbol{a}}{\boldsymbol{a}^{\mathrm{T}} \boldsymbol{C} \boldsymbol{a}}。 \tag{11.49}$$

此时 $f(\boldsymbol{x}) = (\boldsymbol{a}^*)^{\mathrm{T}} \boldsymbol{x}$ 称为费希尔线性判别函数。利用拉格朗日乘子算法,有

$$\boldsymbol{a}^* = \boldsymbol{C}^{-1} (\overline{\boldsymbol{x}}^{(1)} - \overline{\boldsymbol{x}}^{(2)})。 \tag{11.50}$$

通过线性函数 $f(\boldsymbol{x}) = (\boldsymbol{a}^*)^{\mathrm{T}} \boldsymbol{x}$ 将 2 个多维总体降为 2 个一维总体,在一维空间中,对于新样本 $\boldsymbol{x}$,利用距离判别法可以得到费希尔判别准则

$$\boldsymbol{x} \in \begin{cases} G_1, & |(\boldsymbol{a}^*)^{\mathrm{T}} \boldsymbol{x} - (\boldsymbol{a}^*)^{\mathrm{T}} \boldsymbol{\mu}_1| \leqslant |(\boldsymbol{a}^*)^{\mathrm{T}} \boldsymbol{x} - (\boldsymbol{a}^*)^{\mathrm{T}} \boldsymbol{\mu}_2|, \\ G_2, & |(\boldsymbol{a}^*)^{\mathrm{T}} \boldsymbol{x} - (\boldsymbol{a}^*)^{\mathrm{T}} \boldsymbol{\mu}_1| > |(\boldsymbol{a}^*)^{\mathrm{T}} \boldsymbol{x} - (\boldsymbol{a}^*)^{\mathrm{T}} \boldsymbol{\mu}_2|。 \end{cases} \tag{11.51}$$

例 11.12 对例 11.8 的数据,试根据费希尔判别法重新判别三个蠓虫样本的类别。

解 根据已知数据,易知

$$\boldsymbol{C} = (6-1)\boldsymbol{S}_1 + (9-1)\boldsymbol{S}_2 = \begin{bmatrix} 0.0981 & 0.0864 \\ 0.0864 & 0.1740 \end{bmatrix},$$

其中,$\boldsymbol{S}_1, \boldsymbol{S}_2$ 分别为蠓虫 Apf 和 Af 的样本协方差矩阵

$$\overline{\boldsymbol{x}}^{(1)} - \overline{\boldsymbol{x}}^{(2)} = \begin{bmatrix} -0.1867 \\ 0.1222 \end{bmatrix}。$$

于是可得

$$a^* = C^{-1}(\bar{x}^{(1)} - \bar{x}^{(2)}) = \begin{bmatrix} -4.4797 \\ 2.9276 \end{bmatrix},$$

故费希尔判别函数为

$$f(x) = -4.4797x_1 + 2.9276x_2。$$

另一方面，$(a^*)^T\bar{x}^{(1)} = 0.1454$，$(a^*)^T\bar{x}^{(2)} = -1.0487$，利用费希尔判别准则式(11.51)对蟓虫样本进行判别，结果见表 11.16。从表 11.16 可知，三个待判样本的费希尔判别法的结果与例 11.8 的距离判别法结果一致，判别结果较好。

表 11.16　待判样本分类结果表

样品序号	触角长	翅长	判别函数值	判别结果
1	1.24	1.8	-0.2852	Apf
2	1.29	1.81	-0.4799	Af
3	1.43	2.03	-0.4630	Af

编制程序如下：

```
Apf = [1.14 1.78;1.18 1.96; 1.20 1.86;1.26 2;1.28 2;1.30 1.96];    %总体 Apf
Af = [1.24 1.72;1.36 1.74;1.38 1.64;1.38 1.82;1.38 1.90;1.40 1.70;1.48 1.82;
1.54 1.82;1.56 2.08];                                %总体 Af
x = [1.24 1.8;1.29 1.81;1.43 2.03];                  % 输入原始待判数据
m1 = mean(Apf);
m2 = mean(Af);
s1 = cov(Apf);
s2 = cov(Af);
c = (5 * s1 + 8 * s2);
w = inv(c) * (m1 - m2)';
for i = 1:3
    w1(i) = abs(w' * x(i, :)' - w' * m1');
    w2(i) = abs(w' * x(i, :)' - w' * m2');
    if w1(i) < w2(i)
            disp(['第', num2str(i), '个蟓虫属于 Apf 类'])
    else
            disp(['第', num2str(i), '个蟓虫属于 Af 类'])
    end
end
```

输出结果如下：

```
第 1 个蟓虫属于 Apf 类
第 2 个蟓虫属于 Af 类
第 3 个蟓虫属于 Af 类
```

习题 11

1. 表 11.17 是 10 名初中男生的身高、胸围和体重数据，试作主成分分析，并解释前两个主成分的意义。

表 11.17 身高和体重数据表

编号	1	2	3	4	5	6	7	8	9	10
身高/cm	149.5	162.5	162.7	162.2	156.5	156.1	172.0	173.2	159.5	157.7
胸围/cm	69.5	77.0	78.5	87.5	74.5	74.5	76.5	81.5	74.5	79.0
体重/kg	38.5	55.5	50.8	65.5	49.0	45.5	51.0	59.5	43.5	53.5

2. 表 11.18 中给出美国洛杉矶 12 个地区 5 个经济指标调查数据,为对 12 个地区进行综合评价,请对该数据进行因子分析,计算共同度,并解释因子的含义。

表 11.18 经济数据表

编号	总人口	学校校龄	总雇员	专业服务	中等房价
1	5700	12.8	2500	270	25000
2	1000	10.9	600	10	10000
3	3400	8.8	1000	10	9000
4	3800	13.6	1700	140	25000
5	4000	12.8	1600	140	25000
6	8200	8.3	2600	60	12000
7	1200	11.4	400	10	16000
8	9100	11.5	3300	60	14000
9	9900	12.5	3400	180	18000
10	9600	13.7	3600	390	25000
11	9600	9.6	3300	80	12000
12	9400	11.4	4000	100	13000

3. 试分析比较主成分分析与因子分析的相同之处与不同之处。

4. 设有 20 个土壤样品,每个样品含 5 项指标:含沙量 X_1、淤泥含量 X_2、黏土含量 X_3、有机物 X_4 和 pH 值 X_5,其观测数据如表 11.19 所示,试利用系统聚类法对其进行样品聚类分析。

表 11.19 土壤样本的观测数据

样品号	X_1	X_2	X_3	X_4	X_5
1	77.3	13.0	9.7	1.5	6.4
2	82.5	10.0	7.5	1.5	6.5
3	66.9	20.0	12.5	2.3	7.0
4	47.2	33.3	19.0	2.8	5.8
5	65.3	20.5	14.2	1.9	6.9
6	83.3	10.0	6.7	2.2	7.0
7	81.6	12.7	5.7	2.9	6.7
8	47.8	36.5	15.7	2.3	7.2
9	48.6	37.1	14.3	2.1	7.2
10	61.6	25.5	12.6	1.9	7.3
11	58.6	26.5	14.9	2.4	6.7
12	69.3	22.3	8.4	4.0	7.0
13	61.8	30.8	7.4	2.7	6.4

续表

样品号	X_1	X_2	X_3	X_4	X_5
14	67.7	25.3	7.0	4.8	7.3
15	57.2	31.2	11.6	2.4	6.3
16	67.2	22.7	10.1	33.3	6.2
17	59.2	31.2	9.6	2.4	6.0
18	80.2	13.2	6.6	2.0	5.8
19	82.2	11.1	6.7	2.2	7.2
20	69.7	20.7	9.6	3.1	5.9

5. 葛洲坝机组发电耗水率(单位：m^3/万 kW)的主要影响因素为库水位(单位：m)、出库流量(单位：m^3)。数据如表 11.20 所示,利用多元线性回归分析方法建立耗水率与出库流量、库水位的模型。

表 11.20　某天耗水率与出库流量、库水位的数据

时间-月-天-时	库水位/m	出库流量/m^3	机组发电耗水率
2005-10-15:00	65.08	15607	60.46
2005-10-15:02	65.10	15565	60.28
2005-10-15:04	65.12	15540	60.10
2005-10-15:06	65.17	15507	59.78
2005-10-15:08	65.21	15432	59.44
2005-10-15:10	65.37	15619	59.25
2005-10-15:12	65.38	15536	58.91
2005-10-15:14	65.39	15514	58.76
2005-10-15:16	65.40	15519	58.73
2005-10-15:18	65.43	15510	58.63
2005-10-15:20	65.47	15489	58.48
2005-10-15:22	65.53	15437	58.31
2005-10-16:00	65.62	16355	57.96
2005-10-16:02	65.58	14708	57.06
2005-10-16:04	65.70	14393	56.43
2005-10-16:06	65.84	14296	55.83

6. 某种产品的生产厂家有 12 家,其中 7 家的产品受消费者欢迎,属于畅销品,定义为 1 类;5 家的产品不大受消费者欢迎,属于滞销品,定义为 2 类。将 12 家的产品的式样,包装盒耐久性进行了评估后,得分资料如表 11.21 所示。现有 3 家新的厂家,试判定 3 家新的厂家属于哪类？

表 11.21　生产厂家的数据

厂家	式样	包装	耐久性	类别
1	9	8	7	1
2	7	6	6	1
3	8	7	8	1
4	8	5	5	1

续表

厂家	式样	包装	耐久性	类别
5	9	9	3	1
6	8	9	7	1
7	7	5	6	1
8	4	4	4	2
9	3	6	6	2
10	6	3	3	2
11	2	4	5	2
12	1	2	2	2
13	6	4	5	待判
14	8	1	3	待判
15	2	4	5	待判

LINGO 软件基础

A.1 软件介绍

　　LINGO 是目前在优化问题中使用较为广泛的一种专业优化软件,最早由美国芝加哥大学的 Linus Scharge 教授于 1980 年前后开发得到,后来成立 LINDO 系统公司,并对软件进行不断的改进,使其成为一款性能优异、求解速度很快的商业化优化软件,官方网站为: http://www.lindo.com。早期软件分为 LINDO 和 LINGO 两种,LINDO 可以用于求解线性规划和二次规划问题,LINGO 除了能求解线性规划和二次规划问题,还可以求解一般的非线性规划问题,其语言风格虽然相似,但是有所区别。虽然 LINDO 入门容易,但是 LINGO 包含了其全部功能,因此 LINDO 公司不再更新 LINDO 软件,这里我们仅仅介绍 LINGO 的用法。

　　运用 LINGO 求解优化问题并不能保证一定得到全局最优解,可能只能获得局部最优解,为了得到更好的解,在编程时需要注意以下几点:

　　(1) 尽量使用实数优化模型。

　　(2) 尽量减少整数约束以及整数变量的个数。

　　(3) 尽量使用光滑优化模型,避免使用非光滑函数。

　　(4) 尽量使用线性优化模型。

　　(5) 尽量减少非线性约束以及非线性约束中变量的个数。

　　(6) 尽量合理设置变量的上下界,尽量给出变量的初始值。

　　(7) 变量的单位数量级要合适,避免过大或过小。

　　另外 LINGO 编程需要注意的几个特点如下:

　　(1) LINGO 不区分英文字母的大小写。

　　(2) 变量名不能超过 32 个字符,且必须以字符开头。

　　(3) 每条语句以";"结束,! 后面的语句为注释,注释的文字可以是汉字,但是 LINGO 的命令语句不能出现汉字,否则会报错。

　　(4) 自变量默认为非负,如果变量不是非负,则应该用"free(x)"声明。

　　(5) LINGO 不区分">＝"和">"以及"<＝"和"<",函数名均以 @ 开头。

A.2 模型程序框架

LINGO 的程序一般分为下面的 5 段：集合部段、数据输入段、数据初始段、数据计算段和目标与约束段。

A.2.1 集合部段

这部分以"sets:"开始，以"endsets"结束。此部分的作用在于定义必要的变量，便于后面进行大规模的计算。LINGO 中的集类有 2 类，一类为原始集合（primitive sets），其定义格式为：

集合名/member list/: attribute, attribute, etc
或 集合名/1..n/ attribute, attribute, etc

另外一类为导出集（derived sets），即引用已有集合定义的集合，其定义的格式为：

集合名(set1,set2,etc): attribute, attribute, etc

比如：

sets:
teachers/1..3/: name, age;
endsets

定义了 3 个老师的 2 个属性对应的数据集合

sets:
product/A B/; ! A B 之间可以用空格或逗号隔开
machine/M N/;
week/1..2/;
allowed(product, machine, week);
endsets

定义了由 8 个元素构成的数据集合，每个元素由 3 个属性决定（为一个长度为 3 的向量）。

A.2.2 数据输入段

这部分以"data:"开始，以"enddata"结束，作用在于给集合的已知数据的属性输入数据，使得其成为已知量，例如：

sets:
    sets1/A B C/: x,y;
endsets
data
    x=1 2 3;
    y=4 5 6;
enddata

A.2.3　数据初始段

这部分以"init:"开始,以"endinit"结束,作用在于给集合的还没有数据的属性(未知变量或自变量)输入估计的初始值,例如:

```
sets:
    sets1/A B C/: x,y;
endsets
data:
    x=1 2 3;
 enddata
init:
    y=4 5 6; !y是未知变量,4 5 6为其估计初值。
endinit
```

数据初始段可以省略,如果没有数据初始段,算法将随机给出估计的初值。

A.2.4　数据计算段

这部分以"calc:"开始,以"endcalc"结束,作用在于对原始数据(已知量)进行一定的计算,以便后面计算的需要。具体计算过程需要调用一定的函数实现。如果不需要对原始数据进行先期计算可以省略该段。

A.2.5　目标与约束段

这部分定义目标函数、约束条件等,一般要用到 LINGO 的内部函数,是程序的主要部分,具体可见 A.5 的范例。

A.3　运算符和优先级

LINGO 的运算符号有 3 类:算数运算符、逻辑运算符和关系运算符。

(1) 算数运算符。包括加法:＋,减法:－,乘法:＊,除法:/,求幂:^。

(2) 逻辑运算符。可分为以下两类:① ♯AND♯(与),♯OR♯(或),♯NOT♯(非),这三种运算符只能参与逻辑值之间的运算,即作用的对象必须已经是逻辑值。② ♯EQ♯(等于),♯NE♯(不等于),♯GT♯(大于),♯GE♯(大于等于),♯LT♯(小于),♯LE♯(小于等于),这 6 个运算的对象必须是数,返回的结果为逻辑值。

(3) 关系运算符。LINGO 中的关系运算符包括以下 3 种:＜(等同于＜＝),＝,＞(等同于＞＝)。这三种运算虽然也是数与数之间的比较,但是在 LINGO 中仅仅用于在模型的约束条件中表示对于变量的约束,不是真正意义上的运算,优先级小于逻辑运算符。

运算符的优先级见表 A.1。

表 A.1 运算符的优先级

优 先 级	运 算 符
高	#NOT、−(负号)
	^
	* /
	+ −(减法)
	#EQ# #NE# #GT# #GE# #LT# #LE#
	#AND# #OR#
低	< = >

注 LINGO 中如果出现括号,括号里面的运算优先。

A.4 LINGO 函数

LINGO 中的内部函数均以"@"开始,主要包括以下函数:

A.4.1 基本数学函数

@ABS(x)	绝对值函数
@COS(x)	余弦函数
@SIN(x)	正弦函数
@TAN(x)	正切函数
@EXP(x)	指数函数
@FLOOR(x)	取整函数
@LGM(x)	求 x 的伽马函数的自然对数
@LOG(x)	自然对数函数
@MOD(x,y)	求 x 对于 y 的模
@POW(x,y)	求 x 的 y 次方
@SIGN(x)	符号函数
@SMAX(list)	求 list 中所有数的最大值
@SMIN	求最小值
@SQR	求平方值
@SQRT	求平方根

A.4.2 集合循环函数

集合循环函数是指对集合的元素进行循环操作的函数,主要包括:@FOR(循环),@MAX(求最大值),@MIN(求最小值),@SUM(求和),@PROD(求乘积值),主要用法如下:

@funtion(setname[(set_index_list)[|conditional_qualifier]]: expression_list

其中 function 是集合循环函数名,setname 是集合名,set_index_list 是集合索引列表(不需要使用索引时可以省略),|conditional_qualifier 是用逻辑表达式给出的过渡条件(无条件时可以省略):expression_list 是运算表达式(对@FOR 运算可以是一组表达式或多个运算操作)。

A.4.3　集合操作函数

集合操作函数是指对集合进行操作的函数,主要包括:@INDEX(求集合元素索引值),@IN(判断一个集合是否具有索引值),@WRAP(取模函数),@SIZE(求元素个数)。由于每个函数用法格式不一样,现将其使用格式逐一罗列如下:

@INDEX([setname],primitive_set_element)返回元素 primitive_set_element 在集合 setname 中的索引值(定义集合时在集合中出现的先后顺序的位置编号)。如果省略 setname,LINGO 将在所有集合中按照定义的先后顺序寻找含有 primitive_set_element 的集合并返回索引值,如果找不到则报错。

@IN(setname,primitive_index_1,[primitive_index_2...])判断 setname 中是否含有由索引 primitive_index_1,[primitive_index_2...]所表示的元素,如果找到则返回 1,否则返回 0。

@WRAP(INDEX,LIMIT)返回 $J = INDEX - K * LIMIT$,其中 J 位于[1,LIMIT],K 为整数,使得当 INDEX 本身位于区间[1,LIMIT]时直接返回 INDEX,如果不在此区间,相当于 INDEX 对 LIMIT 取模的值+1。此函数可以防止集合的索引值越界。

@SIZE(set_name)返回集合 set_name 里面元素的个数。

A.4.4　变量定界函数

变量定界函数主要对变量的取值范围进行限定,主要包括:@BIN,@BND,@FREE,@GIN。下面逐一介绍如下:

@BIN(variable),限定变量 variable 为 0 或 1。

@BND(lower_bound,variable,upper_bound),限定变量的下界 lower_bound 以及上界 upper_bound。

@FREE(variable),取消 variable 非负的限制。

@GIN(variable),限定 variable 为整数。

A.4.5　金融函数

LINGO 自带的金融函数包括 2 个:@FPA 和@FPL,具体用法如下:

@FPA(1,N)返回若干时段单位等额回收净现值,其中单位时段利润为 s,时段为 N 个,即 $@FPA(1,N) = \sum_{n=1}^{N} \frac{1}{(1+s)^n}$。

@FPL(1,N)返回一个时段单位等额回收净现值,其中单位时段利润为 s,时段为 N 个,即 $@FPL(1,N) = \frac{1}{(1+s)^N}$。

A.4.6　概率相关函数

LINGO 自带一些概率与随机过程相关的函数,包括随机变量的分布、随机数的产生。主要包括以下函数:

@PSN(X),返回标准正态分布在 X 处的取值。

@PSL(X),返回正态的线性损失函数,即返回 MAX(0,Z-X) 的数学期望,其中 Z 为标准正态分布随机变量。

@PPS(A,X),返回均值为 A 的 Poisson 分布在 X 处的取值。

@PPL(A,X),返回 Poisson 分布的线性损失函数,即返回 MAX(0,Z-X) 的数学期望,其中 Z 为均值为 A 的 Poisson 分布随机变量。

@PBN(P,N,X),返回参数为(N,P)的二项分布在 X 处的取值。

@PHG(POP,G,N,X),返回总共 POP 个球中 G 个是白球,随机从中取出 N 个球,白球不超过 X 的概率。

@PFD(N,D,X),返回自由度为 N 和 D 的 F 分布在 X 处的取值。

@PCX(N,X),返回自由度为 N 的 χ^2 分布在 X 处的取值。

@PTD(N,X),返回自由度为 N 的 t 分布在 X 处的取值。

@PEB(A,X),返回当达到负荷强度为 A,服务系统有 X 个服务器且容许无穷排队时的 Erlang 繁忙概率。

@PEL(A,X),返回当达到负荷强度为 A,服务系统有 X 个服务器且不容许排队时的 Erlang 繁忙概率。

@PFS(A,X,C),返回负荷上限为 A,顾客数为 C,并行服务器数量为 X 时,有限源的 Poisson 服务系统的等待顾客数的期望值。

@QRAND(SEED),返回一个或多个 0 与 1 之间的随机数填满所定义的集合,该函数只能用在数据的定义段,其中 SEED 为种子。

@RAND(SEED),返回 0 与 1 之间的一个伪均匀随机数,其中 SEED 为种子。

A.4.7　文件输入输出函数

文件输入输出函数是指通过文件读入数据以及输出结果到文件的函数,主要包括:

@FILE('filename'),该函数提供 LINGO 与文本文件的接口,用于引用其他 ASCII 码或文本文件中的数据,其中 filename 为存放数据的文件名(包括路径,没有指定路径情形下默认为当前目录),该文件记录之间必须用符号"～"隔开,主要用在集合段和数据段,通过文本文件输入数据。

@TEXT(['filename']),用于数据段中将解答结果送到文本文件 filename 中。

@ODBC(['data_source'],['table_name'[,'col_1'[,'col_2'…]]])),此函数提供 LINGO 与 ODBC(开放式数据库连接)的接口,用于集合段和数据段中引用其他数据库数据或将解答结果发送到数据库中,其中 data_source 是数据库名,table_name 是数据表名,col_i 是数据列名(数据域名)。

@OLE('spreadsheet_file',[range_name_list]),此函数提供 LINGO 与 OLE(对象连接与嵌入)的接口,用于从 Excel 中读取或输出数据,其中 spreadsheet_file 是文件名,range_name_list 是文件中包含数据的单元范围。

@POINTER(N),在 Windows 下使用 LINGO 的 DLL(动态链接库),直接从共享的内存中传送数据。

A.5　软件使用案例

例 1　(采购问题)有多个城市:西雅图(Seattle)、底特律(Detroit)、芝加哥(Chicago)、丹佛(Denver)需要采购一定数量的药品,各个城市的采购单价(包括运费在内)(cost)、最低需求量(need)、最大供应量(supply)见表 A.2,如何在各个城市之间采购(ordered)能使得总成本最小?

表 A.2　各个城市需求量、采购量以及采购单价

项　目	西　雅　图	底　特　律	芝　加　哥	丹　佛
运费/元	12	28	15	20
最低需求量/支	1200	2100	1200	1400
最大供应量/支	1700	1900	1300	1100

下面以从 Excel 读取数据为例,将数据存入 Excel 文件并编程读取和运算。

解　模型建立

(1) 自变量

该问题的自变量主要为确定 4 个城市之间相互采购药品的数量,将第 i 个城市向第 j 个城市采购的药品数量记为 $m_{ij}(i,j=1,2,3,4)$,将各个城市的采购单价、需求以及供应分别用 c_i,n_i,$s_i(i=1,2,3,4)$ 表示。

(2) 目标函数

该问题的目标函数为计算 4 个城市之间相互采购药品的总费用,即

$$f = \min_{m_{ij}} \sum_{i=1}^{4} \sum_{j=1}^{4} m_{ij} c_j。$$

(3) 约束条件

该问题的约束为使得各个城市采购的药品数量大于其需求量,售卖的药品总和小于其供应量,即

$$\begin{cases} \sum_{j=1}^{4} m_{ij} \geqslant n_i, & i=1,2,3,4, \\ \sum_{i=1}^{4} m_{ij} \leqslant s_j, & j=1,2,3,4, \end{cases}$$

因此该优化问题的模型为

$$f = \min_{m_{ij}} \sum_{i=1}^{4} \sum_{j=1}^{4} m_{ij} c_j,$$

$$\text{s. t.} \begin{cases} \sum_{j=1}^{4} m_{ij} \geqslant n_i, & i = 1,2,3,4, \\ \sum_{i=1}^{4} m_{ij} \leqslant s_j, & j = 1,2,3,4. \end{cases}$$

首先建立 Excel 文件 medicine. xlsx,并将其保存在程序的当前目录中。medicine. xlsx 内容如表 A.3 所示。

表 A.3　表 A.2 的内容在 Excel 中的呈现

	A	B	C	D
	城市	cost	need	supply
1	Seattle	12	1200	1700
2	Detroit	28	2100	1900
3	Chicago	15	1200	1300
4	Denver	20	1400	1100

在表 A.3 中定义 5 个 Ranges:cities A2:A5,cost B2:B5,need C2:C5,supply D2:D5。程序代码如下:

```
model: !程序开始;
title order plan; !标题;
sets: !数据集定义;
medicine/@ole('medicine.xlsx', 'cities')/: cost, need, supply;
link(medicine, medicine): ordered;
endsets
data: !已知数据输入;
cost, need, supply = @ole('medicine.xlsx');
enddata
min = @sum(link(i,j): ordered(i,j) * cost(j));
@for (medicine(i): [cons1] @sum(medicine(j): ordered(i,j)) > need(i););  !需求约束;
@for (medicine(j): [cons2] @sum(medicine(i): ordered(i,j)) < supply(j););  !供应约束;
end
```

运行后得到全局最优解:目标函数最小值为 112300,自变量取值结果如下:

Variable	Value	Reduced Cost
ORDERED(SEATTLE, SEATTLE)	0.000000	0.000000
ORDERED(SEATTLE, DETROIT)	900.0000	0.000000
ORDERED(SEATTLE, CHICAGO)	0.000000	0.000000
ORDERED(SEATTLE, DENVER)	300.0000	0.000000
ORDERED(DETROIT, SEATTLE)	0.000000	0.000000
ORDERED(DETROIT, DETROIT)	0.000000	0.000000
ORDERED(DETROIT, CHICAGO)	1300.000	0.000000

ORDERED(DETROIT, DENVER)	800.0000	0.000000
ORDERED(CHICAGO, SEATTLE)	300.0000	0.000000
ORDERED(CHICAGO, DETROIT)	900.0000	0.000000
ORDERED(CHICAGO, CHICAGO)	0.000000	0.000000
ORDERED(CHICAGO, DENVER)	0.000000	0.000000
ORDERED(DENVER, SEATTLE)	1400.000	0.000000
ORDERED(DENVER, DETROIT)	0.000000	0.000000
ORDERED(DENVER, CHICAGO)	0.000000	0.000000
ORDERED(DENVER, DENVER)	0.000000	0.000000

例 2（最小费用最大流问题）　需要将某地 S 的天然气通过运输管道运送到另外的一地 T，中间有 4 个中转站 v_i（$i=1,2,3,4$）。由于管道粗细不一样或质地原因，每条管道上的运输量以及费用不同。图 A.1 给出了这两地与中转站的连接以及管道的容量和费用。图中括号里面的第一个数字代表管道容量，第二个数字代表管道单位运费。请问从 S 地到 T 地如何运送天然气可以使得费用最小，流量最大？

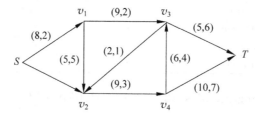

图 A.1　两地与中转站的连接以及管道的容量和费用

解　模型建立

（1）自变量

用 V 表示网络顶点集，A 为网络的弧集，记 f_{ij} 为弧 (i,j) 上的流量；b_{ij} 为弧 (i,j) 上的单位运费；c_{ij} 为弧 (i,j) 上的容量；$v(f)$ 为出发点的净流量。

（2）目标函数

该问题需要对 2 个目标函数进行约束，第一个使得网络流量费用最小，第二个使得网络中的总体流量最大，即

$$\min_{f_{ij}} \sum_{(i,j)\in A} b_{ij} f_{ij} \text{ 以及} \max_{f_{ij}} v(f)。$$

（3）约束条件

该问题的约束为使得除起点和终点之外其他点处的流出流量和流入流量相同，对于起点的流入和流出流量之差为净流量 $-v(f)$，对于终点的流入和流出流量之差为净流量 $v(f)$，另外每一段弧上的流量不能超过容量，即

$$\begin{cases} \displaystyle\sum_{\substack{j\in V \\ (i,j)\in A}} f_{ij} - \sum_{\substack{j\in V \\ (i,j)\in A}} f_{ji} = \begin{cases} v(f), & i=S, \\ -v(f), & i=T, \\ 0, & i\neq S,T, \end{cases} \\ 0 \leqslant f_{ij} \leqslant c_{ij}, \quad (i,j)\in A。 \end{cases}$$

因此该优化问题的模型为

$$\min_{f_{ij}} \sum_{(i,j)\in A} b_{ij}f_{ij},$$

$$\text{s.t.} \begin{cases} \max_{f_{ij}} v(f), \\ \sum_{\substack{j\in V \\ (i,j)\in A}} f_{ij} - \sum_{\substack{j\in V \\ (i,j)\in A}} f_{ji} = \begin{cases} v(f), & i=S, \\ -v(f), & i=T, \\ 0, & i\neq S,T, \end{cases} \\ 0\leqslant f_{ij}\leqslant c_{ij}, \quad (i,j)\in A_\circ \end{cases}$$

此问题为多目标优化问题,可以采用目标加权转化为单目标优化问题,对于不同目标函数权重得到不同的结果。也可以根据目标重要程度高低逐个进行优化,即分层优化,此时能保证重要性较高的目标得到优先优化。下面根据目标函数的重要性采用分层优化,先优化最大流量,然后优化最小费用。先求最大流量,程序代码如下:

```
model: !程序开始;
title max flow; !标题;
sets: !数据集定义;
nodes/s,1,2,3,4,t/;
arcs(nodes,nodes)/s,1 s,2 1,2 1,3 2,4 3,2 3,t 4,3 4,t/: c,f;
endsets
data: !已知数据输入;
c=8 7 5 9 9 2 5 6 10;
enddata
max=flow;
@for (nodes(i)|i#ne#1 #and# i#ne# @size(nodes):
    @sum(arcs(i,j):f(i,j))-@sum(arcs(j,i):f(j,i))=0);
@sum(arcs(i,j)|i#eq#1:f(i,j))=flow;
@for(arcs(i,j):@bnd(0, f(i,j), c(i,j)));
end
```

运行后得到全局最优解:最大流量为14,自变量取值结果如下:

Variable	Value	Reduced Cost
F(S, 1)	8.000000	0.000000
F(S, 2)	6.000000	0.000000
F(1, 2)	3.000000	0.000000
F(1, 3)	5.000000	0.000000
F(2, 4)	9.000000	-1.000000
F(3, 2)	0.000000	0.000000
F(3, T)	5.000000	-1.000000
F(4, 3)	0.000000	1.000000
F(4, T)	9.000000	0.000000

在得到最大流量基础上求解最小费用问题如下:

```
model: !程序开始;
title maximum flow and minimum cost; !标题;
sets: !数据集定义;
nodes/s,1,2,3,4,t/;
arcs(nodes,nodes)/s,1 s,2 1,2 1,3 2,4 3,2 3,t 4,3 4,t/: b,c,f;
```

```
    endsets
    data: !已知数据输入;
    b=2 8 5 2 3 1 6 4 7;
    c=8 7 5 9 9 2 5 6 10;
    flow=14;
    enddata
    min=@sum(arcs(i,j): b(i,j) * f(i,j));
    @for (nodes(i)|i#ne#1 #and# i #ne# @size(nodes):
        @sum(arcs(i,j):f(i,j))-@sum(arcs(j,i):f(j,i))=0);
    @sum(arcs(i,j)|i#eq#1:f(i,j))=flow;
    @for(arcs(i,j):@bnd(0, f(i,j), c(i,j)));
    end
```

运算得到全局最优解：最小费用为 205。自变量取值如下：

Variable	Value	Reduced Cost
F(S, 1)	8.000000	-1.000000
F(S, 2)	6.000000	0.000000
F(1, 2)	1.000000	0.000000
F(1, 3)	7.000000	0.000000
F(2, 4)	9.000000	0.000000
F(3, 2)	2.000000	-2.000000
F(3, T)	5.000000	-7.000000
F(4, 3)	0.000000	10.00000
F(4, T)	9.000000	0.000000

例 3（选课问题）　下面为某学校对大学三年级学生在开学选课时的规定：

（1）本学期必修课程只有一门（2 学分）。

（2）本学期限选课共有 8 门，任选课有 10 门，各门课程的学分数和要求同时选修课程的相应信息见表 A.4。

表 A.4　课程学分数以及同时需要选修课程信息

限选课程课号	1	2	3	4	5	6	7	8		
学分	5	5	4	4	3	3	3	2		
要求同时选修课号					1		2			
任选课课号	9	10	11	12	13	14	15	16	17	18
学分	3	3	3	2	2	2	1	1	1	1
要求同时选修课号	8	6	4	5	7	6				

（3）所选课程总学分不能低于 20 学分。

（4）任选课程比例不能少于总学分（包括 2 个必修学分）的 1/6，同时不能超过总学分的 1/3。

请问：为了达到学校的要求，学生最少应选几门课程？应该选哪几门课程？

解　模型建立

（1）自变量

引入变量 $x_i(i=1,2,\cdots,18)$，其值取 1 表示选择该门课程，取 0 表示不选择该门课程，选择第 i 门课程同时必须选择第 j 门课程可以用 $x_j \geqslant x_i$ 表示。

（2）目标函数

该问题的目标函数为使得所选课程数最小，即

$$f = \min_{x_i} \sum_{i=1}^{18} x_i。$$

（3）约束条件

该问题的约束为：

① 总学分超过 20；

② 任选课的比例在 1/6 和 1/3 之间；

③ 关于绑定课程的限制。

将限选课和任选课的学分分别记为 y_1 和 y_2，则 $y_1 = 5x_1 + 5x_2 + 4x_3 + 4x_4 + 3x_5 + 3x_6 + 3x_7 + 2x_8$，$y_2 = 3x_9 + 3x_{10} + 3x_{11} + 2x_{12} + 2x_{13} + 2x_{14} + x_{15} + x_{16} + x_{17} + x_{18}$。总学分 $y = y_1 + y_2 + 2$，约束条件为

$$\begin{cases} y \geqslant 20, \\ 1/6y \leqslant y_2 \leqslant 1/3y, \\ x_1 \geqslant x_5, x_2 \geqslant x_7, x_8 \geqslant x_9, x_6 \geqslant x_{10}, \\ x_4 \geqslant x_{11}, x_5 \geqslant x_{12}, x_7 \geqslant x_{13}, x_6 \geqslant x_{14}, \\ x_i \in \{0,1\}, i = 1,2,\cdots,18。 \end{cases}$$

因此该优化问题的模型为

$$f = \min_{x_i} \sum_{i=1}^{18} x_i,$$

$$\text{s. t.} \begin{cases} y \geqslant 20, \\ 1/6y \leqslant y_2 \leqslant 1/3y, \\ x_1 \geqslant x_5, x_2 \geqslant x_7, x_8 \geqslant x_9, x_6 \geqslant x_{10}, \\ x_4 \geqslant x_{11}, x_5 \geqslant x_{12}, x_7 \geqslant x_{13}, x_6 \geqslant x_{14}, \\ x_i \in \{0,1\}, \quad i = 1,2,\cdots,18。 \end{cases}$$

下面进行 LINGO 编程，程序代码如下：

```
model:
title course choosing;
sets:
acour/1..18/: x, score;
ocour/1..2/: y;
tcour/1/: tf;
endsets
data:
score=5 5 4 4 3 3 3 2 3 3 3 2 2 2 1 1 1 1;
enddata
min=@sum(acour(i): x(i));
y(1)=@sum(acour(i) | i #ge# 1 #and# i #le# 8: x(i) * score(i));
y(2)=@sum(acour(i) | i #ge# 9 #and# i #le# 18: x(i) * score(i));
tf(1)=y(1)+y(2)+2;
```

```
y(2)>=1/6 * tf(1);
y(2)<=1/3 * tf(1);
tf(1)>=20;
x(1)>=x(5);
x(2)>=x(7);
x(8)>=x(9);
x(6)>=x(10);
x(4)>=x(11);
x(5)>=x(12);
x(7)>=x(13);
x(6)>=x(14);
@for (acour(i): @bin(x(i)););
end
```

运行后得到全局最优解：最少课程为 5 门,具体课程如下:

Variable	Value	Reduced Cost
X(1)	1.000000	1.000000
X(2)	0.000000	1.000000
X(3)	0.000000	1.000000
X(4)	1.000000	1.000000
X(5)	0.000000	1.000000
X(6)	1.000000	1.000000
X(7)	0.000000	1.000000
X(8)	0.000000	1.000000
X(9)	0.000000	1.000000
X(10)	1.000000	1.000000
X(11)	1.000000	1.000000
X(12)	0.000000	1.000000
X(13)	0.000000	1.000000
X(14)	0.000000	1.000000
X(15)	0.000000	1.000000
X(16)	0.000000	1.000000
X(17)	0.000000	1.000000
X(18)	0.000000	1.000000

即最优的课程选择为 1,4,6,10,11,该问题的全局最优解不唯一,其实 2,4,6,10,11 也是最优解,读者可以在程序中逐个限定 x(i)=1 以找到含有该门课程的全局最优解。比如限定 x(14)=1,则可以得到选择课程 1,2,6,10,14 也是全局最优解。

参 考 文 献

[1] 曹建莉,肖留超,程涛.数学建模与数学实验[M].西安:西安电子科技大学出版社,2014.
[2] 林军,陈翰林.数学建模教程[M].北京:科学出版社,2011.
[3] 董臻圃.数学建模方法与实践[M].北京:国防工业出版社,2006.
[4] 张万龙,魏嵬.数学建模方法与案例[M].北京:国防工业出版社,2014.
[5] 郑子苹.数学建模教程[M].沈阳:东北大学出版社,2013.
[6] 王涛,常思浩.数学模型与实验[M].北京:清华大学出版社,2015.
[7] 汪晓银,周保平.数学建模与数学实验[M].北京:科学出版社,2012.
[8] 周永正,詹棠森,方成鸿,等.数学建模[M].上海:同济大学出版社,2010.
[9] 刘焕彬,库在强,廖小勇,等.数学模型与实验[M].北京:科学出版社,2008.
[10] 张秀兰,林峰.数学建模与实验[M].北京:化学工业出版社,2013.
[11] 沈世云.数学建模理论与方法[M].北京:清华大学出版社,2016.
[12] 房少梅.数学建模理论、方法及应用[M].北京:科学出版社,2014.
[13] 韩中庚.数学建模方法及其应用[M].北京:高等教育出版社,2009.
[14] 司守奎,孙兆亮.数学建模算法与应用[M].2版.北京:国防工业出版社,2016.
[15] 姜启源,谢金星,叶俊.数学模型[M].5版.北京:高等教育出版社,2018.
[16] 王玉英,史加荣,王建国,等.数学模型及其软件实现[M].北京,清华大学出版社,2016.